乡村振兴之
科技兴农系列

有机蔬菜
无土栽培
技术大全

彩色图解+视频升级版

裴孝伯　袁凌云　侯金锋　编著

U0221935

化学工业出版社

·北京·

图书在版编目（CIP）数据

有机蔬菜无土栽培技术大全：彩色图解+视频升级版 / 裴孝伯，袁凌云，侯金锋编著. -- 北京：化学工业出版社，2025. 1. --（乡村振兴之科技兴农系列). -- ISBN 978-7-122-46715-7

Ⅰ. S63-64

中国国家版本馆CIP数据核字第2024BF3391号

责任编辑：邵桂林　　　　　　　　文字编辑：李　雪
责任校对：宋　玮　　　　　　　　装帧设计：韩　飞

出版发行：化学工业出版社
　　　　　（北京市东城区青年湖南街13号　邮政编码100011）
印　　装：北京瑞禾彩色印刷有限公司
850mm×1168mm　1/32　印张10　字数287千字
2025年2月北京第1版第1次印刷

购书咨询：010-64518888　　　　售后服务：010-64518899
网　　址：http://www.cip.com.cn
凡购买本书，如有缺损质量问题，本社销售中心负责调换。

定　　价：69.80元　　　　　　　　版权所有　违者必究

前　言

　　有机蔬菜作为经有机认证机构鉴定认可并颁发有机证书的一种蔬菜顶级产品形式日益受到消费者欢迎。

　　20世纪90年代以来，我国广泛推广应用有机基质无土栽培技术，通过采用含有一定营养成分的有机基质作为载体，结合施用有机固体肥料并进行合理灌溉，形成特色的有机生态型无土栽培，即有机蔬菜的无土栽培。

　　有机蔬菜无土栽培具有三个显著特点：一是无土栽培可以精确控制蔬菜作物生长所需的光照、温度、湿度和营养等条件，使其在最佳状态下生长，从而提高产量和品质，这种精细化的管理方式不仅可以增加产量，还能改善蔬菜作物的品质；二是无土栽培避免采用土壤环境，减少了土传病虫害的发生，同时还可以采用物理、生物等绿色防治手段，降低化学农药的使用量，减轻对环境的污染；三是无土栽培不受土壤条件和地域性环境的限制，可利用有限的面积进行立体种植，从而有效提高蔬菜作物产量。

　　为了满足广大有机蔬菜无土栽培从业者的需求，我们在2010年编写了《有机蔬菜无土栽培技术大全》一书，该书出版发行后受到了读者的欢迎。但该书出版发行至今已有近15年，书中有些内容需要更新和调整，并且根据当前技术发展情况需要增加部分新内容。因此，在《有机蔬菜无土栽培技术大全》的基础上，我们组织相关专家再次编写了《有机蔬菜无土栽培技术大全（彩色图解＋视频升级版））。该书不但对内容做了更新和调整，同时为了便于读者更好地理解和掌握书中内容，书中增加了很多彩色图片，对关键细节还配有视频指导（扫书中二维码即可观看）。该书从有机蔬菜无土栽培系统构建、设施设备、生产关键环节、管理等方面进行了阐述，并详细介绍了番茄、黄瓜、辣椒、甜瓜、芹菜、生菜、香菜、甘蓝、荠菜、落葵、香椿芽和豌豆苗等蔬菜的有机无土栽培技术。

　　由于编著者水平有限，书中难免存在疏漏之处，敬请广大读者提出宝贵意见和建议，以便本书将来再版时加以修订。

编著者

2024 年 12 月

目 录

CONTENTS

第一章 概述

第一节 我国无土栽培的现状与展望----------- 5

第二节 有机蔬菜的特点--------------------- 9

一、发展有机蔬菜的意义--------------------10

二、有机蔬菜对生产基地的要求-------------11

三、有机蔬菜的栽培、管理与经营-----------13

四、有机蔬菜的肥料使用--------------------17

五、有机蔬菜的病虫草害防治---------------19

第三节 有机蔬菜无土栽培的形式----------- 20

一、基质的配制----------------------------21

二、基质的消毒与管理----------------------24

三、有机蔬菜无土栽培配套的设施系统---------25

第二章 有机蔬菜无土栽培

第一节 有机蔬菜无土栽培的特点及注意事项-- 28

一、无土栽培的特点------------------------28

二、有机蔬菜无土栽培应注意的问题 ----------30

第二节 有机蔬菜无土栽培的设施系统--------- 31

一、有机蔬菜无土栽培的生产方式————————31

二、有机蔬菜无土栽培的生产设施————————33

三、有机蔬菜无土栽培的设施形式————————45

第三节 有机蔬菜无土栽培的操作管理————— 49

一、生态环境的调控————————————49

二、栽培管理规程的制定——————————49

三、品种选择————————————————49

四、茬口安排————————————————50

五、种子处理与基质消毒——————————50

六、肥水管理————————————————50

七、病虫草害防治—————————————55

八、有机蔬菜采后健康处理技术——————57

九、建立和应用有机蔬菜无土栽培的质量保障和

追溯体系—————————————————57

第四节 有机蔬菜无土栽培的生产成本与经济

效益————————————————— 57

一、生产成本————————————————58

二、经济效益————————————————58

三、实例————————————————————58

第三章 有机番茄无土栽培技术

第一节 品种选择————————————————— 61

一、品种选择的原则————————————61

二、常见的番茄品种及其特点———————62

三、部分育种供种单位名录—————————71

第二节 无土栽培技术要点——————————— 71

一、基质的配制————————————————71

二、有机番茄无土栽培的几种常见模式和技术

　　　　要点------------------------------------73
第三节　病虫害综合防治技术------------------ 85
　　一、有机番茄生产中的主要病虫害------------85
　　二、有机番茄无土栽培病虫害的防治原则-------86
　　三、有机番茄生产病虫害的农业防治----------86
　　四、有机番茄生产病虫害的物理防治----------88
　　五、有机番茄生产病虫害的生物防治----------89
　　六、有机番茄生产病虫害的药剂防治----------90
　　七、番茄主要病虫害的症状与有机生产综合
　　　　防治------------------------------------92

第四章　黄瓜有机无土栽培技术

第一节　品种选择---------------------------- 96
　　一、品种选择的原则-------------------------97
　　二、常见的黄瓜品种及其特点----------------98
　　三、部分育种供种单位名录------------------108
第二节　无土栽培技术要点------------------ 109
　　一、基质的配制---------------------------109
　　二、有机黄瓜无土栽培的几种常见模式和技术
　　　　要点-------------------------------------112
第三节　病虫害综合防治技术------------------ 127
　　一、有机黄瓜生产中的主要病虫害------------127
　　二、有机黄瓜无土栽培病虫害的防治原则------127
　　三、有机黄瓜生产病虫害的农业防治----------127
　　四、有机黄瓜生产病虫害的物理防治----------128
　　五、有机黄瓜生产病虫害的生物防治----------129
　　六、黄瓜主要病虫害的症状与有机生产综合防治 -129

第五章　辣椒有机无土栽培技术

第一节　品种选择------------------------------ 134
　一、品种选择的原则--------------------------136
　二、部分辣椒优新品种简介--------------------137
　三、部分育种供种单位名录--------------------157
第二节　无土栽培技术要点---------------------- 158
　一、基质的配制------------------------------158
　二、有机辣椒无土栽培的几种常见模式和
　　　技术要点--------------------------------158
第三节　病虫害综合防治技术-------------------- 168
　一、有机辣椒生产中的主要病虫害--------------168
　二、有机辣椒无土栽培病虫害的防治原则--------169
　三、有机辣椒生产病虫害的农业防治------------169
　四、有机辣椒生产病虫害的物理防治------------170
　五、有机辣椒生产病虫害的生物防治------------170
　六、辣椒主要病虫害的症状与有机生产综合防治 -170

第六章　甜瓜有机无土栽培技术

第一节　品种选择------------------------------ 181
　一、品种选择的原则--------------------------181
　二、常见的甜瓜品种及其特点------------------182
　三、部分育种供种单位名录--------------------198
第二节　无土栽培技术要点---------------------- 198
　一、基质的配制------------------------------198
　二、有机甜瓜无土栽培的几种常见模式----------200
第三节　病虫害综合防治技术-------------------- 214
　一、有机甜瓜生产中的主要病虫害--------------214
　二、有机甜瓜生产病虫害的农业防治------------214

三、有机甜瓜生产病虫害的物理防治----------215

四、有机甜瓜生产病虫害的生物防治----------215

五、甜瓜主要病虫害的症状与有机生产综合

防治------------------------------------215

第七章　绿叶蔬菜有机无土栽培技术

第一节　芹菜有机无土栽培技术------------- 222

一、类型品种与品种选择--------------------222

二、有机无土栽培的栽培模式与技术要点------226

三、芹菜有机无土栽培病虫害综合防治--------232

第二节　生菜有机无土栽培技术------------- 234

一、类型品种与品种选择--------------------234

二、有机无土栽培的栽培模式与技术要点------237

三、生菜有机无土栽培病虫害综合防治--------242

第三节　香菜有机无土栽培技术------------- 248

一、类型品种与品种选择--------------------249

二、有机无土栽培的栽培模式与技术要点------251

三、香菜有机无土栽培病虫害综合防治--------255

第四节　甘蓝有机无土栽培技术------------- 256

一、类型品种与品种选择--------------------256

二、甘蓝有机无土栽培的栽培模式与技术要点--263

三、甘蓝有机无土栽培病虫害综合防治--------269

第五节　荠菜有机无土栽培技术------------- 270

一、类型品种与品种选择--------------------271

二、有机无土栽培的栽培模式与技术要点------272

三、荠菜有机无土栽培病虫害综合防治--------276

第六节　落葵有机无土栽培技术------------- 277

一、类型品种与品种选择--------------------278

二、有机无土栽培的栽培模式与技术要点------279

三、落葵有机无土栽培病虫害综合防治--------283

第八章　其他蔬菜有机无土栽培技术

第一节　香椿芽有机无土栽培技术----------- 285
　一、类型与品种----------------------------285
　二、有机无土栽培模式及技术要点-----------286
　三、病害防治------------------------------291
第二节　豌豆苗有机无土栽培技术----------- 291
　一、类型与品种----------------------------292
　二、有机无土栽培模式及技术要点-----------293

附录　中国有机产品标准与欧盟、美国有机产品标准的比较

　一、认证的基本要求------------------------298
　二、种植生产的基本要求--------------------299
　三、有机产品生产、加工中允许使用的投入物
　　　比较----------------------------------302

参考文献

视频目录

视频编号	视频说明	二维码页码
视频 1-1	无土栽培技术	4
视频 1-2	有机蔬菜栽培与经营	13
视频 1-3	复合基质的配制	23
视频 2-1	有机蔬菜露地无土栽培	31
视频 2-2	无土栽培生产设施	33
视频 2-3	无土栽培设施形式	45
视频 3-1	日光温室有机蔬菜栽培	73

第一章
概　述

　　近年来，随着消费者对食品安全越来越关注，人们逐渐从对食品数量的追求转向注重食品质量、安全和健康。目前，市场上农产品多种多样，绿色食品和有机食品逐渐受到人们喜爱。

　　有机食品与目前市场上推出的绿色食品、无公害食品有什么不同呢？其最显著差别是：有机食品在生产和加工过程中绝对禁止使用农药、化肥、激素等人工合成物质，后者则允许有限制地使用这些物质。因此，有机食品的生产要比绿色食品、无公害食品对生产环境、生产方式的要求更为严格。

　　当前，我国正在构建一种以生态农业为基础的食品结构体系，即"无公害食品 - 绿色食品 - 有机食品"这种食品安全金字塔结构。通过分析这一体系不难看出：①这种安全保障体系是分级的，有机食品处于顶级，其完全与国际标准接轨。②在这个体系中，绿色食品居于中间，基本要求是无害、安全，可以放心食用。无公害食品则处于安全的最低标准。

　　根据目前国内外一致公认的标准，所谓的有机食品，是指遵照一定的有机农业生产标准，在生产中不采用基因工程获得的生物及其产物，是不使用化学合成的农药、化肥、生长调节剂、饲料添加剂等物质；遵循自然规律和生态学原理，协调种植业和养殖业的平衡，采用一系列可持续发展的农业技术以维持持续稳定的农业生产体系，根据有机认证标准生产、加工，并且必须经过具有资质的独立的认证机构认证的一切农副产品，如粮食、蔬菜、水果、奶制品、畜禽产品、水产品、蜂产品及调料等。

有机蔬菜（图1-1）是蔬菜的一种顶级产品形式。由于蔬菜是人们日常生活中不可或缺的副食品。以中国居民膳食营养指南的推荐摄入量每人每天300～500克为标准，若以5%提供来计算，其消耗量十分惊人，随着生活水平的提高，人们对有机蔬菜需求日益增加。

有机蔬菜无土栽培技术大全（彩色图解＋视频升级版）

图1-1　各种有机蔬菜

同时，作为一类有机食品，有机蔬菜必须来源于有机农业生产体系，其生产加工要符合有机农业生产要求和相应的标准，并且有机食品必须通过国家认监委审批的具有有机食品认证资格的认证机构进行认证，获取相关证书后方可称为有机转换食品或有机食品。有机产品认证是由认证机构根据相关认证标准在对有机生产或加工企业进行实地检查之后，对符合其认证标准的产品颁发证明的过程。认证过程中，认证机构将对产品是否严格按照有机方式进行种植加工、按照指定数量进行销售和售后服务等方面进行检查。

有机蔬菜无土栽培技术与土壤栽培相比，可以大大缩短有机转换期。据分析，虽然目前有机食品所占市场比例较小，但其价格高，发展前景广。例如目前用有机方法培育出来的水果和蔬菜在美国也只占到总产量的 2%，所以，零售价格一般比普通食品高 40%，在美欧市场则要高出 50% 以上。目前我国已经通过认证的有机食品包括茶叶、蜂蜜、中药材、蔬菜等上百个品种，其中大部分销往日本、美国、加拿大和欧洲市场。我国有机食品出口贸易和国内市场需求逐年上升，据预测有机食品占比今后 10 年有望达到 10% ～ 15%。

有机食品市场发展前景广阔，有机食品认证事业也发展迅猛。目前，我国有机食品认证工作主要依据有关部门发布的《有机产品生产和加工认证规范》（以下简称《规范》）。该《规范》从作物生产、畜禽养殖、食品加工和贸易、包装和标示等 15 个方面详细规定了有机食品认证的基本要求；同时，说明了对种植加工过程中需要添加的物质的要求。

为规范认证认可活动，提高产品、服务的质量和管理水平，促进经济和社会的发展，2002 年 4 月，在国家认证认可监督管理委员会的管理及授权下，我国统一的认可机构——中国合格评定国家认可中心成立，其下设三个认可委员会，即中国认证机构国家认可委员会（CNAB）、中国认证人员与培训机构国家认可委员会（CNAT）、中国实验室国家认可委员会（CNAL）。统一的国家认可机构经过重新整合、调整，建立了一套统一的认可制度，制定了统一的管理体系和管理规范，可积极利用国际规则来运作和建立适应我国国情的认证认可制度，同时三个认可委员会均成为相应国际组织中签署了国际多边互认协议的成员，大大提高了我国认可机构的权威性和在国际组织中的影响力。2003 年我国颁布了《中华人民共和国认证认可条例》，规定了认证认可的基本管理制度和管理要求。《中华人民共和国认证认可条例》的发布实施表明我国认证认可法规体系的不断健全和完善，为我国认证认可活动的规范管理和有效监督提供了法规保障。2005 年 9 月，为了进一步规范认证市场和认证活动，建立认证机构的行业自律机制，为认证机构提供良好服务，国家成立了中国认证认可行业协会，并根据国际相关指南的变化和我国认证认可发展的要求，将中国认证人员注册工作从认可机构中分离出来，改由认证认可行业协会负责，使认可活动更加独立、规范。2006年3月，为进一步完善和健全国家统一的认可制度，中国合格评定国家认可中心再次调整，将中国实验室国家认可委员会和中国认证机构国家认可委员会合并，成立了中国合格评定国家认可委员会（CNAS），至此，由社会各利益方代表组成的，接受国家授权的唯一的认可机构真正实现了统一和融合。近年来，在国家认监委的统一领导和协调下，我国认证认可制度已基本建立，形成了从多头管理到以市场导向、法律约束和政府统一监管的新格局，目前已全面进入了规范、统一和有序发展的阶段。符合国情的认证认可工作体系初步形成，认证认可活动在我国已经深入到经济和社会生活的方方面面，发挥着越来越重要的作用。

目前，国际有机农业和有机农产品的法规和管理体系主要分为三个层次，分别是联合国层次、国际非政府组织层次和国家层次。其中联合国层次的有机农业和有机农产品标准以及非政府组织国际有机农业运动联盟（IFOAM）的标准属于基本标准，是其他国家和组织制定标准时参考使用的。国家层次的有机农业标准以欧盟、美国、中国和日本为代表，这几个标准都已经制定完成并实施。中国有机产品标准（GB/T 19630）、欧盟有机农业条例（EEC 2092）以及美国有机食品标准（National Organic Program，NOP）的比较见附录（附表1至附表8）。

作为全球最大的认证机构之一，国际生态认证中心（ECOCERT）较早获得了欧盟成员国认可机构、美国农业部（USDA）和日本农林水产省的认可，认证的产品完全可以符合三国政府的要求。因此，该认证中心及其授权机构认证的产品可以畅通进入这三个世界最大的有机食品市场。

无土栽培，是一种作物的生产方式（视频1-1）。通常是指不用天然土壤，而用营养液或固体基质加营养液栽培作物的方法。固体基质或营养液代替土壤向作物提供良好的水、肥、气、热等根际环境条件，使作物完成从苗期开始的整个生命周期。

视频1-1 无土栽培技术

近十年来，我国广泛推广应用有机基质无土栽培技术，通过采用含有一定营养成分的有机基质作为载体，结合施用有机固体肥料并进行合理灌溉，形成特色的有机生态型无土栽培，即有机蔬菜的无土栽培。

利用这种方式进行有机蔬菜的生产，可以降低一次性投资和生产成本，省去一些不易掌握的环节和简化操作技术，从而实现高效生产。

第一节　我国无土栽培的现状与展望

无土栽培技术自 19 世纪 60 年代被提出，20 世纪 60 年代以后随着世界各地温室大棚等设施栽培的迅速发展，在种植业形成了一种新型农业生产方式——可控环境农业。无土栽培作为其中重要组成核心技术，得到迅速发展。

无土栽培技术作为一项应用型农业高新技术，充分吸收传统农业技术中的精华，广泛采用现代农业技术、信息技术、环境工程技术和材料科学技术，发展成为设施齐全而配套的现代化高新农业技术，现已成为设施生产中一项省力省工、能克服连作障碍，实现优质高效农业特别是有机农业的一种理想模式。该项技术已在世界范围内广泛研究和推广应用，发达国家的发展应用更为突出。

世界上许多国家和地区先后设立无土栽培技术研究和开发机构，专门从事无土栽培的基础理论和应用技术方面的研究和开发工作。1980 年在荷兰第五届国际无土栽培学术会议上，将国际无土栽培工作组改名为"国际无土栽培学会"，以后每 4 年举行一次年会，对推动世界无土栽培技术的发展起到重要作用，标志着无土栽培技术的研究与应用进入崭新的发展阶段。

我国推广应用无土栽培技术是在 20 世纪 80 年代改革开放以后，其随着国际交流和旅游业的发展而兴起。起初是为开放的涉外部门提供洁净、无污染的供外宾生食的新鲜蔬菜。1985 年中国农业工程学会下设无土栽培学组，至 1992 年每年召开一次年会，1992 年年会上改名为"中国农业工程学会设施园艺工程专业委员会"，每两年召开一次年会，并且与国际无土栽培学会等学术组织和研究机构建立了联系。"七五""八五"期间农业部（现农业农村部）把蔬菜作物的无土栽培列为重点科研攻关项目，南京农业大学、中国农业科学院、中国农业工程研究设计院等一批高等学校和科研院所的教学、科研、生产单位参与攻关项目，并同时开展了适合国情的无土栽培技术研究开发。通过引进消化吸收，先后研究开发出适合国情的高效、节能、实用的系列蔬菜无土栽培装置和形式（图1-2），在全国范围内普及推广，使我国的无土研究阶段迅速进入了商品化生产时期，获得了一批具有中国自主知识产权的高新技术，使国外的先进实用农业技术率先实现了国产化。

图1-2 系列蔬菜无土栽培装置

伴随着我国设施园艺的高速发展，特别是国外大型现代化温室的引进和现代化无土栽培设施的引进，全国示范园区兴建，在引进国外温室设备和无土栽培成套设备的同时，还注重品种、技术和管理人才一并引进，开拓了生产者和研究人员的视野，使其消化、吸收、学习国外无土栽培先进技术设备，研究适合国情、适合我国气候特点的无土栽培设施和技术。如中国农业科学院蔬菜花卉研究所推出有机生态型无土栽培技术，采用砖结构加薄膜的槽式栽培（图1-3），生产过程中全部施用有机肥，以固体肥料施入固体基质中，滴灌清水，以降低无土栽培的投入和化肥营养液对环境污染的压力，同时简化了栽培设施，降低了投资和生产成本，在北京、新疆、山西等地推广应用。南京农业大学以芦苇末等工农业有机废弃物添加发酵微生物群体和其他辅料，发酵合成优质环保型有机系列栽培基质，广泛应用于育苗和无土栽培之中，并形成配套的有机基质栽培技术。大部分高等农业院校在各专业开设了无土栽培学课程，对无土栽培技术的人才培养和技术普及起了重要的作用。

图1-3 砖结构的槽式栽培

　　从全国无土栽培面积的增长速度，可以看出我国无土栽培发展的态势和应用前景。20世纪80年代后期不足10公顷（不含台湾省），1995年突破100公顷，2000年急速增至500公顷以上，现仍处于蓬勃发展的强劲势头。

　　从栽培形式来看，各地都在多年栽培积累经验的基础之上，努力摸索适合本地经济水平、市场状况和资源条件的无土栽培系统和方式。总体来看，南方以广东为代表，以深液流水培（图1-4）为主，槽式基质培也有一定的发展，有少量的基质袋培；东南沿海长江流域以江浙沪为代表，以浮板毛管（图1-5）、营养液膜技术为主，近几年有机基质培（图1-6）发展迅速；北方广大地区由于水质硬度较高，水培难度较大，以基质栽培为主，有一部分进口岩棉培，北京地区有少量的深液流浮板水培。近年来，基质盆栽有机蔬菜在生产中也逐步推广应用。无土栽培面积最大的新疆戈壁滩，主要以推广鲁SC型改良而成的砂培技术为主，在20世纪90年代末，其砂培蔬果的面积占全国无土栽培面积的1/3。

无土栽培这一农业高新技术，在我国虽然开发利用的时间不长，但已取得明显效果，表现出广阔的发展前景和巨大的开发潜力。

图1-4　深液流水培

图1-5　多层浮板毛管

图1-6　基质栽培育苗

我国以占世界9%耕地、6%淡水的资源，养活世界20%人口。据2000年统计，受人口增长、土地减少的限制，全国人均耕地仅为0.01公顷。要使国民经济保持可持续发展，不断提高国民生活水平，必须不断提高有限土地面积的生产效率，开拓农业生产的空间，无土栽培可提供超过普通土壤栽培几倍甚至十几倍的产品数量，可利用沙滩、盐碱等不毛之地生产农产品，为食品安全保障体系打好基础；我国是水资源相当贫乏的国家，被列为世界上13个贫水国之一，全国人均水资源占有量仅为世界人均水平的1/4，农业每年缺水约300亿立方米，无土栽培作为节水农业的有效手段，在干旱缺水地区发挥着重要作用。我国设施蔬菜栽培发展迅速，已成为许多地区农民致富、农业增效的有效手段。但长期栽培的结果是设施土壤栽培连作障碍日益加剧，无土栽培作为克服土壤栽培连作障碍的有效手段，在设施栽培中不断推广和应用。

另外，随着居民生活水平提高对农产品种类和质量的要求，国家参与国际竞争的需要以及农业现代化进程的加快，无土栽培技术将会受到更大的重视，发展进程将进一步加快。遵循就地取材、因地制宜、高效低耗的原则，无土栽培形式将呈现以基质培为主，多种形式并存的发展格局。经济发达的沿海地区和大中城市将是现代化无土栽培发展的重点地区，它作为都市农业和观光农业的主要组成部分，将会有更大的发展。具有成本低廉、管理简易的槽式基质培和其他无土栽培形式将是大规模生产应用、推广的主要形式。

第二节　有机蔬菜的特点

一般而言，有机蔬菜在生产过程中不使用化学合成的农药、肥料、除草剂和生长调节剂等物质，其生产技术的关键是依靠有机肥料和生物肥料来满足作物对养分的需求，同时必须利用生物防治措施，如生物农药、天敌等进行病虫害的防治。有机蔬菜的生产对基地和栽培管理，农药、肥料等使用有严格的要求；且需经过有机认证机构鉴定认可，并颁发有机证书。

一、发展有机蔬菜的意义

发展有机蔬菜的意义有以下几点。

（1）提供人们对高品质蔬菜产品的需求，保障身体健康　有机蔬菜与其他有机农产品一样，其实质上是一种以农村社会经济与环境协调发展为原则，遵循自然规律和生态学原理而采取的可持续发展型的农业。随着生活水平的提高，人们对食品的保健功效、农药残留、重金属含量等安全性内容十分关注。发展有机蔬菜产品向社会提供营养丰富、品质高、口味好的有机蔬菜，提供人们每天必需的重要蔬菜副食品，有助于改善消费者的饮食状况，保障人民群众的身体健康。

（2）增加从业人员收入　从事有机农业生产企业的年平均纯收入，无论是按单位土地利用面积还是按单位劳动力计算，都高于常规生产的同类农业企业。资料显示，有机食品销售价格比同类食品高 20% ～ 30%，目前我国出口西欧的有机茶，一般比普通茶叶价格高 50% 以上，有机大豆比普通大豆出口价格高 1 倍以上。国内有机食品在市场上的价格通常比普通食品高 20% ～ 50%，有的甚至高出数倍。农民从事有机农业生产可以得到更大的效益，能使收入持续增长。

（3）实现蔬菜产业的可持续发展　蔬菜常规生产，依靠大量使用农药、化肥来增加产量，对农业生态系统造成了严重危害。农药在杀死害虫的同时危及整个生态系统，减少生物多样性。大量化学肥料的投入和农家肥用量的减少使土壤有机肥耗竭，土壤保肥、保水能力大大下降，加剧了水土流失。据调查分析，我国投入到田间的化肥约 30% 以上不能被植物直接吸收利用而流失到环境中，造成农业面源污染，引起水体富营养化。有机蔬菜生产强调农业废弃物如作物秸秆、人畜粪便的综合利用，减少农业废弃物不合理利用所带来的环境污染。发展有机蔬菜，开发有机蔬菜产品，可以通过传统的农业生产方式向有机的生产方式转换，从而减少不可再生资源的消耗，控制和减轻农村面源污染，保护和恢复农业生态环境，促进农业的可持续发展。

（4）提高蔬菜产品的市场竞争力　我国加入 WTO 后，包括蔬菜在内的农产品进入国际市场的门槛并没有降低，发达国家的绿色壁垒已成为当今世界农产品国际贸易中一种主要的非关税障碍。如韩国对我国进口蔬菜的检测，仅农药残留最高时就达200多项。国外强制的认证制度和严格的检测检疫程序严重地限制了我国农产品的出口，目前世界上许多发达国家广泛采用诸如危害分析和关键控制点（HACCP）、良好操作规范（GMP）、卫生标准操作程序（SSOP）等一系列的认证体系，他们规定国外的农产品进入该国必须符合这些认证制度。有机蔬菜在国际、国内市场上的竞争能力都很强，而且有着巨大的发展潜力，谁先行一步，谁就抢占了市场。虽然发达国家对进口有机蔬菜等有机食品做出了相应的严格规定，但只要符合其规定，获得通行证，就会获得巨大的市场机会。

二、有机蔬菜对生产基地的要求

有机蔬菜生产基地的选择要根据开发的蔬菜品种和目标市场综合考虑基地的位置、环境条件、基础建设状况、立地条件、农民的生产经验等因素。选择的基地需交通方便，田块要相对集中连片，灌排系统、农耕道路、电力供应等基础设施条件良好，要远离明显的污染源如化工厂、水泥厂、砖瓦厂、火力发电厂、石灰厂、矿厂、交通要道等，尤其是基地的上风向需没有明显的污染源，也要尽量减少相邻常规地块对有机地块的影响，如水的流入和施用农用化学品对有机地块的影响等。最好要有农耕道路、沟渠、河流、防风树屏等能够明确区分有机与常规地块的界线并作为缓冲隔离带。另外要考虑基地的气候、土壤肥力等立地条件以及劳动力资源、农民的生产技术经验等。选择产地知名度高、农民蔬菜种植技术强、文化教育良好的地区作为有机蔬菜生产基地（图1-7），有益于有机转换的顺利进行。

有机生产基地的环境质量要求是生产者和开发商非常关心的问题，其实有机生产注重的是生产方法与过程，生产环境要求就是常规农业生产国家标准的相关要求，只要按照《农田灌溉水质标准》（GB 5084）和《土壤环境质量　农用地土壤污染风险管控标准（试行）》（GB 15618）检测灌溉用水和田块土壤质量（尤其是怀疑水、土受到污染时），水质达到相应种植作物的水质标准，土壤至少达到二级标准即可。

图1-7　有机蔬菜生产基地

土壤有机蔬菜基地要求如下。

1. 保持基地的完整性

基地的土地应是完整的地块，其间不能夹有进行常规生产的地块，但允许存在有机转换地块；有机蔬菜生产基地与常规地块交界处必须有明显标记。如河流、山丘、人为设置的隔离带等。

2. 必须有一定的转换期

由常规生产系统向有机蔬菜生产转换通常需要2年时间，其后播种的蔬菜才能作为有机产品；多年生蔬菜在收获之前需要经过3年转换时间才能成为有机蔬菜。转换期的开始时间从向认证机构申请认证之日起计算，生产者在转换期间内必须完全按有机蔬菜生产要求操作。经1年有机转换后的田块中生长的蔬菜，可以作为有机转换蔬菜销售。

3. 要建立缓冲带

如果有机蔬菜生产基地中有的地块有可能受到邻近常规地块污染的影响，须在有机蔬菜和常规生产地块之间设置缓冲带或物理障碍物，保证有机蔬菜不受污染。不同认证机构对隔离带宽度的要求不同。如我国认证机构要求8米，德国认证机构要求10米。

对于有机蔬菜无土栽培，在基地的完整性和缓冲带可参照土壤栽培有机蔬菜基地要求，对于转换期则可大大缩短。

三、有机蔬菜的栽培、管理与经营

有机蔬菜的栽培、管理与经营见视频 1-2。

（一）栽培

1. 品种选择

应使用有机蔬菜种子和种苗，在得不到已获认证的有机蔬菜种子和种苗的情况下，或者在有机蔬菜种植的初始阶段，可使用未经禁用物质处理的常规种子。

应选择适应当地的土壤和气候特点，且对病虫害有抗性的蔬菜种类及品种，在品种的选择中要充分考虑保护作物遗传多样性。禁止使用任何转基因种子。

2. 轮作换茬和清洁田园

土壤栽培有机蔬菜基地应采用包括豆科作物或绿肥作物在内的至少 3 种作物进行轮作；在 1 年只能生长 1 茬蔬菜的地区，允许采用包括豆科作物在内的两种作物轮作。前茬蔬菜收获后，彻底清洁基地。将病残体全部运出基地外销毁或深埋，以减少病原基数。

3. 配套栽培技术

通过培育壮苗、嫁接换根、起垄栽培、地膜覆盖、合理密植、植株调整等技术。充分利用光、热、气等资源，创造一个有利于蔬菜生长的环境，以达到高产高效的目的。

（二）管理与经营

1. 技术管理

有机蔬菜生产，必须建立良好的技术支撑体系。

生产技术是开发有机蔬菜的难点与关键点。有机农业强调利用生态、自然的方法进行生产，禁止使用人工合成的农用化学品，因此需要有预先准备好的方案。

为了有效地解决有机蔬菜生产过程中的技术问题，要求在蔬菜种植之前就制定详细的有机蔬菜生产操作规程，包括病虫草害防治（图1-8）、土壤培肥和作物轮作计划，准备充足的认证标准中允许使用的病虫害防治物资，如苦参碱、除虫菊素等植物性农药，波尔多液等矿物性农药，防虫网、诱杀灯等物理性害虫防治措施等。

图1-8　病虫害防治

有机蔬菜生产基地雇佣工人的生产技术经验、技术负责人的理论知识与实践经验对有机蔬菜的产量和质量起到决定性的作用。

最好聘请从事蔬菜种植研究和推广的工作人员作为技术负责人，同时加强对基地生产与管理人员的技术培训，组织参观学习成功的有机蔬菜生产基地的经验，这样才能保质保量地进行有机蔬菜生产。

从目前市场上销售的有机蔬菜来看，可经常发现叶菜类虫眼多，瓜果形状不佳，蔬菜色泽难看，这都是生产基地没有足够的技术力量的体现，很难满足消费者既要求安全优质、又期望视觉美观的愿望。

2. 生产与经营管理

（1）生产管理模式　有机生产要求严格遵循有机产品标准并建立可追溯的文档记录系统，根据国内有机蔬菜开发的成功经验，以下两种模式得到普遍采用。

① 租赁经营。即由有机蔬菜开发商租赁一片土地从事有机蔬菜开发，由开发商负责生产与经营管理，聘用工人或使原有土地的农民

在获得土地租金的同时成为农业工人，工资与产量没有直接联系。这种模式一般规模都较小，面积在 20～30 公顷，甚至更小，适合城市郊区有机蔬菜的生产，产品主要在当地市场销售。

这种模式的优点是利于有机生产的管理，确保有机蔬菜的质量并打造公司的品牌，利于按照有机认证的要求做好文档记录工作，便于通过有机认证，但土地租赁费和生产管理成本都较高。例如，上海崇本堂农业科技有限公司、南京普朗克有机田园、深圳市渔农居实业有限公司、香港有机农庄等都是采用这种模式进行经营，他们生产的有机蔬菜已经成为当地市场上知名度和信誉度都较高的品牌产品。

② 公司＋基地＋农户模式。这种模式是加工或贸易公司与地方政府（多数为村或乡镇政府）合作建立有机蔬菜生产基地，由地方政府组织基地范围内的农户根据公司的要求进行有机生产并代表公司与农户签订生产和产品收购协议，是一种订单农业的形式，适合于出口有机蔬菜基地的建立。

采用这种模式可以节约公司的经营成本，提高农民的收入，调动农民的积极性，但需要建立一个有效的质量控制与技术服务体系。例如，山东泰安泰山亚细亚食品有限公司采用了这种经营模式，为了确保有机产品的质量，公司邀请专业的有机食品开发咨询机构为农民提供培训和技术指导，聘请退休的农业技术专家作为驻基地的技术指导人员，把农民以股份制生产合作社的形式组织起来，加强农民自我管理与约束的能力，地方政府既是生产合作组织的组织者又是监督者。实践证明，这种有机食品开发的模式非常成功。

（2）市场开发

① 重视市场开拓。市场是决定有机蔬菜开发能否获得高经济效益和持续发展的重要因素。目前，我国的有机蔬菜以出口为主，主要出口地是日本、欧盟和北美，销售链是有机蔬菜加工、贸易公司获取订单、根据订单组织有机生产基地进行生产。近几年来，国内有机食品市场呈现出明显的增长趋势，在北京、上海、南京、深圳等经济发达的大城市纷纷建立起有机食品专卖店，并进入了各种大型超市，在超市建立了有机食品的专柜（图 1-9）。

图1-9 有机蔬菜超市售卖

国内销售的有机食品，蔬菜是重要的组成部分，多数公司通过建立自己的生产基地，打造公司的品牌，进入超市或建立专卖店进行销售。因此，有机蔬菜开发必须重视市场的开拓，借鉴国内外经验，采取灵活多样的形式销售有机蔬菜产品。

② 有机蔬菜基地建设的资金需求。有机农业是一种农业生产模式，理论上讲，由于需要强调种植业和养殖业的平衡发展，实现养分的循环使用，进行健康种植，减少外部物质的投入，因此可以降低常规农业购买化肥、农药的现金投入，这已经在很多有机生产基地得到证明。但是有机生产的劳力投入通常要高于常规生产的30%～50%。如果基地没有配套发展养殖业，完全靠购买商品有机肥，则投入很高，可占有机生产物质投入成本的60%，比施用化肥要昂贵得多（不同来源、不同品种的有机肥价格、施用量都不一致，通常单位面积全部施商品有机肥的投入是化肥投入的3～4倍）。因此，劳力和有机肥是有机生产的主要投入成本。如果有机蔬菜生产基地能够配套发展养殖业或者自己购畜禽粪便堆制有机肥，则能够大幅度降低成本。

另外，有机生产需要通过认证机构的认证，而且通常还要邀请咨询机构给予技术和管理方面的指导，基地本身也要增加管理方面的投入，产生的费用（50公顷的生产基地，认证费约1.5万元/年，增加管理投入约1万元/年）是较常规生产增加的投入；而且有机生产的产量在有机转换的前 2 年可能会低于常规生产的 15% ～ 20%，这也是土壤栽培有机蔬菜转换期存在的风险。至于农田基本建设、生产大棚的建立等投入，不是因为有机生产而特意进行的，尽管投入较大，但不是有机生产必需的资金。

四、有机蔬菜的肥料使用

（一）允许使用的肥料种类

允许使用的肥料种类有：①有机肥料，包括动物的粪便及残体、植物沤制肥、绿肥、草木灰、饼肥等；②矿物质，包括钾矿粉、磷矿粉、氯化钙等矿物肥；③有机认证机构认证的有机专用肥和部分微生物肥料。

有机肥料的制作：原料一般以新鲜的畜禽粪和农作物秸秆为主，但以畜禽粪配合适量秸秆粉生化反应的有机肥效果最好。生化反应前，夏天应选择通风、阴凉处作发酵场地，冬天则选择背风、向阳处或在室内进行。原料主要选用鲜鸡粪、猪粪、牛粪、羊粪等按 80% ～ 90% 的比例作为主料，农作物秸秆（粉碎或切成小段）按 10% ～ 15% 比例作为辅料，可添加发酵菌作为发酵助剂。生化反应时，先将主料与辅料按比例混匀，含水量保持 55% ～ 60%，每吨主辅料中加入 5 千克稀释的发酵助剂，一次堆料 4 立方米，高度 70 ～ 80 厘米，环境温度保持 15 ～ 20℃ 以上，温度过低时设法升温。当物料温度达到 50 ～ 60℃ 时即开始翻倒堆，堆温超过 65℃ 时，则应再次翻倒堆。经 1 周左右，当物料散发出淡淡的氨气味和生物发酵后的芳香味，堆内布满大量白色菌丝时，即可施用。注意生态有机肥在生化反应时，如果用果渣、醋糟、酒渣等偏酸性物料时，要提前用生石灰将其 pH 值调至 7 ～ 8。辅料以选用干燥、无霉变的粉料为宜。有机肥养分全，供肥时间长，在有机蔬菜生产中一般速生类蔬菜宜作基肥一次性施入较好，底施、穴施、沟施均可。其他蔬菜也可以作基肥和追肥施用。有机肥料与其他肥料合用时，基肥每亩（1 亩 =667 平方米）施用量占总施肥量的 60% 左右，追肥每亩用量占总追肥量的 40% 左右。

（二）肥料的无害化处理

有机肥在施前2个月须进行无害化处理，将肥料泼水拌湿、堆积、覆盖塑料膜，使其充分发酵腐熟。发酵期堆内温度高达60℃以上。可有效杀灭农家肥中带有的病虫草害。且处理后的肥料易被蔬菜作物吸收利用。

三种简易实用的肥料熟度的鉴别方法如下。

1. 塑料袋法

适用于以畜禽粪尿为主的堆肥。做法：将以畜禽粪尿为主的堆肥产品装入塑料袋密封。若塑料袋不鼓胀，就可断定堆肥产品已腐熟（因未发酵肥料会产生气体）。

2. 发芽试验法

将风干产品5克放入200毫升烧杯或其他容器中，加入60℃的温水100毫升浸泡3小时后过滤，将滤出汁液取10毫升，倒进铺有二层滤纸的培养皿，排种100粒蔬菜如白菜、萝卜、黄瓜或番茄的种子，进行发芽试验过程。另设对照，培养皿中使用的是蒸馏水，种子与发芽试验方法与上相同，一般认为发芽率为对照区的90%以上，说明产品已腐熟合格。此法对鉴定含有木质纤维材料的产品尤其适用。

3. 蚯蚓法

准备几条蚯蚓以及杯子、黑布。杯子里放入弄碎的产品，然后把蚯蚓放进去，用黑布盖住杯子，如蚯蚓潜入产品内部，表示腐熟，如爬在堆积物上面不肯潜入堆中，表明产品未充分腐熟，内有苯酚或氨气残留。

（三）肥料的使用方法

1. 施肥量

种植有机蔬菜使用肥料时，使用动物粪便和植物堆肥的比例应掌握在1：1为好。一般每亩施有机肥3000～4000千克，追施有机专用肥 100 千克。

2. 施足基肥

将施肥总量 80% 用作基肥。结合耕地将肥料均匀地混入耕作层内，以利于根系吸收。

3. 巧施追肥

对于种植密度大、根系浅的蔬菜作物可采用铺施追肥方式。当蔬菜长至 3 ～ 4 片真叶时，将经过晾干制细的肥料均匀撒施，并及时浇水。对于种植行距较大、根系较集中的蔬菜。可开沟条施追肥，及时浇水。对于种植株行距较大的蔬菜，可采用开穴追肥方式。

五、有机蔬菜的病虫草害防治

由于有机蔬菜在生产过程中禁止使用所有化学合成的农药，禁止使用由基因工程技术生产的产品，所以有机蔬菜的病虫草害防治要坚持"预防为主，防治结合"的原则。通过选用抗病品种、高温消毒、合理的肥水管理、轮作、多样化间作套种、保护天敌等农业和物理措施，综合防治病虫草害。

（一）病害防治

可以用石灰、硫黄、波尔多液防治蔬菜多种病害；允许有限制地使用含铜的制剂，如氢氧化铜、硫酸铜等来防治蔬菜真菌性病害；可以用软皂、植物制剂、醋等防治蔬菜真菌性病害；高锰酸钾是一种很好的杀菌剂，能防治多种病害；允许使用微生物及其发酵产品防治蔬菜病害。

（二）虫害防治

提倡通过释放寄生性、捕食性天敌（如赤眼蜂、瓢虫、捕食螨等）来防治虫害；允许使用软皂、植物性杀虫剂或当地生长的植物提取剂等防治虫害；可以在诱捕器和散发器皿中使用性诱剂。允许使用视觉性（如黄粘板）和物理性捕虫设施（如防虫网）防治虫害；可以有限制地使用鱼藤酮、植物源除虫菊酯、乳化植物油和硅藻土来杀虫；允许有限制地使用微生物及其制剂，如杀螟杆菌、Bt 制剂等。

（三）杂草控制

土壤栽培通常通过采用限制杂草生长发育的栽培技术，如轮作、种绿肥、休耕等控制杂草。提倡使用秸秆覆盖除草；允许采用机械和电热除草；禁止使用基因工程产品和化学除草剂除草（图 1-10）。

图 1-10　杂草控制

第三节　有机蔬菜无土栽培的形式

有机蔬菜无土栽培的生产，主要形式以基质培为主。有机蔬菜基质培是将蔬菜作物定植于基质中，通过基质固定作物根系，以吸收营养和氧的栽培方法。

有机蔬菜无土栽培，各地结合本地实际，通常采用温室、日光温室、塑料大棚等设施进行生产。具体形式可以是槽式栽培、袋培和立体栽培，结合不同蔬菜将在后面各章节中阐述。

无论采用哪种形式，均能突出基质培性能稳定、设备简单、投资较少、管理容易的优点，一般都有较好的经济效益。

一、基质的配制

一般而言，无机基质通常不含养分或所含养分低，单一成分的有机基质单独作为栽培基质进行无土栽培的时候，因其物理性质如容重过轻或过重、通气不良或保水性差等原因，常将两种或两种以上基质混合形成复合基质来利用。

可以说，基质的配制是有机蔬菜无土栽培成功与否的关键环节之一。

（一）常见的有机固态基质

常见的有机固态基质（图 1-11）如椰衣纤维、树皮、蔗渣、稻壳、锯木屑、芦苇末、秸秆、泥炭以及其他有机基质。

（1）椰衣纤维 又称椰壳纤维或椰糠，是椰子加工业的副产品。与泥炭相比，椰衣纤维含有更多的木质素和纤维素，疏松多孔，保水和通气性能良好。pH 为酸性，可用于调节 pH 过高的基质或土壤。磷和钾的含量较高，但氮、钙、镁含量低，因此使用中必须额外补充氮素，而钾的施用量则可适当降低。国内外常将其用于蔬菜等园艺作物的无土栽培，也可用于番茄等果菜类蔬菜的有机无土栽培。

图 1-11 常见有机固态基质

（2）树皮 不同树种差异很大，作为基质最常用的树皮是松树皮和杉树皮。树皮含有无机元素但保水性较差，并含有树脂、单宁、酚类等抑制物质，需充分发酵使之降解。研究表明腐化树皮：草炭为7：3时对于生菜的生长最为有利。国外研制的人造土壤就是以腐烂的树皮或泥炭为重要成分制作，其具有良好的排水性、保水能力和保肥能力，可用于番茄等蔬菜园艺作物的有机无土栽培。

（3）蔗渣 蔗渣是制糖业的副产品，主要成分是纤维素，其次是半纤维素和木质素。新鲜甘蔗渣由于碳氮比太高，不经处理植物根系难在其中正常生长，使用前必须经过堆沤处理。在自然条件下其堆沤效果较差，需经过添加氮源并堆沤处理后，方可成为与泥炭种植效果相当的良好无土栽培基质。研究表明，蔗渣中加入膨化鸡粪和堆肥速效菌曲后进行堆沤处理，基质可用于黄瓜、番茄和甜瓜的有机无土栽培。我国两广一带蔗渣资源丰富，其作为基质运用的潜力巨大。

（4）稻壳 稻壳是水稻加工时的副产物，其通透性好，不易腐烂，持水能力一般，可与其他基质材料配合使用。通常使用方法是通过暗火闷烧将其炭化，形成炭化稻壳即砻糠。可作为进行温室等设施蔬菜的有机无土栽培的基质使用。

（5）锯末屑 以黄杉和铁杉的锯末为最好，有些侧柏的锯末有毒，不能使用。较粗锯末混以25%的稻壳，可提高基质的保水性和通气性。另外锯末含有大量杂菌及致病微生物，需经过适当处理和发酵腐熟才能应用。其碳素含量较高，经过发酵腐熟分解后还需加入一定量的氮源以利于碳素的降解。可用于栽培番茄、辣椒等蔬菜的有机无土栽培生产。

（6）芦苇末 芦苇末中有机质、大量元素及植物所需营养元素含量均较高而重金属元素含量很少，pH为中性，总孔隙度较大。20世纪90年代以后，瑞士等国家将芦苇末作为基质应用于蔬菜栽培。我国也利用造纸厂的芦苇末废渣生产有机基质，并代替泥炭作为优质无土栽培基质应用于育苗和栽培，用于有机蔬菜无土栽培须经有机食品认证机构认可。

（7）秸秆 将秸秆粉碎后加入鸡粪等有机质或秸秆腐熟剂进行发酵处理，可得到有机基质，与其他基质混配后，可用于蔬菜等园艺作物的有机无土栽培。我国作为农业大国每年都会产生大量的农作物秸秆，将秸秆开发利用为园林、园艺栽培基质，不仅可以获得廉价原料，使基质生产成本降低，而且对于实现能源多元化，解决"三农"问题，也有积极的意义。

（8）泥炭 是植物有机体在过度潮湿、空气难以进入的条件下，经过上千年的腐殖化后，由植物残体组成的一种有机矿产资源。泥炭分为高位泥炭、低位泥炭和中位泥炭。我国以低位泥炭为主，一般发生于地平面较低的沼泽地，由于受地下水的影响，这种环境下生长着多种半水生植物和其他杂草类植物，它们通过生育与枯死的不断循环而形成泥炭。我国草本泥炭占总量的98.5%，富含多种氨基酸、蛋白质、多种微量元素及纤维素等有机物，具有良好的保水、保肥、透气、透水等物理特性；具有良好的生物活性，能提高种子发芽率，促进根的发育，能增强植物逆境的抵抗能力，内含丰富的有机质及氮、磷、钾、钙、镁、硫、铁等多种营养元素，能提供植物生长所需的多种营养；无毒、无味、无病、无虫、干净，可直接与其他基质混合使用。

（9）其他有机基质 主要来自于各种有机固体废弃物，包括工农业废弃物和城市垃圾。如污泥和垃圾堆肥可部分代替泥炭，中药渣、花生壳、咖啡加工的废渣都有报道应用于无土栽培。通常这些有机基质都是与蛭石、珍珠岩等无机基质或泥炭等其他有机基质按一定比例混合使用才能取得较好的效果，须经有机食品认证机构认可后方可使用。

（二）复合基质的配制

用于有机蔬菜无土栽培的固体基质，要能为蔬菜作物生长提供稳定协调的根际环境条件，不仅能起到锚定植物、保持水分和透气的作用，还得具有养分供应作用，

视频1-3 复合基质的配制

能使作物正常生长（视频1-3）。因此，其理化性状要达到一定的要求，即容重在0.1～0.8克每立方厘米之间，pH在6.5左右，且具有一定的缓冲能力，电导率（EC值）在2.5毫西门子每厘米以下，保肥性良好，具有一定的碳氮比以维持栽培过程中基质的生物稳定性等。

基质的来源，以天然基质为主，可以分为无机基质和有机基质两

类。如无机基质包括砂、石砾、沸石、蛭石和珍珠岩等；有机基质通常包括泥炭、树皮、蔗渣、稻壳、椰壳纤维、芦苇末、棉子壳、菇渣等以有机残体和农业废弃物组成的基质等。

基质的使用，可以是单一基质，也可以是复合基质。不同地区、不同形式以及不同蔬菜作物生产可根据实际情况，因地制宜选用。

一般来讲，单一基质通常存在一些缺陷和不足，因此，复合基质应用广泛。

基质的有机原料资源丰富易得，处理加工简便，可就地取材，如玉米秸、葵花秆、油菜秆、麦秸、大豆秆、棉花秆等，农产品加工后的废弃物如椰壳、菇渣、蔗渣、酒糟等，木材加工的副产品如锯末、树皮、刨花等，还有中药厂制药后废弃的中药渣，都可以使用。为了调整基质的物理性能，可加入一定量的无机物质，如蛭石、珍珠岩、炉渣、砂等，加入量依调整需要而定。有机物与无机物之比按体积计可自 2:8 至 8:2。常用的混合基质有：4 份草炭；6 份炉渣；5 份砂；5 份椰子壳；5 份葵花秆；2 份炉渣；3 份锯末；7 份草炭；3 份珍珠岩等。基质的养分水平因所用有机物质原料不同，可有较大差异。栽培基质的更新年限因栽培作物不同，一般为 2～5 年。含有葵花秆、锯末、玉米秸的混合基质，由于在作物栽培过程中基质本身的分解速度较快，所以每种植一茬作物，均应补充一些新的混合基质，以弥补基质量的不足。

注意：在有机蔬菜生产过程中，无机基质沸石、蛭石和珍珠岩以物理方式获得。畜禽粪肥、堆肥、菇渣、秸秆、家庭有机垃圾堆肥、泥炭等使用，须经认证机构或部门认可。

二、基质的消毒与管理

（一）基质消毒

1. 蒸汽消毒

将用过的基质装入消毒箱等容器内，进行蒸汽消毒，或将基质块或种植垫等堆叠一定高度，全部用防水防高温布盖严，通入蒸汽，在

70 ～ 100℃下，消毒 1 ～ 5 小时，杀死病菌。具体消毒温度和时间要根据不同基质和蔬菜作物灵活掌握，如黄瓜病毒等需 100℃才能将其杀死。一般来说，蒸汽消毒效果良好，而且也比较安全，但缺点是成本较高。

2. 太阳能消毒

太阳能消毒是近年来在温室栽培中应用较普遍的一种低价、安全、简单实用的无土栽培基质消毒方法。具体方法为：夏季高温季节在温室内把基质堆在一起，喷湿基质，使其含水量达到 60% 以上，并用塑料薄膜盖严，密闭温室，暴晒 10 天以上，可达到消毒效果。

3. 漂白粉和高锰酸钾消毒

本方法采用，须经认证机构或部门认可。主要消除包括线虫在内的传染性病虫害。具体做法为：用 0.3% ～ 1% 次氯酸钙或次氯酸钠溶液，在栽培槽基质内滞留 24 小时后，用水清洗 3 ～ 4 次，直至完全将药剂洗去为止，或用喷壶将基质均匀喷湿，覆盖塑料薄膜，24 ～ 36 小时后揭膜，再风干 2 周后使用。高锰酸钾使用浓度为 0.1%，将基质堆起后注入基质中，施药后，随即用薄膜盖严，3 ～ 7 天后揭去薄膜，晒 7 天以上即可使用，消毒效果很好，使用中要严格遵守操作规程，防止人畜受伤害和药剂泄漏对周围环境造成影响。

（二）基质中盐分的消除

随着种植时间的延长，会造成基质内养分的累积，引起基质电导率的增高，影响作物根系吸收功能，危害作物的生长，故基质培在使用一段时间后要用清水洗盐。

三、有机蔬菜无土栽培配套的设施系统

（一）基质槽式栽培

1. 栽培槽

有机蔬菜无土栽培采用基质槽培（图1-12）的形式多样。在无标

准规格的成品槽供应时，可选用当地易得的材料建槽，如用木板、木条、竹竿或砖块，实际上只建无底的槽框，所以不须特别牢固，只要能保持基质不散落到走道上就行。

有机蔬菜无土栽培技术大全（彩色图解＋视频升级版）

图1-12　基质槽式栽培

2. 供水系统

采用节水灌溉系统，以清水作为灌溉水源，不需要对水源进行特殊处理，一般采用简易节水灌溉设施就可满足供水要求。

综合比较各种节水灌溉系统，以采用微喷式薄壁软管（简称微灌带）灌溉系统作为配套灌溉设备效果最好。灌溉系统是由水泵、仪表、控制阀、过滤器、输水管道、滴灌带或滴头管等部分组成。可以结合灌溉补充植物营养。

（二）袋式栽培

把固体基质装入塑料袋中并供给营养进行蔬菜作物栽培的方式称为袋式栽培（图1-13），简称袋培。袋子，通常由抗紫外线的聚乙烯薄膜制成，至少可使用2年，在高温季节或南方地区，塑料袋表面以白色为好，以便反射阳光防止基质升温。相反，在低温季节或寒冷地区，则袋表面应以黑色为好，以利于吸收热量，保持袋中的基质温度。

袋培分为地面袋培和立体栽培两种形式。地面袋培又可分为筒式栽培、枕头式栽培。

（三）立体栽培

立体栽培（图 1-14）包括柱状栽培和长袋状栽培两种形式。柱状栽培的栽培容器采用杯状水泥管、硬质塑料管、陶瓷管或瓦管等，在栽培容器四周开孔并做成耳状突出，以便种植作物，栽培容器中装入基质，重叠在一起形成栽培柱；长袋状栽培是柱状栽培的简化形式，除了用聚乙烯袋代替硬管外，其他都一样。水和养分的供应是用安装在每一个柱或袋顶部的滴灌系统进行，通过整个栽培袋向下渗透，多余的营养从排水孔排出。

图 1-13　袋培技术　　　　图 1-14　立体栽培

有机蔬菜的无土栽培，可以采用架式分层立体生产，适用于绿叶蔬菜和芽苗菜的生产（图 1-15）。

图 1-15　有机蔬菜基质立体盆栽

第二章
有机蔬菜无土栽培

　　无土栽培作为一项新的现代化农业技术，具备许多优点，发展潜力很大。其应用于有机蔬菜的生产，要特别注意发挥其优势，克服其缺陷和不足。只有这样，才能正确评价和运用无土栽培技术，充分把握其应用范围和价值，扬长避短，发挥其最大的作用。

第一节　有机蔬菜无土栽培的特点及注意事项

一、无土栽培的特点

　　（1）作物长势强、产量高、品质好　无土栽培和设施园艺相结合能合理调节作物生长的光、温、水、气、肥等环境条件，充分发挥作物的生产潜力。与土壤栽培相比，无土栽培的植株生长速度快、长势强，例如黄瓜播种后 40 天，无土栽培的株高、叶片数、相对最大叶面积分别为土壤栽培的 2～4 倍；作物产量可成倍提高。

无土栽培作物不仅产量高，而且产品品质好、洁净、鲜嫩、无公害。采用一般的无土栽培生产的生菜、芥菜、芹菜、小白菜等绿叶蔬菜生长速度快，粗纤维含量低，维生素 C 含量高；番茄、黄瓜、甜瓜等瓜果蔬菜外观整齐、着色均匀、口感好、营养价值高。例如，无土栽培番茄维生素 C 含量为 154.9 毫克每千克，比土壤栽培提高 25%。采用无土栽培进行有机蔬菜生产，产品档次更高。

（2）省水、省肥、省力、省工　无土栽培可以避免土壤灌溉水分、养分的流失和渗漏以及土壤微生物的吸收固定，能充分被作物吸收利用，提高利用效率。

无土栽培的耗水量只有土壤栽培的 1/10 ～ 1/4，节省水资源，尤其是对于干旱缺水地区的作物种植有着极其重要的意义，是发展节水型农业的有效措施之一；土壤栽培肥料利用率只有 50% 左右，甚至低至 20% ～ 30%，具一半以上的养分损失，而无土栽培肥料利用率高达 90% 以上；无土栽培省去了繁重的翻地、中耕、整畦、除草等体力劳动，而且随着无土栽培生产管理设施中计算机和智能系统的使用，逐步实现了机械化和自动化操作，大大降低了劳动强度，节省了劳动力，提高了劳动生产率，可采用与工业生产相似的方式进行生产。

（3）病虫害少，可避免土壤连作障碍　无土栽培和园艺设施相结合，在相对封闭的环境条件下进行，在一定程度上避免了外界环境和土壤病原菌及害虫对作物的侵袭，加之作物生长健壮，因此病虫害的发生轻微，也较易控制；不存在土壤种植中的寄生虫卵及重金属、化学有害物质等公害污染。

作物连作导致土壤中土传病虫害大量发生、盐分积聚、养分失衡以及根系分泌物引起自毒作用等成为设施土壤栽培的难题。无土栽培可以从根本上避免和解决土壤连作障碍的问题，每收获一茬作物之后，只要对栽培设施进行必要的清洗和消毒就可以马上种植下一茬作物。

（4）极大地扩展农业生产空间　无土栽培使作物生产摆脱了土壤的约束，可极大地扩展农业生产的可利用空间。空闲的荒山、荒地、河滩、海岛，甚至沙漠、戈壁滩都可采用无土栽培进行作物生产，特别在人口密集的城市，可利用楼顶凉台、阳台等空间栽培作物，同时改善生存环境，在温室等园艺设施内可发展多层立体栽培，充分利用空间、挖掘园艺设施的农业生产潜力。

（5）有利于实现农业生产的现代化 无土栽培通过多学科、多种技术的融合以及现代化仪器、仪表、操作机械的使用，可以按照人的意志进行作物生产，属于一种可控环境的现代农业生产，有利于实现农业机械化、自动化，从而逐步走向工业化、现代化。我国近十年来引进和兴建的现代化温室及配套的无土栽培技术，有力地推动了我国农业现代化的进程。

二、有机蔬菜无土栽培应注意的问题

有机蔬菜无土栽培一般为基质培，同时具备无土栽培上述的优点，但应当清楚地认识到，无土栽培是农业科学技术发展到一定程度的产物，它的应用要求一定的设备和技术条件，其本身也具有一些缺陷；同时，有机蔬菜生产本身具有一整套的标准和规定，需实行认证管理。只有充分考虑这些，寻求妥善的解决办法，才能充分发挥其技术优势。

（1）投资大和运行成本高 要进行无土栽培生产，就需要有相应的设施、设备，这就比土壤栽培投资大，尤其是大规模、集约化、现代化无土栽培生产投资更大。根据目前我国的国情，可采用一些节能、低耗的简易形式，降低成本和运行费用。

（2）技术要求严格 无土栽培生产过程中，需要依据作物和季节，进行水分、营养的调节和管理，进行生长环境的温、湿、气、光等调控。管理人员必须具有一定的文化水平、实际经验和技术才能，否则难以取得良好的种植效果。有机基质培的技术较低，操作规程简化，便于推广应用。

（3）有机蔬菜无土栽培的全程管理 有机蔬菜生产，要求管理上必须把好每一环节，详细记录每一个生产操作过程，以便复查核对，在出现问题时找出原因，及时解决。无土栽培也是同样要求。

第二节 有机蔬菜无土栽培的设施系统

一、有机蔬菜无土栽培的生产方式

有机蔬菜无土栽培可以采用露地方式生产（图 2-1，视频 2-1）。与常规蔬菜生产相比，其区别是以基质取代土壤，需要经过有机认证机构鉴定认可并颁发有机证书。生产过程中不使用化学合成的农药、化肥、除草剂和生长调节剂等物质。有机蔬菜无土栽培对于转换期通常没有严格的要求。

图 2-1 有机蔬菜露地基质盆栽

视频 2-1 有机蔬菜露地无土栽培

1. 基地要求

有机蔬菜无土栽培的基地要求是完整的，其间不能夹有常规生产，通常需人为设置隔离带。基地的环境条件主要包括大气、水和土壤等。基地应选择空气清洁、水质纯净、土壤未受污染、具有良好生态环境的地区，其环境因子指标应达到国家有机蔬菜的土壤质量标准、灌溉水质量标准和大气质量标准等要求。

有机蔬菜无土栽培对于转换期通常没有土壤生产的要求严格。但是整个生产过程需符合有机蔬菜规范。

2. 有机蔬菜无土栽培的管理

（1）品种选择 应使用有机蔬菜种子和种苗。在得不到认证的有机种子和种苗的情况下，可使用未经禁用物质处理的常规种子（含杂交种子）。根据当地的气候特点，选择抗病性强的蔬菜种类及品种，禁止使用包衣种子和转基因种子。

（2）种子处理技术 种子消毒是预防蔬菜病虫害经济有效的方法，可应用天然物质消毒和温汤浸种技术。天然物质消毒可采用高锰酸钾 300 倍液浸泡 2 小时、木醋液 200 倍液浸泡 3 小时、石灰水 100 倍液浸泡 1 小时或硫酸铜 100 倍液浸泡 1 小时。天然物质消毒后温汤浸种 4 小时。

（3）基质消毒 可采用蒸汽消毒、太阳能消毒或漂白粉高锰酸钾消毒。此外，还可采用 3 ～ 5 波美度的石硫合剂、晶体石硫合剂 100 倍液、生石灰 375 千克每公顷、木醋液 50 倍液进行苗床基质的消毒。如可在播种前 3 ～ 5 天，用木醋液 50 倍液进行喷洒，盖地膜或塑料薄膜密闭；或用硫黄（0.5 千克每平方米）与基质混合，盖塑料薄膜密封。

3. 肥料的使用

（1）允许使用的肥料种类 请参阅第一章第二节有机蔬菜的肥料使用。

（2）肥料的无害化处理 有机肥在施前 2 个月须进行无害化处理，将肥料泼水拌湿、堆积、覆盖塑料膜，使其充分发酵腐熟。发酵期堆内温度高达 60℃ 以上。可有效地杀灭农家肥中带有的病虫草害。且处理后的肥料易被蔬菜作物吸收利用。

（3）肥料的使用方法

① 施肥量。一般每亩施有机肥 3000 ～ 4000 千克，追施有机专用肥 100 千克。

② 施足基肥。将施肥总量 80% 用作基肥，结合基质配制将基肥均匀地混入即可。

③ 追肥。根据蔬菜种类和不同生育期进行多次追肥，具体做法参照各章节内容。

4. 病虫草害防治

坚持"预防为主，防治结合"的原则。通过选用抗病品种、高温消毒、合理肥水管理、保护天敌等农业措施和物理措施综合防治病虫草害。具体方法参照第一章第二节相关内容。

二、有机蔬菜无土栽培的生产设施

有机蔬菜无土栽培，以设施生产方式为主。与常规设施蔬菜生产相比，其区别是以基质取代土壤。与露地基质培相比，因为设施的存在，设施内的温度、光照、气体等环境调控能力增强，使环境调控成为可能，可以人为创造适宜的环境条件来进行生产（视频2-2）。其基地要求、生产管理、肥料使用和病虫害防治均与露地有机蔬菜无土栽培相同。整个生产过程符合有机蔬菜规范。

视频2-2 无土栽培生产设施

1. 温室

温室是各种类型园艺设施中性能最为完善的一种，可以进行冬季生产，世界各国都很重视温室的建造与发展。

我国近十几年来温室生产发展极快，尤其是塑料薄膜日光温室，由于其节能性好、成本低、效益高，在 -20℃的北方寒冷地区，冬季可不加温生产喜温果菜，这在温室生产上是一项重大突破。

（1）可用于有机蔬菜无土栽培的温室类型　包括以下各种类型的日光温室。

① 普通型日光温室。原始型温室为直立窗，受光面积和栽培面积都很小，室内光照较弱，后期随着发展，逐渐将直立的纸窗改为斜立的玻璃窗，同时把后屋顶加长，形成普通型温室。

② 改良型日光温室。对普通型温室进行了改造，因而产生了北京改良温室、鞍山一面坡立窗温室和哈尔滨温室等。该种温室进一步加大了温室的空间和面积，改善了采光和保温条件，方便了作物栽培和田间作业，增加了作物产量。

③ 发展型日光温室。为了进一步扩大温室的栽培面积，改善室内光照、温度、通风条件，按不同地理纬度确定温室屋面角度，设计出了高跨比适宜的钢骨架无柱式温室，更加适合作物的生育和田间作业，这就是发展型温室。自20世纪70年代发展的斜立窗无柱式温室和三折式温室等，到20世纪80年代开始发展起来的日光温室均属于发展型温室。由于这类温室建造简单、成本低效益好，因此很受生产者的欢迎。

（2）结合本地实际，选择已有的优型结构的日光温室　注意日光温室（图2-2）的下列性能与特点：①具有良好的采光屋面，能最大限度地透过阳光。②保温和蓄热能力强，能够在温室密闭的条件下，最大限度减少温室散热，温室效应显著。③温室的长、宽、脊高和后墙高、前坡屋面和后坡屋面等规格尺寸及温室规模要适当。④温室的结构抗风压、雪载能力强。温室骨架要求既坚固耐用，又尽量减少其阴影遮光。⑤具备易于通风换气、排湿降温等环境调控功能。⑥整体结构有利于作物生育和人工作业。⑦温室结构要求充分合理地利用土地，尽量节省非生产部分的占地面积。⑧在满足上述各项要求的基础上，建造时应因地制宜，就地取材，注重实效，降低成本。

图 2-2　日光温室

（3）现代化的大型连栋温室　现代化大型温室（图2-3）具备结构合理、设备完善、性能良好、控制手段先进等特点，可实现作物生产的机械化、科学化、标准化、自动化，是一种比较完善和科学的温室。这类温室可创造作物生育的最适环境条件，能使作物高产优质。要注意结合当地的生态气候条件选择适宜的温室。目前生产上常用和常见的是各类连栋温室。覆盖材料主要采用塑料薄膜、聚碳酸酯（PC）板或玻璃。

图2-3　现代化大型温室

连栋温室是将两栋以上的单栋温室在屋檐处连接起来，去掉连接处的侧墙，加上檐沟（天沟）而成的。主要有圆拱形屋顶、尖拱形屋顶、大双坡或者小双坡屋顶、锯齿形屋顶等形式。生产型温室，规模较大，面积3000平方米至10公顷，温室环境调控系统完备，包括采暖系统、通风系统、降温系统、灌溉系统、施肥系统、控制系统。单栋跨度与温室的结构形式、结构安全、平面布局直接相关。研究和应用结果表明，我国从低纬度的南方到高纬度的北方，跨度应逐渐加大，一般南方地区4～6米，黄河流域至京津8～10米，东北、内蒙古12米左右。一般生产型连栋温室的檐高在3.5米左右。温室的结构构件和设备设计使用年限15～20年。

连栋温室的辅助设施一般较完善，如水、暖、电等设施以及控制室、加工室、保鲜室、消毒室、仓库及办公休息室等。

2. 塑料棚

塑料棚在我国广泛应用，包括塑料大棚、中棚和塑料小拱棚，均可用于有机蔬菜无土栽培。其结构简单，构件材料选择面广，塑料大棚标准结构为三杆一柱，即拱杆、拉杆、压杆和立柱，实际应用中，各地因地制宜，优化材料、结构，以压膜线替代压杆，以热浸镀锌薄壁钢管作为拱杆，不仅可增加结构强度同时可省去立柱，形成不同跨度、长度和高度的实用棚型（图2-4，图2-5）。

图2-4 塑料大棚

图2-5 塑料棚内部

各种类型的塑料棚如下。

（1）塑料小拱棚

① 型式和结构。小拱棚的型式主要有拱圆形、半拱圆形和双斜

面形等三种类型。

拱圆形小拱棚是生产上应用最多的小棚。主要采用毛竹片、细竹竿、荆条或钢筋等材料，弯成宽 1～3 米、高 0.5～1.5 米的弓形骨架，骨架上覆盖 0.05～0.10 毫米厚的聚乙烯薄膜，外用压杆或压膜线等固定薄膜而成。

通常，为了提高小拱棚的防风保温能力，除了在田间设置风障之外，夜间可在膜外加盖草苫等防寒物。为防止拱棚下弯，必要时可在拱架下设立柱及横梁。拱圆形小拱棚多用于多风、少雨、有积雪的北方。

半拱圆形小拱棚又称改良阳畦、小暖窖等。小拱棚为东西方向延长，在棚北侧筑起约 1 米高、上宽 30 厘米、下宽 40～50 厘米的土墙，拱架一端固定在土墙上，另一端插在覆盖畦南侧土中，骨架外覆盖薄膜，夜间加盖草苫防寒保温。通常棚宽 2～3 米，棚高 1.0～1.5 米。薄膜一般分为两块覆盖，接缝处约在南侧离地 60 厘米高处，以便扒缝放风。土墙上每隔 3 米左右留一放风口，以便通风换气。放风口对于春季的育苗及栽培是非常重要的。

双斜面形小拱棚与拱圆形小拱棚相似，区别在于其以直杆作为骨架，形成两边斜面。

② 应用。主要用于以下几种类型的生产。

a. 春提早、秋延后或越冬栽培耐寒蔬菜的有机无土栽培。由于小棚可以覆盖草苫防寒，因此与大棚相比，早春可提前栽培，晚秋可延后栽培。种植的蔬菜主要以耐寒的叶菜类蔬菜为主，如芹菜、香菜、菠菜、甘蓝等。

b. 春提早定植果菜类蔬菜。如黄瓜、番茄、青椒、茄子、西葫芦等有机无土栽培。

c. 早春育苗。可为塑料大棚或露地有机无土栽培的春茬蔬菜及西瓜、甜瓜等育苗。

d. 春提早栽培瓜果。如甜瓜的有机无土栽培。

（2）塑料中拱棚　中拱棚的面积和空间比小拱棚稍大，人可在棚内直立操作，是小拱棚和大棚的中间类型。常用的中拱棚主要为拱圆形结构。

① 结构。拱圆形中拱棚一般跨度为 3～6 米。在跨度 6 米时，

以高度 2.0～2.3 米、肩高 1.1～1.5 米为宜；在跨度 4.5 米时，以高度 1.7～1.8 米、肩高 1.0 米为宜；在跨度 3 米时，以高度 1.5 米、肩高 0.8 米为宜。另外根据中棚跨度的大小和拱架材料的强度，来确定是否设立柱。一般在用竹木或钢筋作骨架的情况下，棚中需设立柱。而用钢管作拱架的中棚不需设立柱。按材料的不同，拱架可分为竹片结构、钢架结构，以及竹片与钢架混合结构。

a. 竹片结构：拱架由双层 5 厘米竹片用铅丝上下绑缚在一起制作而成。拱架间距为 1.1 米。中棚纵向设 3 道横拉，主横拉位置在拱架中间的下方，用钢管或木杆设置，主横拉与拱架之间距离 20 厘米立吊柱支撑。2 道副横拉各设在主横拉两侧部分的 1/2 处，用直径 12 毫米钢筋做成，两端固定在立好的水泥柱上，副横拉距拱架 18 厘米立吊柱支撑。拱架的两个边架以及拱架每隔一定距离在近地面处设斜支撑，斜支撑上端与拱架绑住，下端插入土中，竹片结构拱架，每隔 2 道拱架设立柱 1 根，立柱上端顶在横拉下，下端入土 40 厘米。立柱用木柱或水泥柱，水泥柱横截面 10 厘米 ×10 厘米。

b. 钢架结构：拱架分成主架与副架。跨度为 6 米时，主架用钢管作上弦、ϕ12 毫米钢筋作下弦制成桁架，副架用钢管做成。主架 1 根，副架 2 根，相间排列。拱架间距 1.1 米。钢架结构设 3 道横拉。横拉用直径 12 毫米钢筋做成，横拉设在拱架中间及其两侧部分 1/2 处，在拱架主架下弦焊接，钢管副架焊短节钢筋连接。钢架中间的横拉距主架上弦和副架均为 20 厘米，拱架两侧的 2 道横拉，距拱架 18 厘米。钢架结构不设立柱，呈无柱式。

c. 混合结构：混合结构的拱架分成主架与副架。主架为钢架，其用料及制作与钢架结构的主架相同，副架用双层竹片绑紧做成。主架 1 根，副架 2 根，相间排列。拱架间距 1.1 米。混合结构设 3 道横拉。横拉用 ϕ12 毫米钢筋做成，横拉设在拱架中间及其两侧部分 1/2 处，在钢架主架下弦焊接，竹片副架设小木棒连接。其他均与钢架结构相同。

② 应用。中拱棚可用于春早熟或秋延后生产绿叶菜类、果菜类蔬菜及瓜果等蔬菜的有机无土栽培。

（3）塑料大棚　塑料大棚是用塑料薄膜覆盖的一种大型拱棚。它和温室相比，具有结构简单、建造和拆装方便、一次性投资较少等优点；与中小棚相比，又具有坚固耐用、使用寿命长、棚体高大、空间大、必要时也可安装加温、灌水等装置，便于环境调控等优点。目前，在全国各地的春提早及秋延后蔬菜栽培中，大棚被广泛应用，南方部分气候温暖地区，也可进行冬季生产。

① 类型。目前生产中应用的大棚，从外部形状可以分为拱圆形和屋脊形，但以拱形占绝大多数。拱圆形中又分为柱支拱形、落地拱形和多圆心拱形。从骨架材料上划分，则可分为竹木结构、钢架混凝土柱结构、钢架结构、钢竹混合结构等。塑料大棚多为单栋大棚，也有双连栋大棚及多连栋大棚。我国连栋大棚屋面多为半拱圆形，少量为屋脊形。

② 结构。塑料大棚应具有采光性能好，光照分布均匀；保温性好；棚型结构抗风雪能力强，坚固耐用；易于通风换气，利于环境调控；利于园艺作物生长发育和人工作业；能充分利用土地等特点。塑料大棚的骨架是由立柱、拱杆（架）、拉杆（纵梁）、压杆（压膜线）等部件组成。虽其材料结构比较简单，容易造型和建造。但大棚结构是由各部分构成的一个整体，因此选料要适当，施工要严格。

a. 竹木结构单栋拱形大棚。这种大棚的跨度为 8 ～ 12 米、高 2.4 ～ 2.6 米、长 40 ～ 60 米，每栋生产面积 333 ～ 667 平方米。由木立柱、竹拱杆、竹（木）拉杆、木（竹）吊柱、棚膜、压杆（或压膜线）和地锚等构成。

立柱起支撑拱杆和棚面的作用，纵横呈直线排列。原始型的大棚，其纵向每隔 1.0 ～ 1.2 米一根立柱，横向每隔 2 米左右一根立柱，立柱的粗度以直径 5 ～ 8 厘米为宜，中间最高，一般 2.4 ～ 2.6 米，越向两侧的逐渐变矮，形成自然拱形。竹木结构的大棚立柱较多，使大棚内遮阴面积大，作业也不方便，因此可采用"悬梁吊柱"型式。即将纵向立柱减少，而用固定在拉杆上的小悬柱代替，小悬柱的高度为 30 厘米左右，在拉杆上的间距为 1.0 ～ 1.2 米，与拱杆间距一致。一般可使立柱减少 2/3，大大减少立柱形成的阴影，有利于光照，同时也便于作业。

拱杆是塑料大棚的骨架，决定大棚的形状和空间构成，还起支撑棚膜的作用。拱杆可用直径 3 ～ 4 厘米的竹竿或宽 3 ～ 4 厘米、厚约 1 厘米的毛竹片按照大棚跨度要求连接为一定长度构成。拱杆两端插入地中，其余部分横向固定在立柱顶端成为拱形，通常每隔 1.0 ～ 1.2 米设一道拱杆。

拉杆起纵向连接拱杆和立柱，固定压杆，使整个骨架成为一个整体的作用。通常是用直径 3 ～ 4 厘米的细竹竿作为拉杆。拉杆长度与棚体长度一致。

压杆位于棚膜之上两根拱架中间，起压平压实绷紧棚膜的作用。压杆两端用铁丝与地锚相连固定后埋入大棚两侧的土壤中。压杆可用光滑顺直的细竹竿为材料，也可用铅丝或尼龙绳代替，目前有专用的塑料压膜线，可取代压杆。压膜线为扁平状厚塑料带，宽约 1 厘米，两边内镶有细金属丝，既柔韧，又坚固，且不损坏棚膜，易于压平绷紧。

棚膜可用 0.1 毫米厚的聚乙烯（PE）薄膜以及 0.08 ～ 0.1 毫米的醋酸乙烯（EVA）薄膜或者采用无滴膜、长寿膜、耐低温防老化膜多功能膜。这些专用于覆盖塑料大棚的棚膜，其耐候性及其他性能均与非棚膜有一定差别。薄膜幅宽不足时，可用电熨斗加热黏接。为了以后放风方便也可将棚膜分成 3 ～ 4 大块，相互搭接在一起（重叠处宽约 20 厘米，每块棚膜边缘烙成筒状，内穿一根麻绳，以后从接缝处扒开缝隙放风，接缝位置通常是在棚顶部及两侧距地面约 1 米处）。若大棚宽度小于 10 米，顶部可覆盖一块顶膜，不留通风口；若大棚过宽，难以靠侧风口对流通风，就需在棚顶设通风口，顶部就需覆盖两大块顶膜。

大棚两端各设供出入用的大门，门的大小要考虑作业方便，太小不利于进出，太大不利保温。塑料大棚顶部可设出气天窗，两侧设进气侧窗，也就是上述的通风缝。

b. 钢架结构单栋大棚。用钢筋焊接而成，特点是坚固耐用，中间无柱或只有少量支柱，空间大，便于作物生育和人工作业，但一次性投资较大。大棚因骨架结构不同可分为：单梁拱架、双梁平面拱架、三角形断面（由三根钢筋组成）拱形桁架及屋脊形棚架等形式。通常大棚宽 10 ～ 12 米、高 2.5 ～ 3.0 米，每隔 1.0 ～ 1.2 米设一拱架，每隔 2 米用一根纵向拉杆将各排拱架连为一体，上面覆盖棚膜，外加压膜杆或压膜线。钢架大棚的拱架多用直径 12 ～ 16 毫米圆钢材料；双梁平面拱架由上弦、下弦及中间的腹杆连成桁架结构；三角形断面拱架则由三根钢筋及腹杆连成桁架结构。因此，其强度大，钢性好，耐用年限可长达 10 年以上。

双梁平面拱架大棚是用钢筋焊成的拱形桁架，棚内无立柱，跨度一般在 10 ～ 12 米，棚的脊高为 2.5 ～ 3.0 米，每隔 1.0 ～ 1.2 米设一拱形桁架，桁架上弦用直径 14 ～ 16 毫米钢筋、下弦用直径 12 ～ 14 毫米钢筋、其间用直径 8 ～ 10 毫米钢筋作腹杆（拉花）连接。上弦与下弦之间的距离在最高点的脊部为 40 厘米左右，两个拱脚处逐渐缩小为 15 厘米左右，桁架底脚最好焊接一块带孔钢板，以便与基础上的预埋螺栓相互连接。大棚横向每隔 2 米用一根纵向拉杆相连，拉杆为直径 12 ～ 14 毫米钢筋，在拉杆与桁架的连接处，应自上弦向下弦上的拉梁处焊一根小的斜支柱，称斜撑，以防桁架扭曲变形。单栋钢骨架大棚两端也有门，同时也应有天窗和侧窗通风。

c. 镀锌钢管装配式大棚。这类大棚多是采用热浸镀锌的薄壁钢管为骨架建造而成。尽管目前造价较高，但由于它具有重量轻、强度好、耐锈蚀、易于安装拆卸、中间无柱、采光好、作业方便等特点，同时其结构规范标准，可大批量工厂化生产，所以在经济条件允许的地区，可大面积推广应用。主要有 GP 系列和 PGP 系列。

GP 系列镀锌钢管装配式大棚由中国农业工程研究设计院设计。为了适应不同地区气候条件、农艺条件等，使产品系列化、标准化、通用化。骨架采用内外壁热浸镀锌钢管制造，抗腐蚀能力强，使用寿命 10 ～ 15 年，抗风荷载 31 ～ 35 千克每平方米，抗雪荷载 20 ～ 24 千克每平方米。如 GP-Y8-1 型大棚，其跨度 8 米、高 3 米、长 42 米、面积 336 平方米；拱架以 1.25 毫米厚薄壁镀锌钢管制成，纵向拉杆也采用薄壁镀锌钢管，用卡具与拱架连接；薄膜采用卡槽及蛇形钢丝弹簧固定，为了牢固，还可外加压膜线，作辅助固定薄膜之用；该棚两侧还附有手摇式卷膜器，可取代人工扒缝放风。

PGP 系列镀锌钢管装配式大棚由中国科学院石家庄农业现代化研究所设计，其性能特点是：结构强度高，设计风荷载为 37.5 ～ 56 千克每平方米，棚面拱形，矢跨比为 1:(4.6～1):5.5，因此，棚面坡度大，不易积雪。PGP 系列大棚用钢量少，防锈性好，钢管骨架及全部金属零件均采用热浸镀锌处理，薄膜用塑料压膜线和 Ω 形塑料卡及压膜扣三种方式固定，牢固可靠。装拆省工方便，易于迁移，可避免连作危害。附有侧部卷膜换气，天窗和保温幕双层覆盖保温装置，便于进行通风、换气、去湿、降温和保温等环境调节管理。

③ 塑料大棚在园艺作物生产中的应用。大棚可以生产的园艺作物种类很多，在有机蔬菜无土栽培中，主要利用形式可以分为如下几种。

a. 育苗。主要采取大棚内多层覆盖的方式进行。如大棚内加保温幕、小拱棚，小拱棚上再加保温覆盖物等保温措施，或采用大棚内加温床以及苗床安装电热线加温等办法，进行果菜类蔬菜育苗（图 2-6）。

b. 蔬菜栽培。利用大棚进行有机蔬菜无土栽培（图 2-7）的种类很多，而且方式多样，这里主要介绍几种常用方式和主要栽培种类。

图 2-6 育苗

图 2-7 蔬菜栽培

春茬早熟栽培是指早春用温室育苗，大棚定植，一般果菜类蔬菜可比露地提早上市 20～40 天。主要栽培作物有黄瓜、番茄、青椒等。

大棚秋延后栽培也主要以果菜类蔬菜为主，一般可使果菜类蔬菜采收期延后 20～30 天。主要栽培的蔬菜作物有黄瓜、番茄等。

在气候冷凉的地区可以采取春到秋的长季节栽培。这种栽培方式的早春定植及采收与春茬早熟栽培相同，采收期直到 9 月末。这种栽培方式的种类主要有青椒、番茄等茄果类蔬菜。

c. 瓜类栽培。可利用大棚进行瓜类的有机无土栽培（图 2-8）。

图2-8 瓜类栽培

3. 常用的附属设施

（1）遮阳网 俗称凉爽纱，国内产品多以聚乙烯、聚丙烯等为原料，是经加工制作编织而成的一种轻量化、高强度、耐老化、网状的新型农用塑料覆盖材料。用其覆盖作物具有一定的遮光、防暑、降温、防台风暴雨、防旱保墒和驱避病虫等功能，用来替代芦帘、秸秆等农家传统覆盖材料，可用来进行夏秋高温季节蔬菜的有机无土栽培或育苗。

① 性能与特点。其简易实用，成本低，成为我国热带、亚热带地区夏季设施栽培的特色。与传统芦帘遮阳栽培相比，具有轻便、管理操作省工又省力的特点，而芦帘虽一次性投资低，但使用寿命短，折旧成本高，笨重，遮阳网（图2-9）一年内可重复使用 4 ～ 5 次，寿命长达 3 ～ 5 年，虽一次性投资较高，但年折旧成本反而低于芦帘，一般仅为芦帘的 50% ～ 70%。

② 应用。夏季有机蔬菜无土栽培过程中，进行遮阳网覆盖，覆盖形式主要有浮面覆盖、拱棚覆盖及温室覆盖。

a. 浮面覆盖。即直接覆盖、飘浮覆盖，是将遮阳网直接覆盖在植株上的覆盖形式。夏季起遮光、降温、保湿和防暴雨的作用，冬季有防雨保温、保湿等作用。

图2-9 遮阳网

b. 拱棚覆盖。即以拱棚的骨架作支撑物，在其上覆盖遮阳网的覆盖方式。主要用于育苗、移栽、秋菜提前栽培或反季节栽培等，是夏秋高温季节蔬菜栽培中比较好的一种覆盖形式。覆盖的网色，若作夏秋番茄、瓜类的覆盖，宜选银灰色网为好，当茎蔓顶网时，要及时揭除，让其自然生长；芹菜、生菜、茼蒿等喜凉性蔬菜，则以覆盖黑色网最好，可在全生长期或生长前期进行覆盖。

c. 温室覆盖。即在日光温室或者现代化温室上覆盖遮阳网的覆盖方式。覆盖方式与大棚相似，主要以顶盖法和一网一膜两种方式为主，主要用于夏秋季节育苗，夏季延后栽培和秋菜的早熟栽培。

（2）无纺布覆盖

① 性能规格与特点。无纺布又称不织布，有由聚乙烯醇、聚乙烯等为原料制成的短纤维无纺布，也有由聚丙烯、聚酯等为原料制成的长纤维无纺布，分别有17克每平方米、20克每平方米、30克每平方米、50克每平方米的不同规格品种，除具有透光、保温、保湿等功能外，还具有透气和吸湿的特点。

② 应用。用来替代传统的秸秆等，覆盖具防寒、防冻、防风、防虫、防鸟、防旱和保温、保墒等功能，是能实现冬春寒冷季节保护各种越冬作物不受寒害或冻害的一种覆盖技术（图2-10）。

（3）防虫网　以高密度聚乙烯等为主要原料，经挤出拉丝编织而成的20～30目等规格的网纱（图2-11）。

图 2-10　无纺布覆盖　　　图 2-11　防虫网

① 性能规格与特点。具有耐拉强度大，抗紫外线、抗热性、耐水性、耐腐蚀、耐老化、无毒、无味等特点。目前防虫网按目数分为20目、24目、30目、40目，按宽度有100厘米、120厘米、150厘米，按丝径有0.14～0.18毫米等数种。使用寿命为3～4年，色泽有白色、银灰色等，以20目、24目最为常用。

由于防虫网覆盖能简易、有效地防止害虫的危害，所以，在有机蔬菜无土栽培中，是一种控制蔬菜虫害的有效物理措施。

通过蔬菜生长全程覆盖，达到阻隔害虫侵入的目的。一般20目以上（小于30目）的防虫网，孔径小于1毫米，完全能够阻止斑潜蝇（翅展1.3～1.7毫米）、豆荚螟（翅展20～26毫米）、蚜虫、夜蛾等害虫的飞入。采用具有避蚜作用的银灰色防虫网栽培的菠菜，对蚜虫的防效达到100%。

② 应用。大棚温室覆盖是目前最普遍的覆盖形式，由数张网缝合覆盖在大棚或温室通风口或天窗等处，实行全封闭式覆盖栽培。

三、有机蔬菜无土栽培的设施形式

有机蔬菜无土栽培的设施形式见视频2-3。

视频 2-3 无土栽培设施形式

（一）基质槽式栽培

1. 栽培槽

有机蔬菜无土栽培采用基质槽培的形式多样。在无标准规格的成品槽供应时，可选用当地易得的材料建槽（图2-12）。

图2-12 基质槽式栽培

　　通过比较砖、水泥板、塑料泡沫板等材料的栽培框架成本和使用效果，一般采用标准砖（24厘米×12厘米×5厘米）堆砌比较常见。标准砖材料丰富，全国各地都有使用，其成本较低，通气透水性能比塑料材质框架好，有利于为作物根系创造良好的根际环境。

　　建槽时，茄果类、瓜类等蔓生类作物的标准栽培槽结构为：长度≤30米，内径宽48厘米（2砖长度），外径72厘米（3砖长度），高度≥15厘米（3层砖厚度），槽间净距72厘米（3砖长度）。以厚≥0.1毫米塑料膜与土壤隔离，防止土壤病虫传染，同时还有贮水的作用。

　　叶菜及短期密植类作物的有机生态型无土栽培标准栽培槽结构为：长度≤30米，内径宽96厘米（4砖长度），外径120厘米（5砖长度），高度≥10厘米（2层砖厚度），槽间净距48厘米（2砖长度）。以厚≥0.1毫米塑料膜与土壤隔离，防止土壤病虫传染，同时还有贮水的作用。

2. 供水系统

　　请参阅第一章第三节基质槽式栽培供水系统相关内容。

　　过滤器选用大于100目过滤网的过滤器，滤去沉淀等杂物。水泵应具有抗腐蚀性能，常用口径150毫米、22千瓦的自吸泵。在过滤器前后应安装压力表和流量控制阀，以根据需要调节管内压力和流量。

输水管道包括干管、支管和毛管。干管和支管是把水分或营养分送到各种植行之前的第一、二级管道，用硬塑料管制成；毛管是进入种植行的管道，直径为 12～16 毫米，用具有弹性的塑料制成。

（二）基质袋式栽培

把固体基质装入塑料袋中并供给营养进行蔬菜作物栽培的方式称为袋式栽培，简称袋培（图 2-13）。塑料袋通常由抗紫外线的聚乙烯薄膜制成，至少可使用 2 年，在高温季节或南方地区，塑料袋表面以白色为好，以便反射阳光防止基质升温。相反，在低温季节或寒冷地区，则袋表面应以黑色为好，以利于吸收热量，保持袋中的基质温度。

图 2-13 基质袋式栽培

袋培分为地面袋培和立体栽培两种形式。地面袋培又可分为筒式栽培、枕头式栽培。筒式栽培是把基质装入直径 35 厘米、高 35 厘米的塑料袋内，栽植 1 株大株形作物，每袋基质约为 10～15 升；枕头培是在长 70 厘米、直径 30～35 厘米的塑料袋装入 20～30 升基质，两端封严，依次按行距要求摆放到栽培温室中，在袋上开两个直径为 10 厘米的定植孔，两孔中心距离为 40 厘米，种植 2 株大株形作物。在温室中排放栽培袋之前，整个地面要铺上乳白色或白色朝外的黑白双面塑料薄膜，将栽培袋与土壤隔离，防止土壤中病虫侵袭；同时有助于增加室内的光照强度。定植结束后立即布设滴灌管，每株设1个滴头。无论是筒式栽培还是枕头式栽培，袋的底部或两侧都应开2～3个直径为0.5～1.0厘米的小孔，以便多余的水和营养从孔中流出，防止积液沤根。

（三）立体栽培

立体栽培（图2-14）包括柱状栽培和长袋状栽培两种形式。柱状栽培的栽培容器采用杯状水泥管、硬质塑料管、陶瓷管或瓦管等，在栽培容器四周开孔并做成耳状突出，以便种植作物，栽培容器中装入基质，重叠在一起形成栽培柱。长袋状栽培是柱状栽培的简化形式，除了用聚乙烯袋代替硬管外，其他都一样。栽培袋采用直径15厘米、厚0.15毫米的聚乙烯筒膜，长度一般为2米，内装基质，底端扎紧以防基质落下，从上端装入基质成为香肠的形状，上端扎紧，然后悬挂在温室中，袋的周围开一些直径2.5～5.0厘米的孔，以种植植物。

无论是柱状栽培还是长袋状栽培，栽培柱或栽培袋均是挂在温室的上部结构上，在行内彼此间的距离约为80厘米，行间的距离为1.2米。水和养分的供应是用安装在每一个柱或袋顶部的滴灌系统进行，营养从顶部灌入，通过整个栽培袋向下渗透，多余的营养从排水孔排出。每月用清水洗盐1次，以清除可能集结的盐分。

此外，有机芽苗菜生产，可以采用架式分层立体无土栽培。

图2-14　立体栽培

第三节　有机蔬菜无土栽培的操作管理

有机蔬菜无土栽培的操作管理，应该引入关键控制点分析（HACCP）理论，遵循有机农业的理念，从有机蔬菜产业化链的全程入手，注重生态环境控制，围绕栽培管理规程的制定，生产过程中的品种选择与茬口安排、基质消毒、肥水管理和病虫草害防治，以及采后健康处理、质量追溯保障等关键环节开展。

一、生态环境的调控

有机蔬菜无土栽培通过一系列技术措施构建和谐的生产生态环境，以减少外部逆境的干扰，促进有机蔬菜作物健康生长，增强作物抗性，抑制病虫草害发生，这是与常规蔬菜生产的根本区别。

例如，注重生产基地的环境空气、棚室表面、苗床、基质和生产废弃物的无害化处理，即通过采用包括消毒、植株残体高温堆沤处理、太阳能辅助加热处理、太阳能与臭氧结合进行无害处理等。注重蔬菜多样性的利用，根据不同地区不同生态类型选择主要蔬菜的适宜品种，通过配套的栽培技术，以增强作物自身抗性抑制病虫害发生。结合设施生产，加强田间小气候的调控。

二、栽培管理规程的制定

主要根据市场需要和价格状况，来确定种植的有机蔬菜种类、品种搭配、上市时期，拟定播种育苗、种植密度、株形控制等技术操作规程表。

三、品种选择

使用符合有机蔬菜生产要求的种子和种苗。具体品种参照各章节品种选择内容。

注意选用蔬菜名特优新品种，除了力求丰产性外，还要兼顾本品种的适应性和抗逆性。

四、茬口安排

1. 根据季节，科学安排茬口

一般情况下，栽培非当季蔬菜时，通常都较容易发生病虫害。适当调整栽培时间可以防止病虫害的发生。

2. 栽培时期灵活，符合市场需求和当地生态环境

根据市场需求，将原来只能在一个时段生产的蔬菜，通过品种选择、辅以设施或利用海拔高度差异，扩大到周年种植、周年供应。

五、种子处理与基质消毒

1. 种子处理

种子消毒预防蔬菜病虫，方法经济有效。可应用天然物质消毒和温汤浸种技术。天然物质消毒可采用高锰酸钾300倍液浸泡2小时、木醋液200倍液浸泡3小时、石灰水100倍液浸泡1小时或硫酸铜100倍液浸泡1小时。天然物质消毒后，温汤浸种处理。

2. 基质消毒

参照第一章第三节基质消毒部分的内容进行。

六、肥水管理

（一）肥料管理

1. 肥料的使用

包括允许使用的肥料种类、肥料的无害化处理和肥料的使用方法，具体做法参照有关章节内容。

2. 根据不同蔬菜需肥的特点进行施肥

不同的蔬菜品种对不同养分的需求不同，例如叶菜类对氮的需求相对多些，茄果类对钾的需求相对多些。在安排施肥时，含氮比例

高、肥效较快的有机肥料应优先安排给叶菜类，而含钾较丰富的有机肥料应优先安排给生长后期仍对钾需求较多的茄果类。作物在不同生长时期的需肥特性也不同，如苗期为培育壮苗，苗床应施用含磷高的肥料；基肥一般施用养分全面、肥效稳定的肥料，但对生育期短的品种而言，还应加一些速效性肥料；进入旺盛生长阶段，一般施用速效肥料，但也应有所区别，有的施用含氮高的肥料即可，有的还需要补充一定的钾养分。茬口也有影响，前茬残肥多的，后茬可以适当少施肥料；同时根据前茬残肥中养分的不同，对后茬施用肥料品种适当调整。

3. 施足基肥

基肥是蔬菜生产的基础，有机肥中的粗有机肥、细有机肥及有益微生物剂，均可用作基肥。一般生育期短的蔬菜如生菜等，因有机肥的肥效持续时间比较长，一般每亩施 100 ～ 200 千克，可满足全程养分的需要，不必追肥。

4. 巧施追肥

生育期长的蔬菜进行无土栽培，应多次追肥。追肥使用量应视蔬菜种类和生长期的不同进行调整，生育期长的品种，每次将约占施肥量 1/5 的有机肥，条施在基质表面或撒施在根部四周，距主干至少 10 厘米以上的地方。固态追肥最好选择在灌水前进行。

5. 注意结合常见有机肥的特性，搭配施肥

常见有机肥料（图 2-15）的品质特性如下。

图 2-15 常见有机肥料

（1）人粪尿　人粪尿中有机物含量 5% ～ 10%、氮含量 0.5% ～ 0.8%、五氧化二磷含量 0.2% ～ 0.4%、氧化钾含量 0.2% ～ 0.3%，有机物含量较低，磷钾也较少，但氮含量较多，且碳氮比小，易分解，利用率较高，肥效迅速，被称为细肥。

人粪尿多当作速效氮肥施用，施用时一般稀释 3 倍左右泼浇。由于含有一定盐分，一次用量不可过多。人粪尿应专缸贮存，并加盖，添加少量苦楝，夏季贮存半个月，春秋季贮存 1 个月。

（2）猪圈粪　猪圈粪是猪粪尿加上垫料积制而成的厩肥，有机物含量 25%、氮含量 0.45%、五氧化二磷含量 0.2%、氧化钾含量 0.6%，含有较多的有机物和氮磷钾养分，氮磷钾比例在 2：1：3 左右，质地较细，碳氮比小，容易腐熟，肥效相对较快，是一种比较均衡的优质完全肥料。猪圈粪多作基肥秋施或早春施。积肥时多以秸草垫圈，起圈后在肥堆外部抹泥堆腐一段时间再用。

（3）马厩肥　马（骡驴）厩肥中含土等非有效成分少，肥料质量较高，有机物含量 25%、氮含量 0.58%、五氧化二磷含量 0.28%、氧化钾含量 0.53%。马厩肥质地疏松，在堆积过程中能产生高温，是热性肥料，肥效较快，一般不单独施用，与猪圈粪混合积存，多用作早春肥或秋肥基施；单独积存时，要把肥堆拍紧，堆积时间要长，使其缓慢发酵，以防养分损失。

（4）牛栏粪　牛栏粪有机物含量 20%、氮含量 0.34%、五氧化二磷含量 0.16%、氧化钾含量 0.4%，质地细密，但含水量高，养分含量略低，腐熟慢，是冷性肥料。牛栏粪肥效较缓，堆积时间长，最好和热性肥料混堆，堆积过程中注意翻捣。可以作晚春、夏季、早秋基肥施用。

（5）羊圈粪　羊圈粪有机物含量 32%、氮含量 0.83%、五氧化二磷含量 0.23%、氧化钾含量 0.67%，质地细，水分少，肥分浓厚，发热特性比马厩肥略次，兼具速效和缓效的优质肥料。羊圈粪运用性广，可作基肥或追肥施用，用于西瓜、甜瓜一类作物穴施追肥比较适宜。堆制方便，容易腐熟，注意防雨淋洗即可。

（6）兔窝粪　兔窝粪肥分高，氮含量 0.78%、五氧化二磷含量 0.3%、氧化钾含量 0.61%，发热特性近似于羊圈粪，易腐熟，肥效较快，适用性广，可作追肥施用，施用特性同羊圈粪。

（7）**禽粪** 禽粪养分含量高（鹅粪因含水多而略低），有机物含量25%、氮含量1.63%、五氧化二磷含量1.5%、氧化钾含量0.85%、含氮磷较多，养分比较均衡，是细肥，易腐熟，为热性肥料，可作基肥、追肥，用作苗床肥料较好。禽粪中含有一定的钙，但镁较缺乏，应注意和其他肥料配合。

（8）**秸秆堆肥** 秸秆堆肥有机物含量15%～25%、氮含量0.4%～0.5%、五氧化二磷含量0.18%～0.26%、氧化钾含量0.45%～0.7%，碳氮比高，是热性肥料，分解较慢，但肥效持久。堆肥的适用性广，多作基肥施用。积造堆肥时应注意使堆肥水分控制在60%～75%，适当通气，加些粪肥调节碳氮比。

（9）**沼渣与沼液** 沼渣与沼液是秸秆与粪尿在密闭嫌气条件下发酵后沤制而成的，其养分含量因投料的不同而有差异。沼渣是养分比较完备的迟性肥料，质地细，安全性好，可作基肥，沼液是速效氮肥，可作追肥或叶面喷肥。

（10）**草木灰** 草木灰是含有丰富矿物元素的速效钾肥，主要成分是碳酸钾，氧化钾含量5%左右，是碱性肥料，一次用量不可过多，可作基肥或追肥。不能同其他粪肥混合，应单独贮存，防止淋水。草木灰适用性广，但应优先用于喜钾作物。

（11）**饼肥** 饼肥是热性肥料，养分含量高，碳氮比小，肥效略快且稳长，可作基肥或追肥。可以粉碎后直接施用，无土栽培时最好进行沤制后使用。

（12）**绿肥** 以堆肥使用为宜。

上述肥料中，猪圈粪、马厩肥、牛栏粪、秸秆堆肥、绿肥以混合堆制较好，有助于克服各自存在的缺点。其他肥料可单积单存。在能进行沼气发酵时，尽量进行沼气发酵。

不同有机肥以搭配施用较好，如甜瓜施肥，基肥可以施用混合厩肥、饼肥、禽粪、草木灰，团棵期可以少量使用羊圈粪、兔窝粪或浇施沼液，膨瓜后施用与团棵期相似，但用量可以多些，并视具体情况可以泼浇人粪尿，也可以再施用些草木灰。叶菜类施肥，基肥可以施用混合厩肥、禽粪、人粪尿，中期可以泼浇人粪尿、沼液。茄果、瓜类蔬菜，基肥可以施用混合厩肥、饼肥、禽粪、草木灰，苗期可以适当施用沼液，盛果期用草木灰、人粪尿分别兑水施用。

（二）水分管理

有机蔬菜无土栽培系统的水分供应与营养液无土栽培系统不同，营养和水分的供给通常是分开进行。水分除直接供应作物所需外，还是溶解固态有机肥料的溶剂，可为作物的正常生育提供相对稳定的养分浓度。另外，水分的供应量能对根际的空气、温度、湿度、微生物活动等微环境产生重要的影响。因此，需水量是无土栽培作物良好生长发育的关键指标。要根据蔬菜的种类、生产方式和茬口以及植物所处的生育阶段进行调控。

1. 实行分类管理

根据耗水及吸水特性的不同，蔬菜分为 5 类：①耗水量很多、吸水能力也很强的蔬菜，栽培时可少灌水；②耗水量大而吸水能力弱的蔬菜，栽培时要经常灌溉；③耗水量及吸水能力都中等的蔬菜，要求中等程度灌溉；④耗水量少、吸水能力也弱的蔬菜，必须进行比较多的灌溉；⑤耗水量多、吸水能力很弱的蔬菜，一般要在水田栽培。

2. 选择适宜灌溉形式

灌溉的方式有多种多样，规模较大、条件较好的蔬菜基地正在扩大使用喷灌、滴灌和渗灌（图2-16）等节水灌溉方式。注意避免污水灌溉。

图2-16　喷灌、滴灌和渗灌

七、病虫草害防治

坚持"预防为主，防治结合"的原则。通过选用抗病品种、高温消毒、合理肥水管理、保护天敌等农业措施和物理措施综合防治病虫草害。具体方法如下。

1. 生物防治

有机蔬菜栽培中可利用害虫天敌进行害虫捕食和防治。以虫治虫，即人工繁殖或引进赤眼蜂、瓢虫等天敌进行防治。也可网捕天敌放入设施内，防治害虫。利用细菌、真菌、放线菌等微生物制剂来防治病虫害，如青虫菌、增产菌、农抗120、苏云金杆菌等。

2. 选用安全性药剂和物质

有机蔬菜允许使用药剂，如使用硫黄、石灰、石硫合剂、硫酸铜、波尔多液等，使用量、使用次数和时期必须有适当的限制（图2-17）。

图2-17 安全性药剂

可应用浓度为1%的鲜牛奶悬浊液防治黄瓜白粉病。用波尔多液广谱无机杀菌剂，组成为1∶1∶200（硫酸铜∶生石灰∶水），连续喷2～3次，即可控制真菌性病害。用浓度为0.25%的碳酸氢钠溶液加0.5%乳化植物油可防治白粉病、锈病。用浓度为0.5%的辣椒汁可预防病毒病，但不起治疗作用。增产菌可用于防治软腐病。可用高锰酸钾 500～1000 倍液进行基质消毒。防治土壤、叶部病害可用木醋酸 300 倍液于发病前或初期喷 2～3 次。96% 硫酸铜 1000 倍液可防治早疫病。生石灰可用于土壤消毒，每亩用 2.5 千克。沼液可减少枯萎病的发生，防治蚜虫。

可用于有机蔬菜生产的植物有除虫菊、鱼腥草、大蒜、薄荷、苦楝等。如用苦楝油 2000～3000 倍液防治潜叶蝇，使用菊蒿 30 克每升（鲜重）防治蚜虫和螨虫等。苦参碱水剂，对红蜘蛛、蚜虫、菜青虫、小菜蛾、白粉虱具有良好的防治效果，可选用浓度为 0.36% 或 0.5% 的苦参碱水剂。可用肥皂水 200～500 倍液防治蚜虫、白粉虱。鱼藤酮为广谱杀虫剂，对小菜蛾、蚜虫有特效。

3. 物理防治

实行农业综合防治的同时，利用害虫的趋光性、趋色性和趋味性，全面实行灯光诱杀、黄板诱杀、性诱剂诱杀，效果良好。如较为广泛使用的方法有黑光灯捕杀蛾类害虫，高压汞灯、频振式杀虫灯杀虫；糖醋盆诱杀；利用黄板诱杀蚜虫、白粉虱、美洲斑潜蝇；用银灰色农膜驱避蚜虫等方法，达到杀灭害虫、保护有益昆虫的作用。

应用物理方法棚外防治，4～10 月用触杀灯诱捕夜蛾类、螟蛾类害虫，每台灯可控制 2 公顷土地上的害虫，对防治甜菜夜蛾效果最好，每夜高峰时诱蛾可达百头以上，银纹、斜纹夜蛾在 10～20 头，对防治瓜绢螟也十分有效。

4. 防虫网的应用

温室大棚进行有机蔬菜无土栽培，可于通风口处设置防虫网（图 2-18），阻隔害虫入室为害，并可防止虫媒病害传入棚室侵染。

有机蔬菜无土栽培生产中草害较少发生，一般采用人工除草。在使用含有杂草的有机肥时，需要使其完全腐熟，从而杀死杂草种子，减少带入菜田杂草种子数量。还可以采用黑色塑料薄膜覆盖除草。

图2-18 防虫网

八、有机蔬菜采后健康处理技术

采后贮运技术是有机蔬菜产业化的重要组成部分，采用对环境、产品无污染，适用于蔬菜包装、可降解包装材料和可循环使用的包装材料和适宜的贮藏保鲜技术，对于避免流通过程的产品污染、增加产品附加值、保鲜保质、延长货架期、延伸产业链具有重要的作用。同时，有机蔬菜采后技术的应用，还要减少对环境的污染。

九、建立和应用有机蔬菜无土栽培的质量保障和追溯体系

建立有机蔬菜无土栽培全程档案记录管理，通过先进技术经验和管理体系的采用，应用有机农产品追溯示范体系和相关配套制度。

第四节 有机蔬菜无土栽培的生产成本与经济效益

蔬菜有机无土栽培技术具有一般无土栽培的特点，同时追施固态有机肥、滴灌清水，大大简化了操作管理过程，降低了设施系统的投资，节省生产费用，蔬菜产品洁净卫生，达到有机食品的标准，而且对环境无污染。

一、生产成本

有机蔬菜无土栽培经济效益高。每亩一次性投资及每年运转费用见表 2-1。

表 2-1　有机蔬菜无土栽培每亩一次性投资及运转费用

类别	名称	一次性投资 / 元	折旧年限	每年平均运转费用 / 元
基础投资	栽培槽框架	4000	10	400
	基质	2000～5000	2～3	2500
	塑料软管	1000	5	200
	输水管道	2000	10	200
	水泵	1200	10	120
	其他			200
运转成本	肥料			500
	其他			1200
合计				5320

二、经济效益

有机蔬菜无土栽培每年的运转成本如表 2-1，为 5500 元左右。以番茄为例，每年每亩产量为 1.3 万千克，按一般市场单价 1.5～4.0 元每千克算，总收入 1.95 万～5.2 万元，扣除生产成本 0.55 万元，则年收入为 1.4 万～4.65 万元。国际国内市场包括有机蔬菜在内的有机食品价格一般高于一般食品价格的 50%～200%，按此计算则产值和效益更高。

三、实例

以南京普朗克有机蔬菜公司为例，介绍其生产与经营情况。

1. 普朗克有机蔬菜产业概况

南京普朗克科贸有限公司的有机蔬菜为南京市品牌农产品，于2002 年 5 月申请王家甸蔬菜生产基地（10 公顷）的有机转换认证。基地现有钢架大棚 2 公顷，冬季覆盖薄膜、夏季覆盖防虫网周年利用，进行有机蔬菜生产示范。2004年销售收入344万元，利税34.9万元。

2. 模式与生产成本

普朗克所采取的模式是以公司、基地、农户为基础形成的一个自产自销的生产销售体系。普朗克与生产基地的农户签订产销合同，并雇佣农民从事有机农业生产，给予必要的技术指导，农民承诺定时定量向公司交售合格产品。这种标准化作业分工细化，实际上是把农民转变成农业技术工人。在采收和运输上，公司第二天上市的货都是第一天下午三四点由农民在地里采摘，在农场进行去除黄叶、虫蛀叶等基本加工，然后直接装筐而来的。第二天凌晨两点，司机和工人将装筐的新鲜蔬菜运往南京市区。凌晨四点到达第一家专卖店，八点以前保证八家专卖店收到新货。普朗克产品销售采取无中间商介入的专卖店经营的模式，在南京已设立了八家专卖店和一家有机餐厅。全年销售额中，专卖店零售约占70%、礼品菜占20%，还有一些是客户慕名前往基地购买。

3. 需改进的问题

① 供应有限，单位产量劳力投入高；
② 销售和流通渠道效率较低，成本较高；
③ 各环节利益需协调。

第三章

有机番茄无土栽培技术

番茄，俗名西红柿、洋柿子，属于茄科，茄属蔬菜。

番茄原产于南美洲，性喜温暖。现我国普遍栽培，根据分类，番茄属可分为九个种，农业栽培主要为普通番茄和樱桃番茄。

番茄植株有矮性和蔓性两类，全株具黏质腺毛，有强烈气味。浆果呈扁圆、圆或樱桃状，红色、黄色或粉红色。种子扁平，有毛茸，灰黄色。果实营养丰富，含多种维生素、矿物质、碳水化合物、有机酸及少量的蛋白质。每 100 克含蛋白质 0.6 克、脂肪 0.2 克、碳水化合物 3.3 克、磷 22 毫克、铁 0.3 毫克、胡萝卜素 0.25 毫克、硫胺素 0.3 毫克、核黄素 0.03 毫克、尼克酸（烟酸）0.6 毫克、维生素 C（抗坏血酸）11 毫克。此外，还含有维生素 P、番茄红素、谷胱甘肽、苹果酸、柠檬酸等，有促进消化、利尿、抑制多种细菌等作用。番茄中的维生素 D 可保护血管，降低血压；谷胱甘肽有推迟细胞衰老、增加人体抗癌能力；胡萝卜素可保护皮肤弹性，促进骨骼钙化，防治佝偻病、夜盲症和眼干燥症。番茄果实还含有番茄红素，其是一种使番茄变红的天然色素，它在人体内的作用和胡萝卜素类似，是一种较强的抗氧化剂，可能在一定程度上具有预防心血管疾病和部分癌症的作用。番茄可作蔬菜或水果，亦可制成罐头食品。

番茄是我国设施栽培的主要蔬菜作物，一般冬春于保护地育苗，春季栽培为主，冬季可进行温室栽培。我国目前温室番茄的平均年产量为 15 ~ 20 千克每平方米，番茄生产潜力很大，每年亩产量可达到3.5 万千克左右。

番茄有机无土栽培通常结合不同设施（塑料棚、日光温室或温室）进行。结合不同的季节茬口、生产模式进行品种选择和生产管理。

第一节　品种选择

一、品种选择的原则

1. 结合无土栽培的栽培模式

番茄品种选择与所用的栽培模式相适应。一般来讲，栽培期短的栽培模式应优先选用早熟番茄品种；栽培期较长的栽培模式应选择生产期较长的中晚熟番茄品种。

露地无土栽培模式时，应选用耐热、适应性强的番茄品种。

设施无土栽培条件下，春夏栽培选择耐低温弱光、果实发育快，在弱光和低温条件下容易坐果的早中熟品种，夏秋栽培选择抗病毒病、耐热的中晚熟品种。进行春连秋栽培时，应选择耐寒耐热力强、适应性和丰产性均较强的中晚熟番茄品种（图 3-1）。

图 3-1　温室有机番茄无土栽培

2. 充分考虑品种本身的特点

番茄品种选择抗病、优质、丰产、耐贮运、商品性好、适合市场需求的品种。除了注意高产、优质、果实符合消费需求外，还特别要注意品种的抗病性。要考虑到当地番茄病虫害的发生情况，以减少病虫的危害。

就目前番茄生产上的病虫危害情况来讲，露地栽培番茄必须选用抗病毒病能力强的品种。冬春季保护地内栽培番茄，要求所用品种对番茄叶霉病、灰霉病和晚疫病等主要病害具有较强的抗性或耐性。在蚜虫和白粉虱发生严重的地方，最好选择植株表面上茸毛多而长具有避蚜虫和白粉虱功能的品种。

3. 番茄品种选择应注意的问题

有机番茄无土栽培的品种，除常见的常规品种、杂交品种外，可以选择使用自然突变材料选育形成的品种。禁止使用转基因番茄品种。

二、常见的番茄品种及其特点

1. 番茄品种类型

根据栽培品种的生长型，可分为有限生长（自封顶）及无限生长（非自封顶）两种类型（图3-2）。

图3-2　有机番茄

有限生长类型，植株主茎生长到一定节位后，花序封顶，主茎上果穗数增加受到限制，植株较矮，结果比较集中，多为早熟品种。这类品种具有较高的结实力及速熟性、生殖器官发育较快、叶片光合强度较高的特点，生长期较短。果实颜色有红和粉红。

无限生长类型，主茎顶端着生花序后，不断由侧芽代替主茎继续生长、结果，不封顶。这类品种生长期较长，植株高大，果形也较大，多为中、晚熟品种，产量较高，品质较好。果实颜色有红果、粉红果、黄果和白果等多种。

2. 部分国内选育的番茄优新品种简介

（1）中杂 8 号　中国农科院蔬菜花卉研究所育成的一代杂种。中熟偏早，植株无限生长类型。果实圆形，红色，坐果率高，果面光滑，外形美观，单果重 200 克左右。果实较硬，果皮较厚，耐运输，品质佳，口感好，酸甜适中。含可溶性固形物约 5.3%，含维生素 C 20.6 毫克每 100 克鲜重。抗番茄花叶病毒病，中抗黄瓜花叶病毒病，高抗枯萎病。丰产性好，亩用种量 50 克左右。适于全国各地露地及设施有机无土栽培。

（2）中杂 9 号　一代杂种。获国家科技进步二等奖。无限生长类型，生长势强，叶量适中。中熟，果实粉红色，圆形，单果重 160 ～ 200 克。坐果率高，果面光滑，外形美观，耐贮运，商品果率高。品质优良，口感好，酸甜适中，可溶性固形物含量 5.6% 左右，含维生素 C 17.2 ～ 21.8 毫克每 100 克鲜重。抗番茄花叶病毒病，中抗黄瓜花叶病毒病，抗番茄叶霉病，高抗枯萎病。丰产性好，亩产可达 5000 ～ 7500 千克。全国各地均可种植。可露地有机无土栽培，也可利用温室、日光温室进行有机无土栽培。

（3）中杂 10 号　一代杂种。有限生长型，每花序坐果 3 ～ 5 个。果实圆形，粉红色，单果重 150 克左右，味酸甜适中，品质佳。在低温下坐果能力强，早熟，抗病性强，保护地条件下坐果好。适于露地或小棚早熟栽培。北京地区 2 月中下旬播种育苗，3 月中下旬分苗，4 月下旬定植露地，春小棚于 1 月中下旬播种育苗，2 月中下旬分苗，3 月中下旬定植，定植后蹲苗不宜过重，每亩定植 4000 株左右。亩产可达 5500～6000 千克。

（4）**中杂 11 号**　一代杂种，无限生长型。果实为粉红色，果实圆形，无绿果肩，单果重 200～260 克，中熟。抗病毒病、叶霉病和枯萎病。保护地条件下坐果好，品质佳。可溶性固形物含量 5.1% 左右，酸甜适中，商品果率高。亩产为 6500～7000 千克。适合春温室及大棚栽培。

（5）**中杂 12 号**　一代杂种。早熟，无限生长类型。成熟果实为红色，果实圆形，青果有绿果肩，单果重 200～240 克。抗病毒病、叶霉病和枯萎病。保护地条件下坐果好，果实品质好。可溶性固形物含量 5.2% 左右，酸甜可口，商品果率高。亩产量可达 7000 千克以上。适合春温室及大棚栽培。

（6）**中杂 101 号**　一代杂种。属无限生长类型，耐低温弱光，坐果能力强，特别表现为生长势强，前期产量高。商品性优。果型大，平均单果重 200～300 克，果实近圆形，粉红色，果实光滑，口感好，抗病性好。抗番茄花叶病毒病、枯萎病，耐黄瓜花叶病毒。灰霉病、叶霉病、早疫病发病率轻。产量高，大棚栽培平均亩产量为 7000～7500 千克。

（7）**中杂 102 号**　一代杂种，属无限生长类型，叶量中等，中早熟，抗病性强。该品种最显著的特点是连续坐果能力强，单株可留 6～9 穗果，每穗坐果 5～7 个，果实大小均匀，果色鲜红，单果重 150 克左右。耐贮藏运输，货架期长，可整穗采收上市，亩产 6000～8000 千克，最适合春秋温室栽培，也适应大棚和露地栽培。

（8）**中杂 105 号**　一代杂种。属无限生长类型，生长势中等，中早熟。幼果无绿色果肩，成熟果实粉红色。果实圆形，果面光滑，大小均匀一致，单果重 180～220 克。果实硬度高，耐贮运。商品果率高，品质优，口味酸甜适中。抗番茄花叶病毒病、叶霉病和枯萎病。丰产性好，特别适合日光温室和大棚栽培。

（9）**中杂 106 号**　一代杂种。属无限生长类型，生长势中强，普通叶。果实近圆形，幼果有绿果肩，成熟果粉红色。单果重 180～220 克，果形整齐、光滑，畸形果和裂果很少，品质优良，商品性好。早熟性好，产量高。抗叶霉病、番茄花叶病毒病、枯萎病，耐黄瓜花叶病毒病。适合于进行有机无土栽培生产的优良品种。

（10）浦红世纪星　上海农科院园艺所育成品种，一代杂种。无限生长型，早中熟，大红果，单果重在120～140克，每穗坐果4～5个，成熟度一致，串番茄，可成串采收。大小均匀，畸形果和裂果率极低。品质优，圆整光滑，果脐小，商品性好，高附加值。耐贮运，春季栽培亩产达到5000千克以上。高抗番茄花叶病毒病，中抗黄瓜花叶病毒病，抗叶霉病和枯萎病，田间未见筋腐病。适合秋延后和越冬大棚、连栋棚、日光温室和现代化玻璃温室有机无土栽培。

（11）浦红7号　无限生长类型。株高1.5米以上，开展度约50厘米。生长势强。第一花序着生于7～8节，每花序间隔2～3片叶。果实扁圆形，幼果有绿色果肩，成熟果红色，多心室，单果重150克。中熟种，从播种至始收150～160天。抗烟草花叶病毒病，耐黄瓜花叶病毒病。适宜春季露地和塑料大棚栽培。亩产4000～5000千克。系鲜食与加工果酱兼用种。适于上海及华东部分地区栽培。

（12）浦红10号　一代杂种。无限生长型，长势中等，第一花序着生于第7节位，单穗5～6个果，且排列整齐，果实的大小和颜色整齐一致，适合保护地栽培的串番茄。果实深红色，圆形，果皮光滑无棱沟，果肉硬。单果重130克，可溶性固形物含量4.6%，番茄红素含量9.67毫克每100克鲜重，品质优，抗病性强，耐贮运，可以在大型温室和连栋大棚内长季节栽培。

（13）申粉8号　上海农科院园艺所育成品种，一代杂种。无限生长型，产量高，商品性好，早春畸形果率低，粉红果，耐低温，在低温弱光下坐果能力强，商品性优，硬度好，耐贮运，果实无绿肩，高圆型，平均单果重180～220克，果肉厚，多心室，大小均匀，表面光滑，畸形果和裂果率极低。综合抗病性强，高抗番茄花叶病毒病，中抗黄瓜花叶病毒病，高抗叶霉病，田间未见筋腐病。本品种耐肥，需要施足基肥，并注意及时追肥。适合春提早和越冬大棚、连栋棚、日光温室和现代化玻璃温室有机无土栽培。

（14）浙粉202　浙江省农业科学院园艺研究所选育。一代杂种。无限生长类型，特早熟。高抗叶霉病，兼抗病毒病和枯萎病等多种番茄病害，成熟果粉红色，品质佳，宜生食，色泽鲜亮，商品性好，果实高圆形，单果重 300 克左右，硬度好，特耐运输。适应性广，稳产高产，适于日光温室、大棚和露地栽培。

（15）**浙杂 203**　一代杂种。无限生长类型，早熟，高抗叶霉病、病毒病和枯萎病，中抗青枯病，成熟果大红色，商品性好，果实高圆形，单果重 250 克左右，硬度好，耐贮运。品种适应性强，高产稳产，适宜日光温室、大棚和露地栽培，可秋季栽培和南方高山栽培，全国各地均可种植，适于长途运销。

（16）**浙杂 204**　一代杂种。无限生长类型，中早熟，高抗青枯病、叶霉病、病毒病和枯萎病；果实高圆形，成熟果大红色，单果重 130 ～ 180 克，商品性佳，耐运输；特别适合华南、青枯病高发地区或长途运销地区栽培，全国各地栽培均可种植。

（17）**浙杂 205**　一代杂种。无限生长类型，中早熟，植株株形紧凑，生长势强，综合抗病性好，适应性广，抗逆性好，特别耐低温弱光；果实圆整，成熟果大红色，肉厚硬实抗裂，低温转色快，单果重 180 ～ 240 克，色泽鲜艳有光泽，商品性好，货架期长，适于长途运销；品种连续坐果能力强，产量很高，可春、秋、冬季栽培，全国各地均可种植。

（18）**浙杂 206**　一代杂种。无限生长类型，中早熟，综合抗病性强，适应性广，抗逆性好；果实高圆形，果表光滑，大小均匀一致，成熟果大红色，果硬抗裂，单果重 160 ～ 220 克，色泽鲜艳有光泽，商品性好，货架期长，适于长途运销。品种连续坐果能力强，产量高，可春、秋、冬季栽培，全国各地均可种植。

（19）**浙杂 809**　一代杂种。有限生长类型，早熟，高抗烟草花叶病毒病，耐叶霉病和早疫病；长势强健，抗逆性强；果实高圆形，成熟果大红色，单果重 250 ～ 300 克，商品性好，耐贮运。长江流域和全国喜食红果地区均可种植，适于保护地早熟栽培、春秋露地栽培。

（20）**苏粉 8 号**　江苏省农业科学院蔬菜研究所选育。杂种一代。无限生长型，中熟。具有优质、高产、稳产、抗病性强、适应性广等特点，是保护地生产无公害优质番茄及种植业结构调整的理想品种。果实高圆形，粉红色，果面光滑，果皮厚，耐贮运，品质佳，可溶性固形物含量 5.0%，酸甜适中，单果质量 200 ～ 250 克，亩产量 6000

千克。高抗病毒病、叶霉病，抗枯萎病，中抗黄瓜花叶病毒病。适于保护地栽培。

（21）**苏抗 5 号**　杂种一代。有限生长型。半蔓生，自然株高 80 ～ 100 厘米，分枝能力强。果实圆形稍扁，果色大红，果面光滑，有青肩，果脐小，3 ～ 5 心室，果肉鲜红，单果重 150 克。单株产量 1.5 ～ 2.5 千克，亩产 5000 千克以上。果实可溶性固形物含量 4.6%，总可溶性糖 1.73%。肥力水平要求中等以上，高抗烟草花叶病毒。适于华东地区保护地和露地栽培。

（22）**苏抗 9 号（苏粉 1 号）**　有限生长型。半蔓生，早熟，生长势较强，高抗烟草花叶病毒，前期产量高，占总产量的 40% 以上，结果多，单株结果 22 个左右，果实粉红色，中等大小，果形高扁圆，平均单果重 110 ～ 130 克，果肉厚度中等，平均亩产 4000 ～ 4500 千克，适于保护地早熟栽培及露地栽培。

（23）**华番 2 号**　华中农业大学园艺林学学院选育。杂种一代。无限生长型，叶色深绿，羽状叶，生长势强。果实呈鱼骨状排列，成串性好。果实扁圆形，成熟果实红色无果肩，平均单果质量 140 克左右，为中果型。在湖北地区春季和秋季栽培，单季亩产量一般可达 5000 千克以上。果实糖酸比适中，风味优。果实硬度高，耐贮藏。抗病毒病、枯萎病和叶霉病，对青枯病具有强的耐病性。适于大棚和露地栽培。

（24）**华番 3 号**　杂种一代。无限生长型，叶色深绿，羽状叶，生长势强。果实呈鱼骨状排列，扁圆形，大红色，无果肩，平均单果质量 210 克左右，为大果型，品质好。单季亩产量可达 6000 千克以上。果实硬度大，耐贮运。高抗病毒病、枯萎病和叶霉病，对青枯病有强的耐病性。适宜在大棚和露地栽培。

（25）**东农 704**　东北农业大学园艺系选育。杂种一代。有限生长型。具有早熟、抗病、优质、丰产等特点。抗番茄花叶病毒，耐黄瓜花叶病毒，在苗期品种特性易识别，成熟期集中，前期产量高，果实粉红色，中大果，果实圆整，整齐度高，平均单果重 135 ～ 200 克，耐贮运，商品性状优良。亩产可达 5000 千克以上。可溶性固形物 4.5%，口感好。适于全国各地保护地栽培。

（26）**皖粉 1 号**　安徽省农业科学院园艺研究所选育。杂种一代。

有限生长型。粉红果，熟性极早，始花节位 5～6 节，2～4 花序自封顶。单果重 200 克，可溶性固形物含量 5% 以上，果实圆形，表面光滑，商品性好，高抗番茄花叶病毒，抗黄瓜花叶病毒、叶霉病、早疫病。一般亩产 5000 千克。适应性广，适于设施春早熟和秋延后栽培。

（27）**皖粉 2 号**　杂种一代。有限生长型。果实粉红果，果实高圆形，无青肩，果脐小，单果重 300 克，可溶性固形物含量达 5.5%，口感风味好，高抗番茄花叶病毒，抗黄瓜花叶病毒。一般亩产 6500 千克左右。适宜全国各地保护地及长江以北地区露地栽培。

（28）**皖粉 3 号**　杂种一代。无限生长型，早熟，抗病毒病、灰霉病、叶霉病、早疫病，温光适应范围广，果实高圆形，粉红色，果面光滑，果皮厚，耐贮运，品质佳，单果重 350 克左右，可溶性固形物含量 5.5% 以上，亩产 7500 千克。适于全国各地设施栽培和春夏露地栽培。

（29）**皖粉 4 号**　杂种一代。无限生长型，中晚熟，抗烟草花叶病毒，灰霉病、叶霉病、早疫病，抗蚜虫、白粉虱、斑潜蝇危害，温光适应范围广，单果重 200～250 克，可溶性固形物含量 5% 以上，亩产 7000 千克。适于全国各地温室和大棚等设施栽培。

（30）**皖粉 5 号**　杂种一代。无限生长型，抗病能力强，早熟性突出，极易坐果，果实膨大速度快，果实粉红色，高圆形，果面光滑，无青肩，果脐小，大小均匀。单果重达 350 克。亩产 7500～8000 千克。可溶性固形物含量 6%，口感好，风味浓。抗逆性好，耐低温弱光、耐储运。高抗番茄花叶病毒，中抗黄瓜花叶病毒，抗叶霉病、晚疫病、灰霉病和筋腐病。适于安徽、江苏、上海、浙江等地进行日光温室和大棚栽培。

（31）**佳粉 16 号**　北京蔬菜中心选育。杂种一代，无限生长，中熟偏早，高抗病毒和叶霉病，果形周正，成熟果粉红色，单果重 180～200克，裂果、畸形果少，植株不易徒长，适于春秋塑料大棚栽培。

（32）**佳粉 18 号**　杂种一代，无限生长，中熟，粉色硬肉，货架保鲜期长，耐贮运，单果重 200 克左右，高抗叶霉病及病毒病，适于各种保护地栽培。

（33）**佳粉 19 号**　杂种一代，无限生长，中熟，果大整齐，商品果率高，粉色硬肉，货架保鲜期长，耐贮运，高抗叶霉病及病毒病，适于保护地兼露地栽培。

（34）佳红4号　北京蔬菜中心选育。杂种一代，无限生长，中熟偏早，红果抗裂，耐贮运型新品种。高抗病毒病和叶霉病，果形周正圆形，果肉硬，耐贮运，商品果率高，适于保护地兼露地栽培。

（35）佳红5号　杂种一代，无限生长，中熟、红果、硬肉，耐裂性强，可成串采收，耐贮运，单果重130～150克，果形周正均匀，成熟果亮红润泽，商品性好，高抗叶霉病及病毒病，为硬肉、耐贮运型番茄品种，适于各种保护地和露地栽培。

（36）宇番2号　黑龙江省农业科学院园艺分院选育，为空间诱变育成品种。无限生长型，中早熟。长势特强，结果多，第一开花节位6～8节，单果重100～110克。果圆球形，果色橘红，果皮硬，不裂果，无绿肩，果形整齐。耐贮运。质佳、营养成分高、硬度强、果味甜，抗叶霉病、疫病、耐病毒病。

（37）佳红1号　甘肃省农科院蔬菜所选育。杂种一代。是早熟、丰产、抗多种病害、商品性好、货架期长的硬肉型番茄。果实扁圆形，红色，果皮较厚，果肉硬。平均单果质量164.4克，亩产6000千克以上。抗叶霉病、病毒病，耐早疫病，适于塑料大棚及日光温室栽培。

（38）金冠8号　辽宁园艺研究所选育。无限生长型，早熟、长势强。果实高圆形，粉红色，色泽艳丽，开花集中，易坐果，膨果快。果面光滑，果脐小、果肉厚，果实硬度高，耐贮运，单果重250～300克，设施生产丰产性能好，日光温室亩产高达1.5万千克。耐低温，高抗叶霉病，抗病毒病。适于越冬保护地栽培，早春、秋延、越夏保护地栽培。

（39）美味樱桃番茄　中国农科院蔬菜花卉研究所育成的樱桃类型番茄。无限生长型，生长势强，每穗坐果30～60个，圆形，红色，单果重10～15克，大小均一致，甜酸可口，风味佳，可溶性固形物含量高达8.5%，维生素C含量24.6～42.3毫克每100克鲜重。营养丰富，既可做特菜，也能当水果食用。抗病毒病。亩产3000千克以上，亩用种量25克左右。适于露地及保护地栽培。

（40）北京樱桃番茄　无限生长型，长势强，主茎上第8至9片叶出现花序，以后一般每隔3片叶出现一花序。花序长达15～25厘米，多为单列花序，着生花朵 15～30 朵，坐果率高。果穗上着生的果实排列整齐、美观，果实圆球形，果面光滑，单果重 25 克左右，大小均匀，整齐一致。幼果有浅绿色果肩，成熟果为鲜红色，色泽鲜艳。果实圆整，不易裂果，味浓爽口，可溶性固形物含量高达 6.5% 以上。

（41）京丹 1 号樱桃番茄　北京蔬菜中心选育。无限生长，中早熟，果实圆形，成熟果色泽透红亮丽，果味酸甜浓郁，口感极好，单果重 10 克，糖度 8%～10%，适于保护地高架栽培。

（42）京丹 3 号樱桃番茄　无限生长，中熟，节间稍长，有利于通风透光，果实长椭圆形，成熟果亮红美观，口味甜酸浓郁，品质佳。

（43）京丹 5 号樱桃番茄　无限生长，中熟偏早，坐果习性良好，成熟果亮丽红润，长椭圆形，糖度高，风味浓，抗裂果。

（44）京丹 6 号樱桃番茄　硬肉大樱桃番茄树专用新品种，无限生长，中熟，果肉硬，抗裂果，可成串采收，水培番茄树栽培条件下，平均折光糖度 10°以上，最高可达 13°，口感极佳，高抗病毒病和叶霉病，适于保护地长季节栽培。

（45）京丹彩玉 1 号樱桃番茄　无限生长，中熟，果实长卵形，成熟果红色底面上镶嵌有金黄条纹，单果重 30 克左右，口感好。

（46）京丹粉玉 2 号樱桃番茄　植株为有限生长类型，第一花序着生于主茎 6～7 节，熟性早。果实长椭圆形或椭圆形，单果重 15 克左右，幼果有绿色果肩，成熟果粉红色，品质上乘，口感风味佳，耐贮运性好，适于保护地特菜生产。

（47）仙客 1 号抗线虫番茄　北京蔬菜中心育成"京研"抗线虫番茄品种。抗根节线虫、病毒、叶霉病和枯萎病。无限生长，主茎 7～8节着生第一花序，粉色，大和中大果型，单果重约 200 克，果肉较硬，圆形和稍扁圆形，未成熟果显绿果肩。适于保护地兼露地栽培。

（48）仙客 2 号抗线虫番茄　抗根节线虫、病毒病、叶霉病和枯萎病。无限生长，早熟。主茎 7～8 节位着生第一花序，粉色，大或中大型，单果重约 180 克，果肉较硬，圆和高圆形，未成熟果显绿果肩。适于北方保护地根节线虫发生的地区或南方露地根节线虫危害严重的地区直接使用或作为砧木使用。

（49）强丰　中国农科院蔬菜花卉研究所育成的稳定品种。植株无限生长类型，中熟，果实粉红色，平均单果重 140～160 克。抗病毒病。果形圆正，大小均匀，果穗整齐，低温坐果能力较强。果实可溶性固形物含量 4.5%，风味上等。产量高、稳产。露地栽培，适应性较广，遍及全国。

（50）丽春 中国农科院蔬菜花卉研究所育成的稳定品种。植株无限生长类型，三穗株高 55 厘米左右，坐果力强，在早春地温等不良环境下，第一花序坐果能力高。果实粉红，单肩深绿色，单果重 150 克左右，果实圆形，甜酸适中，风味好，品质上等。适宜密植。适应性强，可在全国各地种植，适于露地栽培。

三、部分育种供种单位名录

① 中国农业科学院蔬菜花卉研究所
② 上海市农业科学院园艺所
③ 浙江省农业科学院园艺研究所
④ 江苏省农业科学院园艺研究所
⑤ 华中农业大学园艺林学学院
⑥ 东北农业大学园艺园林学院
⑦ 安徽省农业科学院园艺所
⑧ 北京蔬菜中心
⑨ 黑龙江省农业科学院园艺分院
⑩ 甘肃省农业科学院蔬菜所
⑪ 辽宁园艺研究所

第二节　无土栽培技术要点

一、基质的配制

番茄进行有机无土栽培的基质需各地结合本地实际，因地制宜进行选择。

可以选择的常用基质种类与配制原则可参照第一章第三节的相关内容。

（一）用于番茄有机无土栽培的基质

1. 椰衣纤维

pH 为酸性，磷和钾的含量较高，须补充氮源，可作为复合基质组成成分，可用于番茄有机无土栽培。

2. 树皮

松树皮和杉树皮需充分发酵后，与泥炭配合使用。比例为腐化树皮∶草炭为 7∶3 或 6∶4，树皮具有良好的排水性、保水能力和保肥能力，可用于番茄的有机无土栽培。

3. 蔗渣

限于资源丰富地区采用。需经过添加氮源（如膨化鸡粪）和堆肥速效菌并堆沤处理以后，与泥炭以 7∶3 的比例配制成为复合基质。可用于番茄的有机无土栽培。

4. 炭化稻壳

可作为基质配方进行番茄有机设施无土栽培的基质使用。

5. 锯末屑

注意其来源选用，需经过发酵腐熟等处理。可用作番茄的有机无土栽培复合基质组成成分。

6. 芦苇末

可代替泥炭作为无土栽培基质应用于番茄的育苗和栽培中，用于有机蔬菜无土栽培须经有机食品认证机构认可。

7. 秸秆

须经粉碎和补充氮源后，进行发酵腐熟处理，需与其他基质混配后使用。

8. 泥炭

理化性能好，可直接与其他基质混合使用。

9. 其他

有机固体废弃物需经处理，须经有机食品认证机构认可。与其他有机基质按一定比例混合使用。

（二）复合基质的配制

参照第一章第三节相关内容进行。

有机番茄生产，以复合基质使用为主。

我国不同地区当地的基质原料资源差异很大、生产形式多样，基质的选用和配制必须结合当地实际情况，就地取材，因地制宜。

常见的如农作物秸秆如玉米秸、葵花秆、油菜秆、麦秸、大豆秆、棉花秆等，最好是有机生产方式的废弃物。农产品加工后的废弃物如椰壳、菇渣等，木材加工的副产品如锯末、树皮、刨花等，需了解清楚其来源，经确认符合有机蔬菜生产的要求，经认证机构或部门认可后采用。

为改善复合基质的物理性能，加入的无机物质，包括蛭石、珍珠岩、炉渣、砂等，要弄清其来源。复合基质的配制比例，通常以体积比来计算。

如有机物与无机物之比按体积计可自 2 : 8 至 8 : 2。

有机番茄无土栽培常用的混合基质，如：①泥炭 : 炉渣 =2 : 3；②砂 : 椰壳 =1 : 1；③木屑 : 菇泥 : 砻糠（炭化稻壳）=1 : 2 : 2。

（三）基质的消毒与管理

参照第一章第三节的相关内容进行。

视频 3-1 日光温室有机蔬菜栽培

二、有机番茄无土栽培的几种常见模式和技术要点

（一）日光温室有机番茄早春槽式无土栽培技术要点

本模式（视频 3-1）同样适用于温室早春、塑料大棚早春进行有

机番茄的无土栽培。但要注意播种育苗时期，因地区和栽培设施的差异，需灵活掌握（图3-3）。

图 3-3 温室有机樱桃番茄基质培

1. 建栽培槽，铺塑料膜

在日光温室内，距后墙 1 米以红砖建栽培槽，槽南北朝向，内径宽 48 厘米，槽周宽度 12 厘米，槽间距 60 厘米左右，槽高 15 ～ 20 厘米，建好槽以后，在栽培槽的内缘至底部铺一层 0.1 毫米厚的聚乙烯塑料薄膜。

2. 栽培基质配制

请参照第一章第三节基质的配制方法，除上述配方外，还可根据实际情况配制复合基质。例如，以玉米秸、麦秸、菇渣、锯末、废棉籽壳、炉渣等产品废弃物为有机栽培的基质材料，在栽培上可替代成本较高的草炭、蛭石。

有机基质复合基质的配方可选择麦秸∶炉渣 =7∶3；废棉籽壳∶炉渣 =5∶5；麦秸∶锯末∶炉渣 = 5∶3∶2；玉米秸∶锯末∶菇渣∶炉渣 = 4∶2∶1∶3。

基质的原材料应注意需经过处理和消毒。每亩生产面积其栽培基质总用量为 30 立方米。

3. 品种选择

结合栽培季节茬口，选择适宜的抗病、高产、优质、抗逆性强、适应性广的设施番茄专用品种。如中杂系列的'中杂8号''中杂10号''中杂11号''中杂12号'等，'皖粉1号''浦红7号''申粉8号''佳粉16号'以及浙杂系列番茄等。

4. 栽培季节与茬口

早春熟栽培，采用温室、日光温室栽培，华北地区一般在11月下旬至12月上中旬育苗，东北地区在1月育苗，苗龄60～70天；定植期华北地区在1月中旬至2月上中旬，东北多在2月，4～7月采收。

采用大棚进行有机番茄早春熟栽培，一般在12月育苗，苗龄70天左右；南方播种期可适当提前至11月上旬至12月上旬，苗龄90～110天，2～3月定植，4～6月采收。

一般1月下旬～2月上旬前后播种育苗，3月下旬定植，5月上旬始收。

5. 播种育苗

将番茄种子用52℃热水不断搅动浸泡30分钟，取出放入1%的高锰酸钾溶液中浸泡10～15分钟，捞出用清水洗净，置于30℃左右的环境下催芽，有70%的种子露白后播于穴盘中，覆盖塑料薄膜保持湿度，保持环境温度白天25～28℃，夜间15～18℃。幼苗出土后及时撤去塑料薄膜，视苗情及基质含水量浇水，阴雨天不浇。温度管理同常规育苗，白天20～28℃，夜间10～15℃。苗子具4～7片叶时定植。

6. 定植前准备

① 施入基肥。定植前15天，在复合基质中按每立方米基质中加10～15千克消毒鸡粪、140千克左右有机肥料和5千克的草木灰、沼渣、磷矿粉、钾矿粉等并充分拌匀装槽。

② 整理基质。首先将基质翻匀平整，然后用自来水管对每个栽培槽的基质用水浇灌，以利于基质充分吸水，当水分消落下去后，基质会更加平整。

③ 安装滴灌管。把准备好的滴灌管摆放在填满基质的槽上，滴灌孔朝上，在滴管上再覆一层薄膜，防止水分蒸发，以增强滴灌效果。

7. 栽培管理

① 定植。每槽定植 2 行，行距 30 厘米，株距 35 厘米，每亩栽 3000 株左右，定植后立即按每株 500 毫升的量浇定植水。

② 定植后管理。定植后应注意以下几个方面的管理。

温度管理：根据番茄生长发育的特点，通过放风、遮阳网来进行温度管理，白天 25 ～ 30℃，夜间 12 ～ 15℃，基质温度保持在 15 ～ 22℃。基质温度过高时，通过增加浇水次数降温，过低时减少浇水或浇温水提高地温。

湿度管理：通过采取减少浇水次数、提高气温、延长放风时间等措施来减少温室内空气湿度，保持空气相对湿度在 60% ～ 70%。

光照管理：番茄要求较高的光照条件，可通过定期清理棚膜灰尘增加透光率，通过张挂反光幕等手段提高光照强度。

水分管理：定植后 3 ～ 5 天开始浇水，每 3 ～ 5 天 1 次，每次 10 ～ 15 分钟，在晴天的上午浇灌，阴天不浇水，开花坐果前维持基质湿度在 60% ～ 65%，开花坐果后以促为主，保持基质湿度在 70% ～ 80%，灌水量必须根据气候变化和植株大小适时调整。

养分管理：定植后 20 天开始追肥，此后每隔 10 天左右追肥 1 次，前期追消毒鸡粪（每次每槽 1.25 千克）或鸡粪浸出液，当番茄第 1 穗果有核桃大小后，应根据植株长势，再追施固态或液态有机肥料，固态有机肥每次可结合浇水进行。

拉秧前 1 个月停止追肥，在生长期可追叶面肥 3 ～ 4 次，每隔 15 天 1 次。

吊蔓与植株调整：在温室内栽培，一般不是通过设置支架进行番茄支柱的固定，而是采用在温室内设置吊绳（可用尼龙绳）进行番茄支柱的固定支撑。定植后注意及时打杈绕秧，当第 1 穗果膨大到一定程度时，如出现植株生长过旺而影响通风透光时，要及时打掉第 1 穗果下的部分或全部叶片，主要采用吊蔓方式及单秆整枝，及时调整植株的叶、侧枝、花、果实数量和植株高度，保持植株良好通风透光条件，使植株始终保持在 1.8 ～ 2 米的高度。

授粉：花期主要采用人工振荡授粉，也可采用熊蜂授粉于开花期每天 10：00 ～ 11：00 进行。注意疏花疏果，保持每穗坐果 3 ～ 4 个。

病虫害防治：请参照本章第三节内容进行。

8. 采收

① 采收期。一般番茄开花后 50 天左右果实成熟。果实成熟过程可分四个时期，即青熟期、变色期、成熟期和完熟期。青熟期采收，果实较硬，适于贮藏和远距离运输，但风味较差；成熟期采收，色泽鲜艳、营养价值高，风味最好，但不适宜远途运输。

具体采收标准依据市场情况来定。为提早供应，多在变色期采收。变色期的判断标准是果实顶端开始由青转黄。本地供应或者近距离运输，可在顶端转色后至六成熟采收。

② 采收方法。用剪刀连同果柄一起采摘。应选晴天为宜。

（二）塑料大棚樱桃番茄秋延后有机无土栽培技术要点

本模式同样适用于温室番茄秋延后栽培、日光温室秋延后番茄的有机无土栽培。

1. 塑料大棚及配套设施

可采用简易、钢架大棚等。大棚长度 30 ～ 50 米、跨度 6 ～ 8 米，采用 0.08 毫米聚乙烯塑料薄膜覆盖，通风口处外覆 40 目防虫网。

① 栽培槽。槽长 20 米左右、宽 0.6 米、高 0.15 米，用红砖砌成，不加灰浆，将聚乙烯薄膜铺设在槽内，防止水分和养分流失。

② 滴灌设施。采用滴灌方式，每槽铺设两条滴管，滴管套在水阀上，由水阀控制滴水。

③ 基质配制。参照本节模式（一）栽培基质配制进行。

2. 栽培与管理

① 品种选择。选择本章第一节优新品种中的樱桃番茄品种。如'北京樱桃番茄''美味樱桃番茄'。也可选用其他常规樱桃番茄品种或杂交一代良种。

② 培育壮苗。温汤浸种、恒温催芽、穴盘育苗，参照本节模式（一）播种育苗内容进行。

北方常在 7 月播种育苗，8 月定植，9 月下旬开始采收。长江流域在 6 月下旬～7 月中旬播种。

育苗基质可在栽培基质的基础上，添加有机肥料即可。秋延后苗龄一般在 25～30 天。当苗长出 1～2 片真叶后结合浇水补充营养。浇水一般晴天每天 2 次，阴天 1 次或不淋，随着苗龄增大，营养浓度可逐步增大。

③ 适时定植。定植前 10～20 天进行栽培基质的消毒。一般 9 月初定植，每槽 2 行，株行距 40 厘米 ×40 厘米。苗高 18～20 厘米，叶龄 7～8 片真叶时定植。

将基质浇透水，用手在槽内挖取一小穴，将番茄苗小心放入穴中，覆盖基质至与两片子叶相平，定植后浇灌定根水。定植应尽量避免根坨基质脱落及减少根系损伤。

④ 定植后管理。株高 30 厘米时绑蔓吊绳。在槽的上方平行拉两条 12 号铁丝，将绳子一头系在番茄苗基部，每条植株上方用吊绳活动挂钩将绳子挂在铁丝上，使植株缠绕绳子立体向上生长，待植株长至铁丝上方时，及时放蔓，每次放蔓 50 厘米左右，使下部茎蔓沿槽的方向分别平卧在槽面上，同一槽的两行植株卧向相反。植株基部所系绳子应注意不能太紧，以免造成环结，影响植株生长及营养输送。

⑤ 整枝打杈、及时摘心。通常采用单干整枝方法，即只留主枝，其他侧枝长至 1～2 厘米时及时去掉。选择晴天，用手从侧枝基部将其抹去，注意不要将植株表皮撕破损伤。种植后期可进行摘心，摘心时注意在顶部果穗上留 2 片叶，有利于果实生长，并可遮阴、防止果实日灼病。根据实际情况，每株可保留 5～7 穗果。同时，在生长后期应及时抹去侧枝、摘除老叶，以增加光照，改善通风、利于防病。

⑥ 肥水管理。在施足基肥的基础上，可以不用追肥。定植后3天内注意灌水，保证秧苗成活、苗齐、苗壮。此后每隔2天左右滴灌1次清水，视天气和苗情长势每次每株滴300毫升左右。在盛花、盛果期结合淋水每隔10天左右追施1次稀薄有机肥，以保证营养供给；并合理调节水分，均衡补充营养，减少裂果发生。

⑦ 病虫害防治。参照本章第三节内容进行病虫害防治。

3. 采收

果实成熟后即可分期采收上市。樱桃番茄用剪刀连同果柄一起采摘，应选晴天为宜。

秋延后番茄因后期低温或长途贮运需要，一般可以在八成熟左右采摘。

对于串番茄，同一穗上果实成熟度一致，可成穗采摘包装销售。

（三）日光温室 / 温室有机番茄越冬茬无土栽培技术要点

温室有机番茄越冬茬无土栽培见图3-4。

图 3-4 温室有机番茄越冬茬无土栽培

1. 栽培基质配制

除可采用第一章第三节基质的配制外，还可根据实际情况配制复合基质。例如，以玉米秸、麦秸、菇渣、锯末、废棉籽壳、炉渣等产品废弃物为有机栽培的基质材料，在栽培上可替代成本较高的草炭、蛭石。

有机基质复合基质的配方可选择 4 份草炭：6 份炉渣；5 份砂：5 份椰子壳；废棉籽壳：炉渣 =5：5；麦秸：锯末：炉渣＝ 5：3：2。

基质的原材料应注意经过处理和消毒。栽培基质用量为 30 立方米每亩。

2. 栽培容器

可采用槽式栽培或盆栽、袋培。

① 栽培槽。在日光温室内，距后墙 1 米以红砖或木板等材料建栽培槽，槽南北朝向，内径宽 48 厘米，槽周宽度 12 厘米，槽间距 60 厘米左右，槽高 20 厘米，建好槽以后，在栽培槽的内缘至底部铺一层 0.1 毫米厚的聚乙烯塑料薄膜。

② 基质装袋，铺设滴灌装置。参照第一章相关内容进行。

3. 品种选择

结合栽培季节茬口，选择适宜的抗病、高产、优质、抗逆性强、适应性广的设施番茄专用品种，如'浦红世纪星''浦红 10 号''浙杂 205''浙杂 206''金冠 8 号番茄'等。

4. 栽培季节与茬口

一般 8 月中下旬播种育苗，9 月下旬至 10 月上旬定植，12 月至次年 6 月采收。这是我国现代温室和日光温室的主要茬口类型。

5. 播种育苗

将番茄种子用 52℃热水不断搅动浸泡 30 分钟，取出放入 1% 的高锰酸钾溶液中浸泡 10 ～ 15 分钟，捞出用清水洗净，置于 30℃左右的环境下催芽，有 70% 的种子露白后播于穴盘中，覆盖塑料薄膜保持湿度。育苗前期，可采用遮阳网覆盖等遮阳降温措施，以保持环境温度白天在 25 ～ 28℃，夜间在 15 ～ 18℃。幼苗出土后及时撤去塑料薄膜，视苗情及基质含水量浇水，阴雨天不浇。温度管理同常规育苗，白天 20 ～ 28℃，夜间 10 ～ 15℃。苗子具 7 片左右真叶时定植。

6. 定植前准备

① 施入基肥。定植前 15 天，在复合基质中按每立方米基质中加 10 ～ 15 千克消毒鸡粪、200 千克左右有机肥料和 5 千克的草木灰、沼渣、磷矿粉、钾矿粉等并充分拌匀装槽。

② 整理基质。首先将基质翻匀平整一下，然后用自来水管对每个栽培槽的基质用水浇灌，以利于基质充分吸水，当水分消落下去后，基质会更加平整。

7. 栽培管理

① 定植。每槽定植 2 行，行距 30 厘米，株距 35 厘米，每亩定植 3000 株左右，定植后立即按每株 500 毫升的量浇定植水。

② 定植后管理。注意以下几个方面的管理。

温度管理：根据番茄生长发育的特点，通过放风、遮阳网来进行温度管理，白天 25 ～ 30℃，夜间 12 ～ 15℃，基质温度保持在 15 ～ 22℃。基质温度过高时，通过增加浇水次数降温，过低时减少浇水或浇温水提高地温。

湿度管理：通过采取减少浇水次数、提高气温、延长放风时间等措施来降低温室内空气湿度，保持空气相对湿度在 60% ～ 70%。

光照管理：番茄要求较高的光照条件，可通过定期清理棚膜灰尘增加透光率，通过张挂反光幕等手段提高光照强度。

水分管理：定植后 3 ～ 5 天开始浇水，每 3 ～ 5 天 1 次，每次 10 ～ 15 分钟，在晴天的上午浇灌，阴天不浇水，开花坐果前维持基质湿度在 60% ～ 65%，开花坐果后以促为主，保持基质湿度在 70% ～ 80%，灌水量必须根据气候变化和植株大小适时调整。

养分管理：定植后 20 天开始追肥，此后每隔 10 天左右追肥 1 次，前期追消毒鸡粪（每次每槽 1.25 千克）或鸡粪浸出液，当番茄第 1 穗果有核桃大小后，应根据植株长势，再追施固态或液态有机肥料，固态有机肥每次可结合浇水进行。

拉秧前 1 个月停止追肥，在生长期可追叶面肥 3 ～ 4 次，每隔 15 天 1 次。

植株调整：定植后注意及时打杈绕秧，当第 1 穗果膨大到一定程度时，如出现植株生长过旺而影响通风透光时，要及时打掉第 1 穗果以下的部分或全部叶片，主要采用吊蔓方式及单秆整枝，及时调整植株的叶、侧枝、花、果实数量和植株高度，保持植株良好通风透光条件，使植株始终保持在 1.8 ～ 2 米的高度。

授粉：花期主要采用人工振荡授粉，也可采用熊蜂授粉于开花期每天 10：00 ～ 11：00 进行。注意疏花疏果，保持每穗坐果 3 ～ 4 个。

病虫害防治：请参照本章第三节内容进行。

8. 采收

请参照本节模式（一）采收的内容进行。

（四）有机番茄露地无土栽培技术要点

以槽式无土栽培为主。有机番茄露地生产有春季露地生产和秋季露地生产两个茬口。

1. 建栽培槽，铺塑料膜

参照设施栽培建栽培槽的方法。通常以当地易得的材料，如砖块、木板等建栽培槽，槽的走向以南北向为宜，内径宽 50 ～ 60 厘米，槽间距 50 ～ 60 厘米，槽高 20 厘米左右，建好以后，在栽培槽的内缘至底部铺一层 0.1 毫米厚的聚乙烯塑料薄膜。

2. 栽培基质配制、消毒与装填

采用前述的基质选用与配制方法，除上述配方外，还可根据实际情况配制复合基质。

栽培基质总用量比设施栽培要多 20% 左右。一般为 30 ～ 40 立方米每亩。

3. 品种选择

结合露地栽培特点，选择适宜的抗病、高产、优质、抗逆性强、适应性广的露地番茄品种，如'丽春''强丰''中杂8号''中杂10号''皖粉2号''皖粉3号''华番2号''华番3号''苏抗5号''苏粉1号'等番茄品种。要注意春季和秋季适宜番茄品种的差异。

4. 栽培季节与茬口

春季栽培，通常在设施内育苗。一般2～3月播种育苗，4～5月定植，6～7月采收。

秋季栽培，采用露地育苗。一般6～7月播种育苗，7～8月定植，8～11月采收。

5. 播种育苗

春季育苗，参照本节模式（一）播种育苗内容进行种子处理、浸种催芽、穴盘育苗和苗期管理。

秋季育苗前期，可采用遮阳网覆盖等遮阳降温措施，以保持环境温度白天在25～28℃，夜间在15～18℃。幼苗出土后及时撤去塑料薄膜，视苗情及基质含水量浇水，温度白天保持在20～28℃，夜间保持在10～15℃。苗子具4～7片左右真叶时定植。

6. 定植前准备

① 施入基肥。春季栽培，定植前15天，在复合基质中按每立方米基质中加10～15千克消毒鸡粪、120千克左右有机肥料和适量的沼渣、磷矿粉、钾矿粉等并充分拌匀装槽。

秋季栽培，定植前15天，在复合基质中按每立方米基质中加10～15千克消毒鸡粪、120千克左右有机肥料和4千克左右的磷矿粉、钾矿粉等并充分拌匀装槽。

② 安装滴灌管。把准备好的滴灌管摆放在填满基质的槽上，滴灌孔朝上，在滴管上再覆一层薄膜（盖满整个栽培槽，定植孔可定植时划开），以起到防止水分蒸发，以增强滴灌效果和防止雨水的作用。

7. 栽培管理

① 定植。每槽定植 2 行,行距 30 厘米、株距 35 厘米,每亩定植 3000 株左右,定植后立即按每株 500 毫升的量浇灌定植水。

② 定植后管理。注意以下几方面的管理。

养分管理:定植后 20 天开始追肥,此后每隔 15 天左右追肥 1 次,前期追消毒鸡粪或鸡粪浸出液,每次每槽 1.25 千克,当番茄第 1 穗果有核桃大小后,应根据植株长势,再追施固态或液态有机肥料,固态有机肥每次可结合浇水进行。

拉秧前 1 个月停止追肥。

水分管理:定植后 3 ~ 5 天开始浇水,每 3 ~ 5 天 1 次,每次 10 ~ 15 分钟,在晴天的上午浇灌,阴天不浇水,开花坐果前维持基质湿度在 60% ~ 65%,开花坐果后以促为主,保持基质湿度在 70% ~ 80%,灌水量必须根据气候变化和植株大小适时调整。结果前以控为主,适当蹲苗,浇水要根据植株需水规律,结合基质含水量和环境条件进行。定植后可浇 1 次水,促进缓苗。第 1 穗果逐渐膨大,应浇 1 次催果水,促进果实增大。进入盛果期,要保持栽培基质的湿润,防止忽干忽湿。

植株调整:露地番茄的植株调整包括搭架、绑蔓、整枝、打杈、摘心、摘除老叶等内容。

搭架绑蔓:当植株高达 30 厘米左右时,要及时搭架、绑蔓,使植株直立接齐,充分利用光能。

整枝:可单秆和双秆整枝。单秆整枝,在整个生长过程中,只留 1 个主秆,其他侧芽全部摘除。这种整枝方式,植株占据空间少,密植潜力大,早熟,早期产量高,适用于早熟品种;双秆整枝,是在主秆第 1 花序下部留一侧枝,让它与主秆同时生长,形成两个主枝,其余侧枝全部摘去。这种方法适用于中、晚熟品种大架栽培,可节省秧苗,但早期产量较低,成熟较晚。

摘心:主要用于无限生长类型。在确定留果穗数目的上方留 2 ~ 3 片叶,将植株的顶芽摘去。通常大架栽培留 5 ~ 6 穗果摘心,小架栽培留 3 ~ 4 穗果摘心。

打杈、摘心等均应选晴天无露水时进行，以免植株伤口腐烂、感染病害。

第 1 穗果收获前，及时除去下部老叶、膛叶、黄叶，以利通风、防病、促红、增产。

授粉：采用花期放蜂或人工振荡授粉。注意疏花疏果，保持每穗坐果 3～5 个。

病虫害防治：请参照本章第三节内容进行。

8. 采收

请参照本节模式（一）采收的内容进行。

第三节　病虫害综合防治技术

一、有机番茄生产中的主要病虫害

1. 苗期

主要病害有猝倒病、立枯病、早疫病；虫害为蚜虫（图 3-5）。

图 3-5　蚜虫

2. 生产期间

主要病害有灰霉病、晚疫病、叶霉病、早疫病、青枯病、枯萎病、细菌性角斑病（图3-6）；虫害为蚜虫、潜叶蝇、白粉虱、烟粉虱（图3-7）、茶黄螨、棉铃虫。

图3-6　细菌性角斑病　　　　图3-7　烟粉虱

二、有机番茄无土栽培病虫害的防治原则

按照"符合有机食品生产规范，预防为主，综合防治"的方针，坚持以"农业防治、物理防治、生物防治为主，药剂防治为辅"的病虫害治理原则进行。

三、有机番茄生产病虫害的农业防治

农业防治主要是选用抗病品种，培育无病虫壮苗；科学管理，创造适宜的生长发育环境；科学施肥，增施充分腐熟的有机肥，不施未经腐熟的有机肥，特别是畜禽粪，注意氮、磷、钾平衡施用；加强设施防护，充分发挥防虫网的作用，减少外来病虫来源。

1. 基质消毒

对于露地和设施有机番茄生产，进行基质消毒（图3-8），可以消灭各种病菌和害虫，减轻下茬的危害。

2. 清洁田园

在每茬作物收获后及时清理病枝落叶，病果残根。在作物生长季节中清除老叶病叶，摘除虫卵，摘除病果并带出田外集中处理，可显著地减轻下茬作物病虫的危害（图 3-9）。

图 3-8　基质消毒　　　　图 3-9　清洁田园

3. 科学肥水管理

增加腐熟的有机肥，增施磷、钾肥，氮、磷、钾肥配合，增施微量元素肥料，适时追肥，以满足作物健壮生长的需要，提高番茄抗病虫能力。

4. 辅助设施使用

① 覆盖地膜。在番茄植株的行间覆盖地膜可以降低株间空气湿度，可以减少由于雨水喷溅的病原物的病害发生。

② 防虫网使用。生产期利用防虫网有效阻隔虫源，如图 3-10 所示。

图 3-10　防虫网

5. 种子处理

用物理、化学方法杀灭种子所带的病菌和害虫，可以减轻病、虫的发生危害。如果用温汤浸种处理种子可以减少多种病害的发生。

6. 合理密植及采用适宜的栽植方法

合理栽植有利于通风透光，提高植株的抗性。采用南北行、宽窄行栽植利于通风透光。也可采用深沟高畦栽培，以降低湿度和利于根系生长从而提高抗病虫性。

7. 环境调控，生态控制

番茄在保护地栽培中，人为地通过一定的手段创造一定的温湿条件，满足作物健壮生长的需要，而不利于病虫的生长、发育和繁殖。

四、有机番茄生产病虫害的物理防治

1. 黄板诱杀

根据害虫的趋黄特性，在日光温室内悬挂黄板，可以诱杀白粉虱、烟粉虱、有翅蚜虫、潜叶蝇成虫等害虫。用黄板诱杀烟粉虱的试验表明，黄板数量越多，害虫减退率越高，即诱杀的害虫量越多；应用黄板诱虫时间越长，控制田间害虫效果越好。黄板用 40 厘米 ×20 厘米纤维板做成，两面涂刷黄色广告色，以中黄至深黄为好，广告色干后，再薄涂一层黏着剂。黏着剂用无色机油与黄油按 5∶1 的比例调配而成。先用机油将黄油均匀调开，再加机油稀释，调好后将其盖好备用。将黄板悬挂在日光温室内吊番茄秧的铁丝上，其下端与植株顶端齐平或略高，悬挂黄板的数量为 1～2 块每平方米。使用几天后，用抹布擦净再涂刷黏着剂。当黄板退色严重时，重新涂刷黄色广告色和黏着剂，如此反复使用多年。注意黄板用量不要太少，否则诱杀害虫效果较差（图 3-11）。

2. 杀虫灯诱杀

杀虫灯诱杀害虫的原理是利用害虫的趋光、趋波特性，将害虫诱至灯下用高压电网触杀。使用杀虫灯诱杀害虫，一次投资，长期收益。在日光温室内使用，冬春季节由于有草苫等外覆盖物，不会引诱来温室外害虫，夏秋季节只要隔离防护措施到位也不会增加虫口密度。杀虫灯以频振式杀虫灯效果最好，它选用能避天敌趋性的光源和波长，因此对天敌较安全，可诱杀 87 科 1200 多种害虫，对大多数蔬菜害虫有诱杀作用。灯的高度以高于植株顶端 30 ~ 50 厘米为佳，以免植株遮光，影响诱虫效果。

图 3-11 黄板诱杀

3. 防虫网阻隔

温室、大棚等设施进行有机番茄无土栽培时可设防虫网，通过阻隔外界害虫进入设施，能有效防治多种害虫发生。

五、有机番茄生产病虫害的生物防治

1. 天敌利用

① 以虫治虫。自然界中天敌的种类很多，如异色瓢虫、龟纹瓢虫、草蛉、广赤眼蜂、丽蚜小蜂等食蚜蝇、寄生蜂、寄生蝇等，它们可以捕食或寄生蚜虫、粉虱、地老虎、棉铃虫、烟青虫的成虫、卵、幼虫（若虫）和蛹，来防治病虫害。

② 以菌治虫。如白僵菌、青虫菌、杀螟杆菌等，能防治番茄上的多种病虫。

③ 采用病毒（如棉铃虫核多角体病毒）、线虫等防治害虫。

2. 生物药剂

利用植物源农药如苦蒿素、印楝素、鱼藤酮、藜芦碱、苦参碱等和微生物源农药如阿维菌素、苏云金杆菌（Bt）、抗霉菌素 120（农抗 120）等生物农药防治病虫害。

六、有机番茄生产病虫害的药剂防治

（一）常用药剂的制作

1. 波尔多液

波尔多液是一种广谱无机杀菌剂，是有机农业允许使用的药剂之一，它是用硫酸铜、生石灰和水按一定的比例配制而成的。其为天蓝色胶状悬液，多呈碱性，几乎不溶于水。配制成的溶液放置时间长后，悬浮的胶状物会相互聚合而沉淀，失去杀菌作用。因此，应用时需随用随配。

①常用剂型。波尔多液的配合方式分为生石灰少量式、半量式、等量式、多量式、倍量式和三倍式。

② 配制方式。将硫酸铜和生石灰分别放入一个容器中（不能用金属容器，大量配药时应该修建水泥药池，少量配药时用缸或其他非金属容器），各用一半的水溶液分别溶化硫酸铜和生石灰，待两液温度一致时，滤去残渣。将硫酸铜溶液缓慢倒入石灰液中，边倒边搅拌，即成波尔多液。

2. 石硫合剂

石硫合剂是一种古老的无机杀菌兼杀螨、杀虫剂，可以自行熬制，也可以买到现成不同剂型的石硫合剂。它对多种病害有良好的防治效果，而且价格低廉，不易产生耐药性，可在有机蔬菜的生产中使用。

① 性能和作用特点。石硫合剂是用生石灰、硫黄粉加水熬煮而

成的。主要成分为多硫化钙，另有少量硫化硫酸钙等杂质。药液呈碱性，遇酸和二氧化碳易分解。在空气中易被氧化而生成硫黄和硫酸钙，遇高温和日光照射后不稳定。药液喷在植物体表后，逐步沉淀出硫黄微粒并放出少量硫化氢。它对人体有中等毒（水剂）或低毒（固体、膏剂），对皮肤有强腐蚀性，对眼和鼻有刺激作用。

② 煮制方法。配制比例为：生石灰 1 份、硫黄粉 2 份、水 10 份（重量比）。先把生石灰用少量水化解，配成石灰乳，再加入煮沸的水中，然后将已用少量水调成稀糊状的硫黄慢慢倒入沸水中，不断搅拌，并记下水位线，然后加水煮沸，从沸腾开始计算时间。熬制时要保持药液沸腾，并不断搅拌。整个反应时间为 50～60 分钟。煮制过程中损失的水量应用热水补充，并在反应过程的最后 15 分钟以前补充完。当药液变成透明酱油色且出现绿色泡沫时停火。冷却后，用波美比重计测量度数后，装入容器备用。如原料优质，熬制火候适宜，原液可达 28 波美度以上。原液中有效成分的含量多少与比重（用波美比重计测定）有关。比重大，则原液浓度高。使用时应加水稀释。

（二）常用药剂使用与注意事项

1. 波尔多液

① 防治对象及使用方法。波尔多液是应用最早的保护性杀菌剂之一，药液喷在作物表面可形成一层薄膜，黏着力很强，不易被雨水冲刷。应用时以在发病前或发病初期喷雾效果最好，一般连续喷洒 2～4 次即可控制病害。

② 注意事项。不同的蔬菜种类和生育阶段，对铜和生石灰的敏感度不一样，应使用不同浓度的药液。因此要按对蔬菜安全的要求选用适宜比例的波尔多液，防止产生药害。番茄易受石灰伤害，应选用半量式或等量式的波尔多液。宜选择晴天喷洒，阴雨和多雾天气及作物花期容易发生药害，不宜使用。要选用优质生石灰和硫酸铜做原料，现配现用。不能与遇碱分解的药剂混用，不能与酸性药剂混用，也不能与石硫合剂混用。一般 30 天内不能施石硫合剂。不能反过来把石灰液倒入硫酸铜中。

③ 有机番茄生产上的应用。番茄疫病、晚疫病、灰霉病、叶霉病、斑枯病、溃疡病，可用硫酸铜：生石灰：水 =1∶1∶200 的波尔多液喷雾防治。

2. 石硫合剂

① 防治对象。用 0.2 ～ 0.3 波美度的药液喷雾，可以有效防治园艺作物上的红蜘蛛，瓜类白粉病和其他蔬菜霜霉病、角斑病。用 0.3 ～ 0.5 波美度的药液喷雾可以防治锈病、白粉病。用 0.4 ～ 0.5 波美度的药液喷雾，可以防治蔬菜叶斑病。

② 注意事项。最好贮放在小口缸里，在液面上加一层油（菜籽油即可），隔绝空气，同时要严密封口。熬煮和贮存石硫合剂时不能用铁、铝、铜质容器。喷药结束后应立即彻底清洗喷雾器。在夏季高温（ 32℃以上）和冬季低温（ 4℃以下）时不能使用。在蔬菜果实将要成熟时，喷施药剂容易产生斑点。不能与忌碱农药混用，也不得与波尔多液混用。喷过波尔多液后，要隔 30 天才能喷石硫合剂，否则不仅降低药效，还会产生药害。在夏季炎热的中午用药时容易出现药害，应避免此时施用。对黄瓜、番茄等蔬菜敏感，使用时要注意防止药害。

七、番茄主要病虫害的症状与有机生产综合防治

（一）晚疫病

1. 发病症状

番茄从叶尖或叶缘开始发病，呈暗银色水渍状病斑，渐变暗褐色，潮湿时病斑边缘发生白霉；果实发病，在青果的近果柄处逐渐长出灰绿色至深褐色的云状硬斑块，潮湿时长出稀疏白霉；茎上病斑黑褐色，稍凹陷，边缘有白霉，严重时折断，发病地块有腥臭味。

番茄晚疫病由低温高湿条件引起，一般温度为 18 ～ 22℃、相对湿度 75% 以上时多形成中心病株，病株的病斑上出现的菌丝和孢子囊借气流传播，蔓延性极强，具有短期毁灭性。在通风不良时容易重复侵染和流行。

2. 防治方法

应采取延后栽培，提高温度，加强通风，适当控制浇水，降低温度。

番茄晚疫病，在发病初期可用硫酸铜：生石灰：水 =1：1：200 的波尔多液喷雾 1 ～ 2 次进行防治。

（二）病毒病

1. 发病症状

番茄病毒病主要有花叶型、蕨叶型、条斑型 3 种，通过汁液、蚜虫传播。花叶型病毒病叶片发生淡绿和浓绿相间的花叶皱缩，结花脸果；蕨叶型病毒病叶片变细呈柳叶状或线状，植株萎缩，高温干燥易发生；条斑型病毒病是叶、叶柄及茎上发生褐色坏死条斑，果实也有类似病斑，并能引起植株枯死。

2. 防治方法

选用抗病品种，培育壮苗，侧枝摘除不宜太早，加强肥水管理，适当通风，保持一定的温度，增强抗病力，及早防治蚜虫。

（三）灰霉病

1. 发病症状

主要发生在花及成熟前的果实上，幼苗被害，最初叶尖端发黄，后呈"V"字扩展，茎部产生褐色或暗褐色病斑然后折断，潮湿时，病部有灰色霉层，花和果实发病，病部变褐、发软最后腐烂。一般在果实近柄部发病较多，病斑凹陷，微现轮纹。

2. 防治方法

应选用新配基质，基质使用前严格消毒，加强苗床通风透光，降低床内温度，及时清理田园，对病株深埋。

番茄灰霉病在发病初期，可用硫酸铜：生石灰：水 =1：1：200

的波尔多液喷雾 1 ~ 3 次进行防治。

（四）早疫病

1. 发病症状

早疫病也叫轮纹病，叶片初期出现水渍状暗褐色病斑，扩大后近圆形，有同心轮纹，潮湿条件下病斑长出黑霉，发病多从植株下部叶片开始，逐渐向上发展，严重时下部叶片枯死，叶柄、茎、果实发病，初为暗褐色椭圆形病斑，扩大后稍凹陷，并有黑霉和同心轮纹，青果病斑从花萼附近产生，重病果实开裂，病部较硬；提前发红，脱落。

番茄早疫病由高温高湿条件引起，一般温度 20 ~ 25℃、相对湿度 80% 以上时多在结果初至盛果期由植株自下而上迅速发生和加重。

2. 防治方法

选用抗病品种；种子应经温汤浸种（52℃，处理 30 分钟）；基质消毒；合理密植（株行距 40 厘米 ×40 厘米），摘除病叶。用硫酸铜：生石灰：水为 1：1：200 倍波尔多液叶面喷施 1 ~ 2 次。对茎秆侧枝上发生的病斑，用硫酸铜：生石灰：水为 1：1：50 倍药膏涂抹数次即可治愈。

（五）生理性病害及防治

1. 卷叶

高温干旱且强光时易出现卷叶，另外，打杈太早或定植时伤根出现病害，应加强通风规范操作。

2. 畸形果

加强肥水管理和设施内的温度等环境管理，避免生产过程中因氮素用量过大、低温、管理粗放等因素引起的番茄第 1 穗果出现畸形果。幼苗破心后，严把温度关，促进花芽正常分化，防止连续低温，干旱时浇水，叶面适当喷水，可有效降低畸形果的出现。

3. 裂果

裂果是由于苗期的高温、干旱、强光，后期浇水过多，温湿度失衡造成的，应选用抗病品种，加强苗期管理，可喷洒 0.3% 氯化钙防治。

（六）白粉虱

1. 为害症状

被害叶片褪绿，斑驳，直至黄化萎蔫，植株生长衰弱，严重时可枯死。白粉虱是传播病毒的媒介。

2. 防治方法

前茬在设施内生产时，如温室冬春茬栽植油菜、芹菜、韭菜等耐低温而白粉虱不喜食的蔬菜，可减少虫源。用 200 ~ 500 倍肥皂水防白粉虱。另外，利用成虫的趋黄性，可在温室内设黄板诱杀成虫。

（七）蚜虫

1. 为害症状

蚜虫俗名腻虫，群栖叶片背面和嫩茎，刺吸植物汁液，繁殖力强，短期可造成叶片产生褪绿斑点，叶片发黄、老花，生长缓慢。蚜虫也是病毒的传播媒介，不容忽视。

2. 防治方法

在温室、大棚等设施内，利用成虫的趋黄性，可在设施内设置黄板诱杀成虫。使用文菊 30 克 / 升（鲜重）防治蚜虫；使用浓度为 0.36% 或 0.5% 的苦参碱植物杀虫剂防治蚜虫；用 200 ~ 500 倍肥皂水防治蚜虫；鱼藤酮防治蚜虫。

第四章

黄瓜有机无土栽培技术

　　黄瓜是我国的主要蔬菜作物之一。据统计，我国黄瓜栽培面积保持在 100 万公顷左右，占世界总面积的 50%。其市场需求量大，具有巨大的经济效益和社会效益。

　　黄瓜有机无土栽培生产潜力巨大。以大棚、日光温室和温室等设施生产为主，露地无土栽培为辅，可实现有机黄瓜的周年栽培与供应。温室和日光温室黄瓜栽培主要茬口有早春茬、秋冬茬和冬春茬。塑料棚的茬口类型有小拱棚早熟栽培、大棚春提早和大棚秋延后栽培等形式。

第一节　品种选择

　　黄瓜因其起源地是热带潮湿森林地带，长期处于水肥充足、有机质丰富的土壤和潮湿多雨的环境中，形成了根系浅、叶片大、喜温、喜湿和耐弱光的特征特性。植株蔓性，在温度等环境适宜时可伸长 10 余米，茎（蔓）节上单叶互生，叶腋着生雌花或雄花，或两性花，着生卷须或侧枝，幼苗第一真叶开展时，顶芽已分化 7～8 个叶原基，在其第 3～4 叶腋处开始分化花芽，经数日，即分化成雌花或雄花。依品种不同，雌花着生节位、侧枝分枝性也不同。早熟品种播种后 50 天即可采收嫩果。

一、品种选择的原则

1. 注意无土栽培的季节茬口与栽培模式

黄瓜品种选用，与所用的栽培设施和季节茬口要相适应。特别注意其对温度、光照和湿度环境的要求。

黄瓜喜温不耐高温，生育适温为 10～30℃，白天 25～30℃、夜间 10～18℃，光合作用适温为 25～30℃。

黄瓜不同生育时期对温度的要求不同。发芽期适温为 25～30℃，低于 20℃发芽缓慢，发芽所需最低温度为 12.7℃，高于 35℃发芽率降低；幼苗期适温白天 25～29℃，夜间 15～18℃，地温 18～20℃。苗期花芽分化与温度、光照关系不大，但光照不足及低温会延缓生育，延迟花芽分化，低温（特别是夜温 13～17℃）、短日照（8～10 小时）有利于花芽的雌性化。

定植期适温白天 25～28℃，地温 18～20℃（最低限 15℃），夜间前半夜 15℃、后半夜 12～13℃，长期夜温高于 18～20℃，地温高于 23℃，则根生长受抑，生长不良。结果期适温白天 23～28℃、夜间 10～15℃，温度高果实生长快，但植株易老化。

设施栽培，黄瓜的温度管理通常采用温度三段管理或四段管理。

黄瓜对日照长短要求因生态环境不同而有差异。一般华南系品种对短日照较为敏感，而华北系品种对日照长短要求不严格，但大多数品种 8～11 小时的短日照能促进雌花形成。黄瓜是果菜中相对比较耐弱光的蔬菜，光饱和点为 55 千勒克斯，光补偿点为 1.5～2.0 千勒克斯，生育期间最适宜的光照强度为 4 万～5 万勒克斯，2 万勒克斯以下不利于高产，茎叶弱，侧枝少，生长不良。

黄瓜根系浅、叶片大、消耗水分多，故喜湿不耐旱，适宜的空气湿度为 70%～90%，但长期高湿易导致病害发生。黄瓜不同生长发育阶段需水量不同。尤其是结果期，生殖生长和营养生长同步进行，因此必须满足水分供应以防出现畸形瓜或化瓜。

2. 充分考虑品种本身的特点

黄瓜品种要选择抗病、优质、丰产、商品性好、适合市场需求的品种。除了注意高产、优质、符合消费需求外，还要特别注意品种的抗病性。

就目前黄瓜生产上的病害情况来讲，露地栽培黄瓜必须选用抗病能力强的品种。冬春季保护地内栽培黄瓜，要求所用品种对黄瓜霜霉病、灰霉病和白粉病等主要病害具有较强的抗性或耐性。在枯萎病发生严重的地区，采用嫁接育苗。

3. 黄瓜品种选择应注意的问题

有机黄瓜无土栽培的品种，除常见的常规品种、杂交品种外，可以选择使用自然突变材料选育形成的品种。禁止使用转基因黄瓜品种。

二、常见的黄瓜品种及其特点

1. 黄瓜品种类型

我国栽培的黄瓜，按其果实形态分为华北系刺黄瓜和华南系光皮短黄瓜两大类，近年来欧洲温室型水果黄瓜在国内开展了品种选育和生产栽培。图 4-1 为有机黄瓜。

图 4-1 有机黄瓜

2. 部分黄瓜优新品种简介

部分黄瓜优新品种及其简介如下。

（1）**中农6号** 中国农业科学院蔬菜花卉研究所选育。生长势强，主侧蔓结瓜为主，第一雌花始于主蔓第3～6节，每隔3～5片叶出现一雌花。瓜棍棒形，瓜色深绿，有光泽，无花纹，瘤小，刺密，白刺，无棱。瓜长30～35厘米，横径约3厘米，单瓜重150～200克，瓜把短，心腔小，质脆味甜，商品性好。抗霜霉病、白粉病、黄瓜花叶病毒病。耐热，亩产4500～5000千克。

（2）**中农8号** 生长势强，株高2.2米以上，主侧蔓结瓜，第一雌花始于主蔓4～7节，每隔3～5片叶出现一雌花。瓜长棒形，瓜色深绿，有光泽，无花纹，瘤小，刺密，白刺，无棱。瓜长35～40厘米，横径3～3.5厘米，单瓜重150～200克。瓜把短，质脆，味甜，品质佳，商品性极好。抗霜霉病、白粉病、枯萎病、病毒病等多种病害。亩产5000千克以上。鲜食加工腌渍品种。

（3）**中农9号** 生长势强，第一雌花始于主蔓3～5节，每隔2～4节出现一雌花，前期主蔓结果，中后期侧枝结瓜为主，雌花节多为双瓜。瓜短筒形，瓜色深绿一致，有光泽，无花纹，瓜把短，刺瘤稀，白刺，无棱。瓜长15～20厘米，单瓜重100克左右。丰产，亩产7000千克以上，周年生产产量可达到30千克每平方米。抗枯萎病、黑星病、角斑病等。耐低温弱光能力较强。

（4）**中农10号** 植株生长势及分枝性强，叶色深绿，主侧蔓结瓜，瓜码密，丰产性好。抗霜霉病、白粉病、枯萎病等多种病害。瓜色深绿，略有条纹，瓜长30厘米左右，瓜粗3厘米，单瓜重150～200克。刺瘤密，白刺，无棱，瓜把极短，肉质脆甜，品质好。耐热，抗逆性强，在夏秋季高温长日照条件下，表现为强雌性，瓜码比一般品种密。春季亩产5000～6000千克、秋季3000～4000千克。

（5）**中农12号** 生长势强，主蔓结瓜为主，第一雌花始于主蔓2～4节，每隔1～3节出现一雌花，瓜码较密。瓜条商品性极佳，瓜长棒形，瓜长30厘米左右。瓜色深绿一致，有光泽，无花纹，瓜把约2厘米（小于瓜长的1/8），单瓜重150～200克。具刺瘤，但瘤小，易于洗涤，且农药的残留量小，白刺，质脆，味甜。早熟，从播种到第一次采收 50 天左右。前期产量高，丰产性好，亩产 5000 千克以上。抗霜霉病、白粉病、黑星病、枯萎病、病毒病等多种病害，适于保护地和露地栽培。

（6）**中农 13 号**　生长势强，主蔓结瓜为主，侧枝短，回头瓜多。第一雌花始于主蔓 2 ～ 4 节，雌株率 50% ～ 80%。单性结实能力强，连续结果性好，可多条瓜同时生长。耐低温性强，在夜间 10 ～ 12℃下，植株能正常生长发育。早熟，从播种到始收 62 ～ 70 天。瓜长棒形，瓜色深绿，有光泽，无花纹，瘤小刺密，白刺，无棱。瓜长 25 ～ 35 厘米，瓜粗 3.2 厘米左右，单瓜重 100 ～ 150 克。肉厚，质脆，味甜，品质佳，商品性好。高抗黑星病，抗枯萎病、疫病及细菌性角斑病，耐霜霉病。亩产 6000 ～ 7000 千克，高产达 9000 千克以上。

（7）**中农 14 号**　植株生长势强，叶色深绿，主侧蔓结瓜，第一雌花始于主蔓 5 ～ 7 节，每隔 3 ～ 5 节出现一雌花。瓜色绿，有光泽，瓜条长棒形，瓜长 35 厘米左右，瓜粗约 3 厘米，心腔小，单瓜重约 200 克，瓜把较短，瓜面基本无黄色条纹，刺较密，瘤小，肉质脆甜。抗霜霉病、细菌性角斑病、白粉病和黄瓜花叶病毒病。中熟，从播种到始收 55 ～ 60 天。丰产性好，亩产 5000 千克以上。

（8）**中农 15 号**　长势强。主蔓结果为主，第一雌花始于主蔓 3 ～ 4 节，瓜码密。瓜色深绿一致，有光泽，无花纹，瓜把短，刺瘤稀，白刺。瓜长 20 厘米左右，单瓜重约 100 克。质地脆嫩，味甜。丰产，亩产量可达 7000 千克以上。抗枯萎病、黑星病、霜霉病和白粉病等，耐低温弱光能力较强。

（9）**中农 16 号**　中早熟，植株生长速度快，结瓜集中，主蔓结瓜为主，第一雌花始于主蔓第 3 ～ 4 节，每隔 2 ～ 3 片叶出现 1 ～ 3 节雌花，瓜码较密。瓜条商品性及品质极佳，瓜条长棒形，瓜长 30 厘米左右，瓜把短，瓜色深绿，有光泽，白刺、较密，瘤小，单瓜重 150 ～ 200 克，口感脆甜。熟性早，从播种到始收 52 天左右，前期产量高，丰产性好，春露地亩产 6000 千克以上，秋棚亩产 4000 千克以上。抗霜霉病、白粉病、黑星病、枯萎病等多种病害。

（10）**中农 19 号**　长势和分枝性极强，顶端优势突出，节间短粗。

第一雌花始于主蔓 1～2 节，其后节节为雌花，连续坐果能力强。瓜短筒形，瓜色亮绿一致，无花纹，果面光滑，易清洗。瓜长 15～20 厘米，单瓜重约 100 克，口感脆甜，不含苦味素，富含维生素和矿物质。丰产，亩产最高可达 10000 千克以上。抗枯萎病、黑星病、霜霉病和白粉病等。耐低温弱光。

（11）**中农 21 号**　生长势强，主蔓结瓜为主，第一雌花始于主蔓第 4～6 节。早熟性好，从播种到始收 55 天左右。瓜长棒形，瓜色深绿，瘤小，白刺、密，瓜长 35 厘米左右，瓜粗 3 厘米左右，单瓜重约 200 克，商品瓜率高。抗枯萎病、黑星病、细菌性角斑病、白粉病等病害。耐低温弱光能力强，在夜间 10～12℃下，植株能正常生长发育。适宜长季节栽培，周年生产亩产量达 10000 千克以上。

（12）**中农 118 号**　一代杂种。中熟，普通花形生长势强，耐热性好，主侧蔓结瓜。第一雌花节位始于 5 节左右，瓜码较密。瓜色深绿，有光泽，无棱，无花纹，瘤中，刺密，白刺。瓜长约 35 厘米，把长 3.5 厘米，横径 3～3.5 厘米，心腔 1.4 厘米，单瓜重 300 克左右，瓜把短，质脆，味甜，品质佳。耐热性强，丰产性好，亩产可达 10000 千克。抗霜霉病、白粉病、枯萎病、病毒病等多种病害。适于全国各地春季露地栽培。

（13）**中农 203 号**　植株无限生长型，生长势强，生长速度快，主蔓结瓜为主，第 1～2 节位有雄花，第 3～4 节位起出现雌花，以后几乎每节有雌花。早熟，从播种到第一次采收 60 天左右，早期产量和总产量均高。瓜长棒形，把短，条直，瓜皮深绿色，有光泽，瓜表无棱，瓜顶无黄色条纹，白刺，瘤刺小且较密。瓜长 30 厘米左右，横径 3.5 厘米。肉厚，腔小。品质脆嫩，味微甜，无苦味，商品性和食用品质好。植株抗黑星病、角斑病、霜霉病、白粉病和枯萎病等。亩产 5000 千克以上。育苗每亩用种量 150 克。

（14）**津春 2 号**　天津科润黄瓜研究所选育。早熟，单性结实能力强；抗霜霉、白粉能力强；植株生长势众中等，株形紧凑、以主蔓结瓜为主，叶色深绿，叶片较大厚实，亩产量可达 5000 千克以上。瓜条棍棒形，深绿色，白刺较密，棱瘤较明显、瓜条长 32 厘米左右。单瓜重 200 克左右，把短，肉厚、商品性好。适宜早春大棚栽培。

（15）**津春3号**　植株生长势强，茎粗壮，叶片中等，深绿色，分枝性中等，较适宜密植。瓜长30厘米左右，棒状，单瓜重200克左右，瓜色绿，刺瘤适中，白刺，有棱，瓜条顺直，风味较佳。一般亩产5000千克以上。适宜越冬日光温室栽培。

（16）**津春4号**　抗病能力强，植株生长势强。瓜条棍棒形、白刺、棱瘤明显，瓜条长30～50厘米、单瓜重200克左右。瓜条绿色偏深、有光泽。适宜露地栽培。

（17）**津春5号**　早熟，兼抗霜霉病、白粉病、枯萎病等三种病害。瓜条深绿色，刺瘤中等。瓜长33厘米，横径3厘米，口感脆嫩，商品性好。亩产量可达4000～5000千克。适宜早春小拱棚、春夏露地及秋延后栽培。

（18）**津优1号**　抗病、高产、商品性好，瓜条顺直、瓜把短，腔小肉厚，耐低温，秋棚种植可延长收获期，适宜大棚栽培。

（19）**津优2号**　早熟、耐低温、耐弱光，高产，抗病。植株长势强，茎粗壮，叶片肥大，深绿色。瓜码密，不易化瓜，瓜条长棒状，深绿色，适宜早春日光温室栽培。

（20）**津优3号**　抗病性强，丰产性好，耐低温、耐弱光，商品性好。瓜条顺直，瓜把短。瘤显著，密生白刺，适合越冬日光温室栽培。

（21）**津优4号**　抗病、高产、较耐热，商品性好，植株紧凑，长势强。叶色深绿，主蔓结瓜为主。抗病性好，适宜露地栽培。

（22）**津优5号**　早熟性好，抗霜霉病、白粉病、枯萎病能力强，耐低温、弱光，瓜条棒状、深绿色、有光泽，棱瘤明显，白刺、商品性好。适宜早春日光温室栽培。

（23）**津优10号**　生长势强，早熟、抗病、优质、丰产。瓜条长36厘米左右，深绿色，有光泽，商品性状好，适宜早春、秋大棚栽培。

（24）**津优11号**　杂交一代，植株生长势强，叶片浓绿，中等大小，属雌花分化，对温度要求不敏感类型，秋延后第1雌花节位在7～8节，表现早熟，雌花节率高达30以上。成瓜性好，瓜条深绿、顺直，刺瘤明显，瓜长33厘米，横径3厘米，单瓜重180克，畸形瓜率低，瓜把小于瓜长1/7，果肉淡绿色，口感脆嫩，可溶性固形物含量高，品质优。前期表现耐高温兼抗病毒病，后期耐低温，可延长收获期。抗黄瓜霜霉病、白粉病、枯萎病等多种病害。秋大棚栽培亩产4500千克，适于秋延后大棚栽培。

（25）津优12号　植株长势中等，叶片深绿色，对黄瓜霜霉病、白粉病、枯萎病和病毒病具有较强的抵抗能力。以主蔓结瓜为主，回头瓜多。瓜条顺直，长棒状，长约35厘米，单瓜重约200克，商品性好，瓜色深绿，有光泽，刺瘤明显，瓜把小。果肉淡绿色，质脆，味甜，品质优，维生素C含量高。适合在华北、东北地区春季大棚和秋季大棚中栽培。在大棚中春季栽培亩产可达6000千克，秋季栽培亩产可达3500千克。

（26）津优13号　杂交一代，植株长势中等，叶片中等大小，早熟，第1雌花节位出现在第6节左右，雌花节率高。瓜条长35厘米左右，单瓜重220克，瓜条顺直、深绿色、有光泽，刺密、瘤明显。果肉淡绿色、质脆、味甜，可溶性固形物含量3.5%以上，品质优。耐高温能力强，在最高温度为34～36℃条件下能够正常结瓜，畸形瓜率低。抗病性强，兼抗霜霉病、白粉病、枯萎病、黄瓜花叶病毒病和西瓜花叶病毒病等病害。丰产性好，耐低温能力较强，生育前期高温条件下表现良好，可提前播种，提高前期产量，后期较耐低温，可延长收获期，提高总产量。秋大棚栽培亩产4000千克左右。

（27）津优20号　植株长势强，雌花节率高，瓜条顺直，深绿，刺瘤密，商品性好。质脆味甜，品质好。耐低温、耐弱光，喜大肥大水，抗病丰产。适宜早春日光温室栽培。

（28）津优30号　植株生长势强，雌花节率高，瓜条顺直，深绿色，刺瘤密，棱明显，商品性好。耐低温、弱光能力强，抗病丰产。适宜日光温室栽培。

（29）津优31号　植株生长势强，茎秆粗壮，叶片中等，以主蔓结瓜为主，瓜码密，回头瓜多，对黄瓜霜霉病、白粉病、枯萎病、黑星病具有较强的抵抗能力。耐低温、弱光能力强，在连续多日8～9℃低温环境中仍能正常发育。瓜条顺直，长棒形，长约33厘米，深绿色，有光泽，瓜把短，刺瘤明显，单瓜重约180克，心腔小，质脆，味甜，商品性状好。生长期长，不早衰，是越冬温室栽培的理想品种，每年11月下旬开始采摘，直至翌年5月下旬，亩产可达 10000 千克。

（30）**津优 32 号** 植株长势中等，侧枝较少，对黄瓜四大病害（霜霉病、白粉病、枯萎病、黑星病）具有较强的抵抗能力，瓜条棒状，顺直，心腔小。果肉淡绿色、质脆、味甜、品质优、维生素 C 含量高，耐低温、耐弱光能力强，在 6℃低温条件下仍能正常结瓜，植株生长后期耐高温能力强，在 34～36℃条件下亦能结瓜，栽培生育期可达 8 个月，不早衰，丰产性好，亩产可达 10000 千克。适合在我国华北、东北、西北地区日光温室中做越冬茬黄瓜栽培。

（31）**津优 41 号** 杂交一代，该品种植株生长势强，以主蔓结瓜为主，瓜码密，侧枝有一定的结瓜能力。对霜霉病、白粉病、枯萎病抗性强。耐热性好，田间栽培时，35～36℃条件下生长发育正常。瓜条顺直、深绿色、无黄纹，刺瘤适中，瓜把短，心腔小于瓜横径 1/2，果肉淡绿色，口感脆甜，品质佳，商品瓜长 36 厘米左右，单瓜重 200 克左右，秋大棚栽培亩产可达 4000 千克。

（32）**春秋王** 设施专用品种，欧洲温室型，纯雌性，生长势强，持续结瓜能力强，耐低温弱光及高温，春秋季均可栽培，高抗白粉病，抗霜霉病，瓜长 15～18 厘米，果形指数 4.9，单瓜重 120 克左右。瓜条亮绿色，口感脆嫩。现代化温室一年四季均可种植，上海地区春季无加温设施栽培于 1 月上旬至 2 月中旬播种育苗，2 月中旬至 3 月上旬定植，其他地区可根据当地气候适当调整播种期。定植密度为 1800 株/亩左右（北方因光照条件好可适当增加栽培密度）。该类型品种为光温不敏感型，夏秋高温季节也可种植。

（33）**沪杂 6 号** 设施栽培用华南型黄瓜新品种，雌性型，雌花节率 98% 以上，第一雌花节位低，节成性强，抗霜霉病及白粉病，耐低温弱光性强，早熟性好，瓜绿色，黑刺较多，瘤较大，瓜把不明显，单瓜重 170 克左右，瓜长 26 厘米左右，果肉厚，肉质脆，栽培中应加强肥水管理，适时采收，以防止尖瓜、弯瓜等畸形瓜出现。春季栽培亩产量 4700 千克以上。

（34）**绿秀 1 号** 水果型黄瓜，甘肃省农业科学院蔬菜研究所选育。长势中等。雌花着生于主蔓第 1～2 节，其后节节为雌花，连续结果能力强。瓜条短筒形，瓜色绿，果实表面光滑，色泽均匀一致，无花纹，易清洗。瓜长 15～18 厘米，单果重约 100 克。口感脆甜，肉质细，适宜做水果黄瓜。保护地栽培一般产量为 7500 千克每亩。适宜的茬口有日光温室越冬茬、冬春茬和春季塑料大棚栽培。

（35）甘丰 11 号　甘肃省农业科学院蔬菜研究所育成的一代杂种。植株长势较强，综合抗病性突出，耐低温弱光、耐盐。播种至采收 68 天左右，2～4 节着生第一雌花，坐瓜率高。瓜条生长速度快，色深绿、棱刺明显，瓜长 32.7 厘米，单瓜重平均 250 克，瓜把短。一般亩产 6000 千克。

（36）北京 101　北京蔬菜研究中心选育。早熟丰产型，耐低温弱光，坐瓜率高，抗霜霉病和白粉病强，品质好，味甘甜。

（37）北京 102　早熟丰产型，耐低温弱光，生长势强，单性结实能力强，抗霜霉病和白粉病能力强，品质好，质脆，味甜，香味浓，外观及食用品质好。

（38）北京 202　早熟，适合春秋大棚及秋延后大棚栽培，抗病，高产，品质好，适应性广。

（39）北京 203　适于春秋大棚种植，结瓜早，发育速度快，抗霜霉病、白粉病和枯萎病能力强，品质好，质脆，商品性好。

（40）北京 204　适宜春秋大棚，秋延后及春露地种植，瓜长 35 厘米，刺瘤明显，色泽深绿，品质好，抗病性强，秋季种植可免喷"增瓜灵"等激素，全国范围均可种植。

（41）北京 301　适于秋大棚及秋延后大棚栽培，瓜条顺直，生长速度快，产量高，抗霜霉病、白粉病、角斑病及枯萎病能力强。

（42）新北京 401　适宜春秋露地及秋大棚，秋延后种植，瓜长 37 厘米，小刺瘤，深亮绿，小心室，品质好，产量高，抗病性强，可兼作腌渍黄瓜，出菜率高，全国范围均可种植。

（43）京研迷你 2 号　光滑无刺型短黄瓜，杂交一代，植株全雌，每节 1～2 条瓜，无刺，味甜，生长势强，耐霜霉病、白粉病和枯萎病，瓜长 12 厘米，心室小，色泽翠绿，浅棱，味脆甜，适宜生食。可周年种植，为丰产型水果黄瓜。适宜越冬加温温室、春温室及春秋大棚种植。

（44）京研迷你 4 号　水果型黄瓜杂交一代，冬季温室专用品种，耐低温、弱光能力强，全雌性，生长势强，抗病性强，瓜长 12～14 厘米，无刺，亮绿有光泽，产量高，品质好，注意防治蚜虫与白粉虱，以免感染病毒病，适宜长江以北地区种植。

（45）**翠玉黄瓜** 杂交一代，白绿色黄瓜品种，适宜春秋大棚及春露地种植，植株生长势中等，耐霜霉病、白粉病、角斑病，瓜长 12～13 厘米，无刺，嫩白绿色，表面有细小黑刺，无瘤，心室小，品质好，具独特香味，非常适宜鲜食，可作为节假日高档礼品菜，产量较高，亩产 5000 千克。白色水果型黄瓜，适于春秋保护地及秋延后种植。

（46）**春华 1 号** 青岛市农科院蔬菜所选育。优质、高产华南型黄瓜一代杂种。植株长势强，叶色深绿，主蔓结瓜为主，主侧蔓同时结瓜。瓜短圆筒形，皮浅绿色，瓜条顺直，瓜表面光滑无棱沟，有光泽，刺瘤白色，小且稀少。平均瓜长 17.4 厘米，横径 3.3 厘米，3 心室，平均单瓜质量 137.5 克，瓜把长 1.7 厘米，小于瓜长的 1/7，肉厚占横径的比例为 61.2%。雌花节率在 90% 左右。田间表现中抗细菌性角斑病，抗霜霉病及白粉病。商品性好，风味品质优良。亩产 5800 千克左右，适于春露地栽培。

（47）**沈春 1 号** 沈阳市农业科学院选育。杂交一代。瓜长约 30 厘米，3 心室，绿瓤，果皮深绿色；中刺瘤，高抗霜霉病，兼抗白粉病和枯萎病，雌花率 55% 左右，前期产量高，适合辽宁沈阳、大连、吉林及山东、河北等地春季提早栽培，亩产量约为 5000 千克。

（48）**露丰** 江苏省农科院蔬菜所培育的露地专用黄瓜品种。植株生长势强，瓜色深绿，刺瘤明显，白刺，瓜长 40～50 厘米，单瓜重 200～250 克。主侧蔓均可结瓜，第一雌花始于 6～7 节，抗霜霉病、白粉病、枯萎病。适于江苏、浙江、安徽、山东、四川、重庆、贵州、湖南、湖北等地春秋露地栽培，也可作春季小拱棚栽培。亩产 5000 千克以上。

（49）**春秋 4 号** 西安市农业科学研究所选育，杂交一代黄瓜品种。中早熟品种，以主蔓结瓜为主。植株生长势强，耐热，秋季 38～40℃的高温下可正常生长。叶片大，深绿色。第 1 雌花着生于第 5 节左右，雌花节率 30%～40%。瓜条长棒形，长 28～30 厘米，瓜色深绿有光泽，大棱密刺，刺瘤适中，瓜把短，单瓜重 170～220

克，质脆味甜，品质佳。高抗霜霉病、细菌性角斑病、白粉病、炭疽病及根结线虫病。亩产 5000 ～ 7000 千克。适合春秋露地栽培。

（50）**东农 803** 东北农业大学园艺学院选育。杂交一代黄瓜品种。植株生长势强，株高 2 米左右，分枝性中等，主蔓结瓜为主，节成性好，抗病性强。瓜长 16 ～ 18 厘米，瓜粗 2 ～ 2.5 厘米，单瓜质量 100 ～ 120 克，果皮墨绿色，光滑少刺、有光泽，心腔小于瓜粗的 1/2，清香味浓，口感好。可溶性固形物含量 3.54%，果实整齐、商品性好。抗霜霉病、白粉病，较抗枯萎病。亩产 2800 千克，适于黑龙江省栽培。

（51）**博亚 5240** 天津德瑞特种业公司选育。植株生长旺盛，温室生产其生长期可达 8 ～ 10 个月。茎粗壮，直径 1 厘米，每节均可着生雌花，连续结果能力强。在温室生产中植株可长至 10 米，每株结瓜 50 ～ 60 条。叶片大，肥厚，浓绿色。瓜条顺直，圆棒状，有光泽，长 40 厘米，瓜把短，横径 3 厘米，略带甜味。该品种耐低温弱光，抗霜霉病、白粉病及角斑病能力强，亩产 8000 千克。培育的新一代高抗、高产品种，适于华北、京津地区保护地及露地栽培。

（52）**津棚 90** 民生种子开发中心选育。生长势强，较耐低温弱光。主蔓结瓜为主、侧蔓也有结瓜能力，第 1 雌花着生于 3 ～ 4 节，单性结实性强。瓜条顺直，瓜长 35 厘米左右，皮色深绿，有明显光泽，刺密、瘤中等、果肉淡绿色，质脆、味甜，品质极佳，耐贮运，货架寿命长。抗霜霉病、白粉病、枯萎病、角斑病等。越冬茬具备亩产 15000 千克的潜力。适宜全国各地温室栽培。华北地区越冬茬播期为 9 月下旬～ 10 月下旬，早春茬应在 12 月上旬～ 1 月上旬播种。其他地区应根据当地气候条件相应调整。

（53）**津农 40** 生长势强，中早熟。第 1 雌花着生于 5 ～ 6 节左右，主蔓结瓜为主，侧蔓结瓜后自封顶，瓜长 35 ～ 40 厘米，瓜皮色深绿，有亮度，果肉淡绿色、质脆、味甜、品质优。抗霜霉病、白粉病、枯萎病及角斑病。从播种到采收 55 ～ 60 天，亩产量可达 5500 千克。适宜全国各地春秋露地栽培。

（54）**凤燕小黄瓜** 农友（中国）公司选育。早生，茎蔓粗壮，生长势强，耐病毒病和炭疽病，结果力强，分枝性强，雌花发生多，果实端正直美，果色淡绿，果粉多，白刺，适收时果长约 20 厘米，果重约 100 克，品质优，产量高。

（55）蜜燕小黄瓜　生育强健，主蔓和侧蔓全生雌花，结果特早，产量高。适收时果长约 13.5 厘米，横径约 4 厘米，果重约 140 克，果形端直，果色青绿光亮，果面平滑，果刺白色细少，外观优美。肉质脆嫩有甜味。

（56）秀燕小黄瓜　极早熟，生育强健，主蔓 2～3 节起即有雌花发生，有时一节可发生 2 朵雌花，均能结果。分枝多，侧枝第 1～3 节连续发生雌花，适收时，果长约 20 厘米，重约 90 克，果色鲜绿，果形端直，白刺，果粉中，品质优，丰产。

（57）阿信小黄瓜　早熟，生育强健，结果力强，果形端直，适收时果长约 22 厘米，横径约 2.7 厘米，重约 100 克，果色翠绿亮丽，果刺白而少，肉色翠绿，肉质脆甜爽口，水果黄瓜之极品，耐贮运。

（58）娇燕小黄瓜　全雌性，结果力强，瓜皮翠绿色，无棱无刺，心室小，肉质脆爽。果长约 12 厘米，横径约 2 厘米，果重约 50 克。开花后 4～5 天采收。

（59）青美鲜翠黄瓜　早熟，低温弱光坐果率高，生长快，瓜皮深绿色，瓜长 14～16 厘米，粗 3.5～4.5 厘米。肉质脆嫩，香甜可口，品质佳，商品性优。连续结瓜能力强，产量高，效益好。

（60）夏青强盛黄瓜　早中熟，生长旺盛，耐热耐湿，抗病力强，瓜码密，瓜条深绿色，刺多，瓜长 35～40 厘米、粗 4.0～4.5 厘米，商品性优，品质佳，高产。

三、部分育种供种单位名录

① 中国农业科学院蔬菜花卉研究所
② 天津科润黄瓜研究所
③ 上海农科院园艺所
④ 东北农业大学园艺园林学院
⑤ 天津德瑞特种业公司
⑥ 民生种子开发中心
⑦ 农友（中国）公司
⑧ 安徽福斯特种苗有限公司

有机蔬菜无土栽培技术大全（彩色图解＋视频升级版）

第二节　无土栽培技术要点

一、基质的配制

黄瓜进行有机无土栽培的基质，需各地结合本地实际，因地制宜进行选择。

一般有机黄瓜无土栽培采用复合基质进行生产。

（一）常用于黄瓜有机无土栽培的基质组成成分

参照第一章第三节基质的配制进行选择。

（二）复合基质的配制

参照第一章第三节的相关内容进行。

有机黄瓜生产，以复合基质使用为主。

我国不同地区当地基质的原料资源差异很大、生产形式多样，基质的选用和配制必须结合当地实际情况，就地取材，因地制宜。

常见的基质如农作物的废弃物、农产品加工后的废弃物等，需了解清楚其来源，经确认符合有机蔬菜生产的要求，经认证机构或部门认可后采用。

为改善复合基质的物理性能，加入的无机物质包括蛭石、珍珠岩、炉渣、砂等，要弄清其来源。复合基质的配制比例，通常以体积比来计算。

有机黄瓜无土栽培常用的混合基质，有机物与无机物之比，可根据生产需要进行配制。

（三）基质的消毒与管理

参照第一章第三节的相关内容进行。

（四）黄瓜的嫁接育苗

黄瓜嫁接苗较自根苗能增强抗病性、抗逆性和肥水吸收性能，从而提高作物产量和质量。

采用穴盘育苗，基质配制、种子处理、催芽等内容参照相关内容进行。

1. 播种

将黄瓜播种床浇透底水，再将已催好芽的种子播于穴盘中。

2. 嫁接

黄瓜嫁接育苗可采用靠接法或插接法。砧木选用南瓜或黑籽南瓜等。

① 靠接法嫁接见图4-2。

图4-2　靠接法嫁接

嫁接适期：砧木子叶全展，第一片真叶显露；接穗第一片真叶始露至半展。砧木、接穗幼苗下胚轴长度5～6厘米利于操作。

播种时期：通常黄瓜比南瓜早播2～5天，黄瓜播种后10～12天嫁接；嫁接前，适当控制苗使其生长健壮。

嫁接过程：将砧木和接穗苗挖出（基质喷湿）；接穗子叶下部1～1.5厘米呈15°～20°向上斜切一刀，深度达胚轴3/5～2/3，切口长度0.6～0.8厘米；除去砧木生长点和真叶，在子叶节下0.5～1.0厘米处呈20°～30°向下斜切一刀，深度达胚轴直径1/2，切口长度 0.6 ～ 0.8 厘米；将砧木和接穗的切口相互套插在一起，用专用嫁接夹固定或塑料条带绑缚。将复合体栽入营养钵中，保持两者根茎距离 1 ～ 2 厘米，以利于成活后断茎去根。

特点：靠接苗易管理，成活率高，生长整齐，操作容易。嫁接速度慢，接口需固定，成活后需断（接穗）茎去根；接口位置低，易受土壤污染和发生不定根，接口部位易脱落。

注意事项：南瓜幼苗下胚轴中空，苗龄不宜太大，切口要靠近上胚轴；接口和断根部位不能太低，以免栽植时掩埋产生不定根或髓腔中产生不定根入土，失去嫁接意义。

② 插接法。适用于黄瓜等胚轴较粗的砧木种类。以顶插接最为适用。

嫁接适期：砧木子叶平展、第一片真叶显露至初展；接穗子叶全展。砧木胚轴过细时，可提前 2 ～ 3 天摘除其生长点使其增粗。

嫁接过程与技术要点：喷湿接穗苗，取出待用；砧木苗无需挖出，摆放操作台，用竹签除去其真叶和生长点，要除干净，且不损伤子叶。竹签斜插，左手轻捏砧木苗子叶，右手持一个宽度与接穗下胚轴粗细相近、前端削尖略扁的光滑竹签，紧贴砧木叶片子叶基部内侧向另一子叶下方斜插，深度 0.5 ～ 0.8 厘米，竹签在子叶节下 0.3 ～ 0.5 厘米出现，但不要穿破胚轴表皮，以手指感受到其尖端压力为度。插孔时，要避开砧木胚轴中心髓腔，插入迅速准确，竹签暂不拔出。接穗切削处理：左手拇指和无名指将接穗两片子叶合拢捏住，食指和中指夹住其根部，右手持刀片，在子叶节以下 0.5 厘米处呈 30° 向前斜切，切口长度 0.5 ～ 0.8 厘米，接着从背后再切一刀，角度小于前者，以划破胚轴表皮、切除根部为目的，使下胚轴呈不对称楔形。切削时要快，刀口要平直，并且切口方向与子叶伸展方向平行。拔竹签、插接穗：拔出砧木上的竹签，将削好的接穗插入砧木小孔中，使两者密接。砧穗子叶伸展方向呈"十"字形，利于见光。插入接穗后，用手稍晃动，以感觉比较紧实、不晃动为宜。

插接时，也可向下直插，易成活，接穗顺髓腔易产生不定根，影响嫁接效果。

特点：嫁接时，砧木苗不用取出，减少嫁接苗栽植和嫁接夹等工序，不用断茎去根，嫁接速度快，操作方便，省工省力；嫁接部位紧靠子叶，细胞分裂旺盛，维管束集中，愈合速度快，接口牢固，砧穗不易脱落折断，成活率高；接口位置高，不易再度污染和感染，防病效果好。

3. 嫁接后管理

① 愈合期管理。嫁接后，对于亲和力强的嫁接组合，从砧木和接穗结合、愈伤组织增长融合，到维管束分化形成约需10天。高温、高湿、中等强度光照条件，愈合速度快。

光强：嫁接愈合过程中，前期避免直射光。嫁接后2～3天适当遮阳，光强4～5千勒克斯为宜；3天后早晚不要遮阳，只在中午遮阳，以后逐渐缩短遮阳时间；7～8天后除去遮阳，全日见光。

温度：比常规育苗稍高，加速愈合。白天要保持在23～30℃之间，夜间保持在15～20℃之间，地温要达到23～28℃。

湿度：将接穗水分蒸腾减少到最低限度是提高嫁接成活率的关键和决定性因素之一。前3天保持高相对湿度90%～95%；4～6天内相对湿度可降至85%～90%；嫁接1周后，进入正常管理。

通风：嫁接后，前3天不通风，保温保湿，每天可进行2次换气；3天后，早晚通小风，逐渐加大通风量和通风时间；10天后幼苗成活，进入常规管理。

② 成活后管理。靠接嫁接成活后需断根。

二、有机黄瓜无土栽培的几种常见模式和技术要点

（一）日光温室有机黄瓜早春茬槽式无土栽培技术要点

本模式同样适用于温室早春有机黄瓜的无土栽培。日光温室早春有机黄瓜的无土栽培，可以采用槽式栽培或袋培。但要注意播种育苗时期，需因地区和栽培设施的差异，灵活掌握。

下面以槽式栽培为例，进行技术要点阐述。

1. 建栽培槽，铺塑料膜

在日光温室内，距后墙1米以红砖建栽培槽，槽南北朝向，内径宽48厘米，槽周宽度12厘米，槽间距20～50厘米，形成宽窄

行，每槽定植 1 行。宽行距 0.8～1.0 米、窄行距 0.5～0.6 米，槽高 15～20 厘米，建好槽以后，在栽培槽的内缘至底部铺一层 0.08～0.1 毫米厚的聚乙烯塑料薄膜。栽培槽也可采用泡沫板搭成，槽宽 40～60 厘米、深 15～20 厘米，栽培槽底部和槽内缘应铺设薄膜。

2. 栽培基质配制

请参照第一章第三节基质的配制。有机基质可供选用的有玉米秸秆、牛粪。无机基质有泥炭土、珍珠岩、煤渣等，有机基质经高温发酵后与无机基质按一定配比混合。有机质与无机基质配比 6：4，混合基质按每立方米加入 10 千克膨化鸡粪，1.5 千克腐熟豆粕，100～150 千克有机肥料和 3～4 千克的草木灰、磷矿粉、钾矿粉等并充分拌匀装槽，基质以装满槽为宜。

基质的原材料应注意经过处理和消毒。栽培基质用量为 30 立方米每亩。每茬蔬菜收获后，进行基质消毒。基质一般可使用 2～3 年。

3. 品种选择

结合栽培季节茬口，选择耐低温、弱光、早熟、抗病、丰产的非转基因及未经化学药剂处理的品种，如'中农 9 号''津优 2 号''津优 5 号'等。可采用嫁接苗。

4. 栽培季节与茬口

日光温室早春茬黄瓜上市期比大棚黄瓜上市期提早 45～60 天。一般 12 月下旬至翌年 1 月上旬播种，2 月上中旬定植，3 月上中旬开始采收，7 月上旬拔秧。

5. 播种育苗

可以按草炭土：珍珠岩为 7：3 的比例配制基质，按基质总重量的 5% 投入经有机认证的商品有机肥充分拌匀。黄瓜种子按亩用种量 150 克。种子处理于播前 2 天进行。用 55℃温水浸 20 分钟后用清水浸 4～6 小时。捞出用清水洗净，置于 30℃左右的环境下催芽，有 70% 的种子露白后播于穴盘中。基质装盘后，用手指在每穴孔中间挖深 1 厘米的洞，每穴播 1 粒种子，盖上厚约 1 厘米的基质，盖籽后浇湿，育苗日温 25 ～ 30℃、夜温不低于 15℃。定植前 10 天适当降温炼苗。播种后水要浇足，发芽出苗前基质湿度保持在 90% 左右，破土后基质湿度保持在 70% 左右，60% 以上种子出苗后即可揭去覆盖物见光绿化。株高 15 厘米，真叶 3 ～ 4 片，节间长度不超过 3 ～ 4 厘米，茎粗 0.5 厘米以上，子叶肥大，叶色深绿，根系发达，无病虫害，春季苗龄 30 ～ 45 天。

6. 定植前准备

① 施入基肥。定植前 15 天，将配制好的复合栽培基质装槽。

② 安装滴灌管。把准备好的滴灌管摆放在填满基质的槽上，滴灌孔朝上，在滴管上再覆一层薄膜，防止水分蒸发，以增强滴灌效果。

7. 栽培管理

① 定植。可采用宽窄行，每槽定植 1 行。宽行距 0.8 ～ 1.0 米、窄行距 0.5 ～ 0.6 米，按株距 20 ～ 25 厘米，在膜上开孔定植。每亩定植 3000 株左右，定植后即按每株 500 ～ 700 毫升浇足定根水。

② 定植后管理。定植后应加强以下几个方面的管理。

温度和光照管理：黄瓜是喜温蔬菜，但不同生育期对温度要求不同。苗期温度白天控制在 18 ～ 25℃、夜间 15 ～ 18℃，有利于促根壮秧，促进雌花的提早发育，坐瓜期白天温度控制在 25 ～ 28℃、夜温 15 ～ 18℃，有利于促进果实的发育。黄瓜属短日照作物，但大多数品种对光照要求不严格，所以在栽培过程中选择适当的栽培密度前提下，帘子应早揭晚盖，尽可能延长光照时间。

肥水管理：根据黄瓜要求水分高又不耐渍的特性、生长情况、气候情况、所采用基质的特性等进行综合考虑。前期温度较低，根据基质的水分情况进行。一般尽可能满足苗期每天每株 0.5 升左右的水量，结果期每天每株 1.0 ～ 1.5 升水量。追肥在定植后 20 天开始，此后按植株长势及需肥情况每 10 天追肥 1 次。开花前按每株追膨化鸡粪 20 克、腐熟豆粕 10 克；坐瓜期每株追膨化鸡粪 30 克、腐熟豆粕 20 克。采收前一个月停止追肥，肥料均匀撒在距根部 5 厘米外的基质表面。

植株调整：多数黄瓜品种，采用单秆整枝。具体做法是：在主蔓上坐瓜。主蔓 4 ～ 5 节以下摘除所有花芽和侧枝，在第五节开始留果，每节留 1 ～ 2 个果，及时将侧枝、老叶、病叶摘除。

病虫害防治：请参照本章第三节内容进行。

8. 采收

① 采收标准。瓜色深绿，瓜条粗细均匀，鲜嫩，无虫蛀，无弯钩，无伤口。黄瓜必须适时采收，采摘太早，果实保水能力弱，货架期短；采收太迟，则果实变老，品质变差，而且消耗植株太多养分，会造成植株生长失去平衡，后续果实畸形或落花落果。

② 采收方法。短黄瓜每天采收 1 次，长黄瓜每 2 天采收 1 次。黄瓜采收时可在果实与基部相连的部位用手掐断，原则是果柄必须留在果实上 1 厘米长。一般采收在上午进行，尤其在高温季节，因为下午温度太高，水分散失快，既损失产量又影响品质。

采收的产品应避免在阳光下暴晒，必须及时运出温室至阴凉处保存。

（二）温室有机黄瓜秋冬茬无土栽培技术要点

本模式同样适用于日光温室有机黄瓜秋冬茬无土栽培。温室秋冬有机黄瓜的无土栽培，可以采用槽式栽培或袋培。但要注意播种育苗时期，需因地区和栽培设施的差异，灵活掌握（图 4-3）。

图4-3　温室有机黄瓜秋冬茬无土栽培

下面以槽式栽培为例，进行技术要点阐述。

1. 建栽培槽，铺塑料膜

参照本节模式（一）早春茬槽式无土栽培模式进行。

2. 栽培基质配制

参照本节模式（一）早春茬槽式无土栽培模式进行。可根据实际情况配制复合基质。配制好复合基质后，按每立方米加入 120 千克左右有机肥料，10 千克膨化鸡粪，1.5 千克腐熟豆粕以及 4 千克的草木灰、磷矿粉、钾矿粉作为基肥，并充分拌匀装槽，基质以装满槽为宜。

若是使用过的基质，要注意经过消毒处理。

3. 品种选择

结合栽培季节茬口，选择前期耐高温、丰产抗病的品种，目前日光温室秋冬茬表现较好的品种有'津杂 1 号''津杂 2 号''津春 4 号''津研 7 号''京旭 2 号''夏丰 1 号'等。华南型水果黄瓜选用抗病虫、抗逆性强、耐低温寡照、商品性好、产量高的黄瓜品种，如'春秋王''京研迷你 1 号''京研迷你 2 号''京研迷你 3 号'等。可采用嫁接苗。

4. 栽培季节与茬口

秋冬茬栽培的目的在于延长供应期，解决深秋、初冬淡季问题，比大棚秋延后黄瓜供应期长 30 ~ 45 天。一般 8 月下旬至 9 月上旬播种，9 月下旬定植，10 月中旬始收，新年前后拔秧。

5. 播种育苗

参照本节模式（一）早春茬槽式无土栽培模式进行育苗基质配制、种子处理、催芽和穴盘育苗。宜采用覆盖遮阳网育苗。育苗日温 25 ~ 30℃。播种后水要浇足，发芽出苗前基质湿度保持在 90% 左右，破土后基质湿度保持在 70% 左右。定植前 5 天逐步减少遮阳网覆盖时间直至完全揭除。当苗龄约 25 天，2 叶 1 心或 3 叶 1 心时定植。

6. 定植前准备

参照本节模式（一）早春茬槽式无土栽培模式进行。

7. 栽培管理

① 定植。可采用宽窄行，每槽定植 1 行。宽行距 0.8 ～ 1.0 米，窄行距 0.5 ～ 0.6 米，按株距 20 ～ 25 厘米在膜上开孔定植。每亩定植 3000 株左右，定植后即按每株 500 ～ 700 毫升浇足定根水。

② 定植后管理。定植后应加强以下几个方面的管理。

温度和光照管理：按照"前期集中养秧后期形成产量"的思路，努力做到养秧促秧与高产、高效结合。定植缓苗期，气温高的晴天中午盖草帘遮阴，以防萎蔫；缓苗后进入生长期，外界气温开始逐渐下降，应注意防寒保温，但应避免室温过高、湿度大，苗徒长。一般白天温度达到 25 ～ 30℃，夜温控制在 13 ～ 15℃，不低于 10℃，昼夜温差在 10℃以上，中午气温超过 32℃时放顶风，气温降到 22℃时关闭通风口，前半夜温度不超过 16℃，后半夜 12℃左右。10 月下旬室内温度降至 12 ～ 13℃时晚上应盖防寒被保温，11 月上旬后，秋冬黄瓜进入结瓜期，此时外界气温下降较快，室内气温也较低，日照时间短、光照弱，瓜秧生长慢，蔓弱，抗性差，易生病，为增加长势，最好在温室内后墙张挂反光幕，补充光照。12 月以后温室温度更低，昼夜温差达到 10℃以上时，即使夜温在 10℃左右，黄瓜也能正常生长并结瓜。

肥水管理：根据黄瓜要求水分高又不耐渍的特性、生长情况、气候情况、所采用基质的特性等进行综合考虑。前期温度较低，根据基质的水分情况进行。一般尽可能满足苗期每天 0.5 ～ 1.5 升 / 株的水量，结果期每天 1.0 ～ 1.5 升 / 株水量。追肥在定植后 20 天开始，此后按植株长势及需肥情况每 10 天追肥 1 次。开花前按每株追膨化鸡粪 20 克、腐熟豆粕 10 克；坐瓜期每株追膨化鸡粪 30 克、腐熟豆粕 20 克。采收前一个月停止追肥，肥料均匀撒在距根部 5 厘米外的基质表面。

植株调整：华北密刺型黄瓜品种，采用单秆坐秧整枝。具体做法是在主蔓上坐瓜。主蔓 4～5 节以下摘除所有花芽和侧枝，在第 5 节开始留果，每节留 1～2 个果，及时将侧枝、老叶、病叶摘除。华南型黄瓜瓜秧长到 6～7 片真叶开始用尼龙绳吊蔓，防止瓜秧倒伏；结合绑蔓及时打卷须并剔除畸形果和黄叶、病叶、老叶。整枝时以主蔓结瓜为主，进行控制总结瓜数量，尽早摘除侧枝，以保证主蔓上瓜的营养。

病虫害防治：请参照本章第三节内容进行。

8. 采收

参照本节模式（一）早春茬槽式无土栽培内容进行。

（三）温室有机黄瓜冬春茬无土栽培技术要点

冬春茬是指秋末冬初，在温室播种育苗，黄瓜幼苗期在初冬度过，初花期处在严冬季节，1 月份开始采收上市，采收期跨越冬、春、夏 3 个季节，收获期长达 150～200 天，整个生育期长达 8 个月以上的茬口安排，也叫冬春茬黄瓜长季节栽培，是三北地区栽培面积较大、技术难度最大，也是效益最高的茬口。

本模式同样适用于日光温室有机黄瓜秋冬茬无土栽培。温室冬春茬有机黄瓜的无土栽培，可以采用槽式栽培、框式栽培或袋培。但要注意播种育苗时期，需因地区和栽培设施的差异，灵活掌握。

下面以槽式栽培为例，进行技术要点介绍。

1. 建栽培槽，铺塑料膜

在温室内建栽培槽，槽南北朝向，内径宽 30～40 厘米，槽间距 30～50 厘米，最好形成宽窄行栽培，每槽定植 1 行。宽行距 0.8～1.0 米、窄行距 0.5～0.6 米、槽高 15～20 厘米，建好槽以后，在栽培槽的内缘至底部铺一层 0.08～0.1 毫米厚的聚乙烯塑料薄膜。

2. 栽培基质配制

参照本节模式（一）早春茬槽式无土栽培模式进行。可根据实际情况配制复合基质。配制好复合基质后，按每立方米加入 150 千克左右有机肥料，10～20千克膨化鸡粪，1.5～3.0千克腐熟豆粕以及4～6千克的草木灰、磷矿粉、钾矿粉作为基肥，并充分拌匀装槽，基质以装满槽为宜。若是使用过的基质，要注意经过消毒处理。

3. 品种选择

冬春茬黄瓜生育期内将经历较长时间的低温弱光环境，因此，必须选用耐低温、耐弱光、雌花节位低、节成性好、抗病性强、生长势强、品质好、产量高的品种。可参照第一节相关内容进行选择，如'津春3号''津春4号''中农11号''北京101'等。

4. 栽培季节与茬口

一般10月中下旬至11月上旬播种育苗，采收至次年6月。

5. 播种育苗

最好采用嫁接育苗。当黄瓜苗长到2叶1心或3叶1心时定植。

6. 定植前准备

参照本节模式（一）早春茬槽式无土栽培模式进行。

7. 栽培管理

① 定植。每槽定植2行，行距30厘米，株距35厘米，每亩栽3000株左右，定植后立即按每株500～700毫升的量浇定植水。

② 定植后管理。定植后应加强以下几个方面的管理。

温度管理：根据黄瓜生长发育的特点，温室栽培黄瓜温度的控制主要是通过风口的开、闭进行，黄瓜要求较高温度，定植后整个生育期内温度控制应遵从以下原则，即定植初期尽量给予较高温度，促进植株生长，促进前期产量形成。生长前期（开花至采收4周）的温度控制在15～23℃范围内，且尽量提高控制温度。生长后期的温度控制不严格，对产量影响不大，可降低控制要求。基质温度保持在15～22℃。基质温度过高时，通过增加浇水次数降温，过低时减少浇水或浇温水提高地温。

湿度管理：通过采取减少浇水次数、提高气温、延长通风时间等措施来减少温室内空气湿度，保持空气相对湿度在 60% ～ 70%。

光照管理：冬春茬黄瓜冬季的弱光照是限制黄瓜产量和品质的一个重要环境因子，可通过下述措施改善温室内冬季光照条件。如选用长寿无滴、防雾功能膜，改善室内光强和光分布；采用塑料膜覆盖和膜下灌水技术，降低温室内湿度；采用宽窄行定植，及时去掉侧枝、病叶和老叶，改善行间和下部通风透光。

肥水管理：根据黄瓜要求水分高又不耐渍的特性、生长情况、气候情况、所采用基质的特性等进行综合考虑。前期温度较低，根据基质的水分情况进行。一般尽可能满足苗期每天 0.5 ～ 1.5 升 / 株的水量，结果期每天 1.0 ～ 1.8 升 / 株水量。追肥在定植后 20 天开始，此后按植株长势及需肥情况每 10 天追肥 1 次，冬季低温期间可适当延长追肥间隙。开花前按每株追膨化鸡粪 20 克、腐熟豆粕 10 克；坐瓜期每株追膨化鸡粪 30 克、腐熟豆粕 20 克。采收前一个月停止追肥，肥料均匀撒在距根部 5 厘米外的基质表面。

植株调整：黄瓜的植株调整包括整枝、摘心、打老叶、绑蔓、疏花疏果等，目的在于平衡营养生长与生殖生长之间的关系，充分利用阳光、水分和营养，改善生长条件，提高黄瓜的产量与品质。当黄瓜植株长到 15 厘米，4 ～ 5 片真叶时开始引蔓。在果实采收期及时摘除老叶、去除侧枝、摘除卷须、适当疏果，以利于减少养分损失，改善通风透光条件，促进果实发育和植株生长。打老叶和摘除侧枝、卷须，应在上午进行，有利于伤口快速愈合，减少病菌侵染；引蔓宜在下午进行，上午植株的含水量较高，绑蔓时容易折断。黄瓜越冬栽培生长期长达 9 ～ 10 个月，茎蔓不断生长，常长达 6 ～ 7 米以上，要及时落蔓、绕茎，保持功能叶片 25 ～ 30 片，并将功能叶保持在温室的最佳空间位置，以利光合作用，落蔓时要小心，不要拆断茎蔓，落蔓前先要将下部老叶摘除干净。

病虫害防治：请参照本章第三节内容进行。

8. 采收

参照本节模式（一）早春茬槽式无土栽培内容进行。

（四）塑料大棚黄瓜春提早有机无土栽培技术要点

本模式同样适用于塑料中棚黄瓜春提早有机无土栽培，可以采用槽式栽培或袋培，但要注意播种育苗时期，应因地区和栽培设施的差异，灵活掌握。

下面以槽式栽培为例，进行技术要点介绍。

1. 选塑料棚，建栽培槽，铺塑料膜

塑料大棚可采用简易大棚、钢架大棚等。大棚长度一般为30～50米、跨度6～8米，采用0.08毫米聚乙烯塑料薄膜覆盖，通风口处外覆40目防虫网。

栽培槽南北朝向，内径宽30～50厘米、槽间距20～50厘米，形成宽窄行，每槽定植1行。宽行距0.8～1.0米、窄行距0.5～0.6米、槽高15～20厘米，建好槽以后，在栽培槽的内缘至底部铺一层0.08～0.1毫米厚的聚乙烯塑料薄膜。

2. 栽培基质配制

参照本节模式（一）早春茬槽式无土栽培的基质。混合基质按每立方米加入10千克膨化鸡粪，1.5千克腐熟豆粕，100千克左右有机肥料和3千克的草木灰、磷矿粉、钾矿粉等并充分拌匀装槽，基质以装满槽为宜。

3. 品种选择

结合栽培季节茬口，选择耐低温、弱光、早熟、抗病、丰产的非转基因及未经化学药剂处理的品种，如'中农9号''津优2号''津优5号'等。也可选用华南型黄瓜品种，如'春秋王'等。可采用嫁接苗。

4. 栽培季节与茬口

在华北地区一般在1月下旬至2月上旬，于温室播种育苗，3月中旬定植，4月中旬至7月中下旬供应市场。供应期可比露地提早30天左右。其他地区根据实际情况进行调整。

5. 播种育苗

参照温室、日光温室早春茬模式进行。

6. 定植前准备

参照本节模式（一）早春茬槽式无土栽培模式进行。

7. 栽培管理

① 定植。可采用宽窄行，每槽定植 1 行。宽行距 0.8 ～ 1.0 米、窄行距 0.5 ～ 0.6 米，按株距 20 ～ 25 厘米，在膜上开孔定植。每亩定植 3000 株左右，定植后即按每株 500 ～ 700 毫升浇足定根水。

② 定植后管理。定植后应加强以下几个方面的管理。

温度和光照管理：黄瓜是喜温蔬菜，但不同生育期对温度要求不同。黄瓜生长适宜温度 18 ～ 30℃，早春深秋气温较低，夜间应注意覆盖保温，保持 15 ～ 18℃；白天，当棚内温度超过 30℃时，应通风降温，结果期要保持日夜温差为 10 ～ 15℃，利于雌花分化。注意保持空气湿度，一般为 80% ～ 85%，超过 90% 时要通风降湿。

肥水管理：根据黄瓜要求水分高又不耐渍的特性、生长情况、气候情况、所采用基质的特性等进行综合考虑。前期温度较低，根据基质的水分情况进行。一般尽可能满足苗期每天 0.5 升 / 株左右的水量，结果期每天 1.0 ～ 1.5 升 / 株水量。追肥在定植后 20 天开始，此后按植株长势及需肥情况每 10 天追肥 1 次。如开花前按每株追膨化鸡粪 20 克、腐熟豆粕 10 克；坐瓜期每株追膨化鸡粪 30 克、腐熟豆粕 20 克。采收前一个月停止追肥，肥料均匀撒在距根部 5 厘米外的基质表面。

植株调整：华北密刺型黄瓜品种，采用单秆坐秧整枝。具体做法是在主蔓上坐瓜，主蔓 4 ～ 5 节以下摘除所有花芽和侧枝，在第 5 节开始留果，每节留 1 ～ 2 个果，及时将侧枝、老叶、病叶摘除。华南型黄瓜前期可采用主蔓上坐瓜，每节留 1 ～ 2 个果，及时将侧枝、老叶、病叶摘除。后期温光环境改善，可采用主侧蔓留果，每节留 1 ～ 2 个果。及时摘除老叶。保持功能叶片 30 片左右。

病虫害防治：请参照本章第三节内容进行。

8. 采收

参照本节模式（一）早春茬槽式无土栽培采收内容进行。

（五）塑料大棚黄瓜秋延后有机无土栽培技术要点

本模式同样适用于塑料中棚黄瓜秋延后有机无土栽培，可以采用槽式栽培、框式栽培或袋培。但要注意播种育苗时期，应因地区和栽培设施的差异，灵活掌握。

下面以槽式栽培为例，进行技术要点阐述。

1. 选塑料棚，建栽培槽，铺塑料膜

塑料大棚、栽培槽请参照本节模式（四）塑料大棚春提早栽培模式进行。

2. 栽培基质配制

请参照本节模式（四）塑料大棚春提早栽培模式进行。

3. 品种选择

结合栽培季节茬口，选择前期耐高温、丰产抗病的品种，如选择'津研 7 号''中农 11 号''春秋王''京研迷你 1 号''京研迷你 2 号''京研迷你 3 号'等。可采用嫁接苗。

4. 栽培季节与茬口

华北地区一般是 7 月上中旬至 8 月上旬播种，7 月下旬至 8 月下旬定植，9 月上旬至 10 月下旬供应市场。供应期比露地延后 30 天左右。

其他地区根据实际情况进行调整。

5. 播种育苗

参照本节模式（二）秋冬茬无土栽培模式进行。

6. 定植前准备

参照本节模式（二）秋冬茬无土栽培模式进行。

7. 栽培管理

① 定植。可采用宽窄行，每槽定植 1 行。宽行距 0.8～1.0 米、窄行距 0.5～0.6 米，按株距 20～25 厘米，在膜上开孔定植。每亩定植 3000 株左右，定植后即按每株 700 毫升左右浇足定根水。

② 定植后管理。定植后应加强以下几个方面的管理。

温度和光照管理：深秋气温较低，夜间应注意覆盖保温，保持 15～18℃；白天，当棚内温度超过 30℃时，应通风降温，结果期要保持日夜温差为 10～15℃，利于雌花分化。注意保持空气湿度，一般为 80%～85%，超过 90% 时要通风降湿。

肥水管理：根据黄瓜要求水分高又不耐渍的特性、生长情况、气候情况、所采用基质的特性等进行综合考虑。前期温度较低，根据基质的水分情况进行，一般尽可能满足苗期每天 0.5 升 / 株左右的水量，结果期每天 1.0～1.5 升 / 株水量。追肥在定植后 20 天开始，此后按植株长势及需肥情况每 10 天追肥 1 次。如开花前按每株追膨化鸡粪 20 克、腐熟豆粕 10 克；坐瓜期每株追膨化鸡粪 30 克、腐熟豆粕 20 克。采收前一个月停止追肥，肥料均匀撒在距根部 5 厘米外的基质表面。

植株调整：华北密刺型黄瓜品种，采用单秆坐秧整枝。具体做法是在主蔓上坐瓜，主蔓 4～5 节以下摘除所有花芽和侧枝，在第五节开始留果，每节留 1～2 个果，及时将侧枝、老叶、病叶摘除。华南型黄瓜前期可采用主侧蔓上坐瓜，每节留 1～2 个果，后期可采用主蔓留果。及时摘除老叶，保持功能叶片 25 片左右。

病虫害防治：请参照本章第三节内容进行。

8. 采收

参照本节模式（一）早春茬槽式栽培黄瓜采收的内容进行。

（六）有机黄瓜露地无土栽培技术要点

以槽式无土栽培为主。有机黄瓜露地生产有春季露地生产和夏秋季露地生产两个茬口。

1. 建栽培槽，铺塑料膜

参照设施栽培建栽培槽的方法。通常以当地易得的材料，如砖块、木板等建栽培槽，槽的走向以南北向为宜，内径宽30～50厘米、槽间距20～50厘米，形成宽窄行，每槽定植1行。宽行距0.8～1.0米、窄行距0.5～0.6米、槽高15～20厘米，建好槽以后，在栽培槽的内缘至底部铺一层0.08～0.1毫米厚的聚乙烯塑料薄膜，槽面另用地膜覆盖。

2. 栽培基质配制、消毒与装填

可参照第一章第三节基质配制、消毒。栽培基质总用量比设施栽培要多20%左右。一般为30～40立方米每亩。

3. 品种选择

结合露地栽培特点，易受外界影响。选择适宜的抗病、高产、优质、抗逆性强、适应性广的露地黄瓜品种，参照第二节所列优新品种。

4. 栽培季节与茬口

春季栽培，通常在设施内育苗。一般2～3月播种育苗，3～4月定植，6～7月采收。

夏秋季栽培，采用露地育苗。一般5月～7月上旬播种育苗，长江流域地区，可在7月底8月初播种育苗。

5. 播种育苗

春季育苗，通常在设施内进行。参照前述春提早内容进行种子处理、浸种催芽、穴盘育苗和苗期管理。最好采用嫁接苗。黄瓜苗4～5片真叶时定植（苗龄30～40天）。

夏秋季育苗前期，可采用遮阳网覆盖等遮阳降温措施，以保持环境温度白天在25～28℃，夜间在15～18℃。视苗情及基质含水量浇水，温度白天在 20～28℃、夜间在 10～15℃。苗子具 4～5 片左右真叶时定植。

6. 定植前准备

① 施入基肥。春季栽培，定植前 15 天，在复合基质中按每立方米基质中加 10 千克消毒鸡粪，100 千克左右有机肥料和适量的沼渣、磷矿粉、钾矿粉等并充分拌匀装槽。秋季栽培，定植前 15 天，在复合基质中按每立方米基质中加 10 千克消毒鸡粪，100 千克左右有机肥料和 3 千克左右的磷矿粉、钾矿粉等并充分拌匀装槽。

② 安装滴灌管。请参照本节模式（一）早春茬槽式栽培进行。

7. 栽培管理

① 定植。在地膜上划孔定植，每槽定植 1 行，株距 25 厘米，每亩栽 3000 株左右，定植后立即按每株 800 毫升左右的量浇定植水。

② 定植后管理。定植后应注意以下几个方面的管理。

肥水管理：根据黄瓜要求水分高又不耐渍的特性、生长情况、气候情况、所采用基质的特性等进行综合考虑。春季露地栽培，前期温度较低，根据基质的水分情况进行。一般尽可能满足苗期每天 0.5 升/株左右、结果期每天 1.0～1.5 升/株水量。追肥在定植后 20 天开始，此后按植株长势及需肥情况每 10 天追肥 1 次。如开花前按每株追膨化鸡粪 20 克、腐熟豆粕 10 克；坐瓜期每株追膨化鸡粪 30 克、腐熟豆粕 20 克。采收前一个月停止追肥，肥料均匀撒在距根部 5 厘米外的基质表面。

搭架绑蔓：在黄瓜抽蔓后即搭架绑蔓，以后每隔 3～4 叶绑蔓 1 次。支架的设立方式，依各地习惯而异。绑蔓一般于下午进行。

植株调整：请参照大棚无土栽培模式。

病虫害防治：露地黄瓜有机无土栽培的病虫害防治，以预防为主。请参照本章第三节内容进行。

8. 采收

请参照本节模式（一）早春茬槽式栽培黄瓜采收内容进行。

第三节 病虫害综合防治技术

一、有机黄瓜生产中的主要病虫害

黄瓜的主要病害有猝倒病、立枯病、沤根、枯萎病、细菌性角斑病、霜霉病、疫病、炭疽病、花叶病毒病、灰霉病和菌核病，其中为害严重的有细菌性角斑病、霜霉病、枯萎病和菌核病。

黄瓜的主要虫害有蚜虫、白粉虱、叶螨、红蜘蛛及根结线虫，前面2种为害较为严重。

二、有机黄瓜无土栽培病虫害的防治原则

按照"符合有机食品生产规范，预防为主，综合防治"的方针，坚持以"农业防治、物理防治、生物防治为主，药剂防治为辅"的病虫害治理原则进行。

三、有机黄瓜生产病虫害的农业防治

农业防治主要是选用抗病品种，培育无病虫壮苗；科学管理，创造适宜的生育环境；科学肥水管理；加强设施防护，充分发挥防虫网的作用，减少外来病虫来源。

1. 基质消毒

对于露地和棚室等进行有机黄瓜生产，进行基质消毒可以消灭其中各种病菌和害虫，减轻下茬的危害。

2. 清洁田园

在每茬作物收获后及时清理病枝落叶、病果残根。在作物生长季节中清除老叶病叶，然后集中处理。

3. 科学肥水管理

增加腐熟的有机肥，注意氮、磷、钾肥配合平衡，适时追肥，以

满足作物健壮生长的需要，提高黄瓜抗病虫能力。

4. 使用辅助设施

① 覆盖地膜。在黄瓜植株的行间覆盖地膜可以降低株间空气湿度，可以减少由于雨水喷溅的病原物的病害发生。

② 防虫网使用。利用30～40目防虫网能有效阻隔害虫。

③ 种子处理。用物理、化学方法杀灭种子所带的病菌和害虫，可以减轻病、虫的发生危害。例如用55℃温汤浸种20分钟处理，可以减少黄瓜细菌性角斑病、炭疽病、霜霉病、病毒病等多种病害的发生。

④ 合理密植及采用适宜的栽植方法。合理栽植有利于通风透光，提高植株的抗性。采用南北行、宽窄行栽植利于通风透光。也可采用深沟高畦栽培，以降低湿度和利于根系生长从而提高抗病虫性。

⑤ 环境调控，生态控制。例如通过温室放风排湿，进行棚室生态调节，限制黄瓜叶面水珠形成，有效防止霜霉病和黑斑病的蔓延。科学控制温湿度可以创造有利于黄瓜生长而不利于病虫害发生的生态环境，有效防止病虫害的发生。其次，进行叶面微生态调控，也能有效防治病害。例如在白粉病刚发生时，喷碳酸氢钠500倍液，每3天喷1次，连喷5～6次，调节酸碱度抑制真菌，防治白粉病。

⑥ 黄瓜套袋防病。套袋对黄瓜灰霉病、菌核病防治效果均达90%以上。

四、有机黄瓜生产病虫害的物理防治

1. 黄板诱杀

参照第二章第三节"七、病虫草害防治"进行。

2. 杀虫灯诱杀

参照第二章第三节"七、病虫草害防治"进行。

灯的设置高度以高于植株顶端20～40厘米为佳，以免植株遮光，影响诱虫效果。

3. 设施内特定温光环境利用，物理防治病害

如利用太阳能进行高温闷棚，使棚温升至45℃，持续2小时，可防治黄瓜霜霉病；增强光照，可有效抑制保护地灰霉病、黑星病的发展；在棚室内加扣紫外线阻断膜可减轻菌核病、灰霉病、早疫病的发生。

五、有机黄瓜生产病虫害的生物防治

参照第二章第三节"七、病虫草害防治"进行。

六、黄瓜主要病虫害的症状与有机生产综合防治

1. 黄瓜霜霉病

育苗期至收获期均可发病，为害叶片时，真叶染病最初出现浅黄色小斑点，扩展后受叶脉限制，形成多角型病斑，从下部叶片开始枯萎，湿度大时病叶背面产生灰黑色霉层。发病初期用硫酸铜：生石灰：水为1∶0.5∶（240～300）倍的波尔多液喷雾防治。喷2%抗霉菌素（农抗120）水剂200倍液，5天喷1次，连喷2～3次。

通过选用抗性品种、种子处理、科学的栽培与田间管理，可有效地防止霜霉病的发生。生物农药防治，冬季栽种如铺黑色地膜，可提高土壤温度、降低发病率。防治过程中如病斑呈黄色干枯状、病斑背面霉层干枯或消失，则说明病情已得到有效控制（图4-4）。

2. 黄瓜灰霉病

主要危害花、瓜条、叶片、茎蔓。一般从凋谢的雌花侵入，引起花腐烂，出现灰褐色霉层。病菌扩散后，小瓜条变软、腐烂、萎缩，病斑先发黄，后长出霉层，并逐渐变为浅灰色，病瓜停止生长，最后腐烂脱落。叶片上多形成直径20～50毫米的褐色病斑，边缘明显，病斑有少量褐色霉层。茎蔓发病后瓜蔓易折断、烂秧、枯萎。

防治措施：①选择抗病品种。利用品种自身对灰霉病的抗性，可有效减少施药次数，降低生产成本，从而提高作物产量和经济效益。②科学肥水管理，做好配方施肥，提高植株抗病能力。合理浇水。浇水应选择晴天上午进行，避开阴雨天浇水，同时应控制浇水量。

③加强通风透光，保持棚膜表面清洁，增强透光性；合理密植，减少荫蔽，改善透光条件；适时通风，降低棚内湿度，上午要保持较高的温度，使棚顶露水雾化。下午延长放风时间，夜间（特别在后半夜）应适当增温，避免植株结露。④及时清除残枝、落叶。对病叶、病果等要及时摘除集中处理，防止病菌再次侵染（图4-5）。

图4-4　瓜类霜霉病　　　　图4-5　瓜类灰霉病

3. 黄瓜白粉病

真菌性病害，病叶表面像撒了层白粉，以后变成灰色，并产生黑色小粒（病菌闭囊壳）。大棚栽培从苗期就可发病，露地栽培的在梅雨过后发生多，特别是秋季延后栽培的，此病成为叶枯的主要原因。在温暖地带，仅分生孢子就可完成侵染循环。在晚秋时形成闭囊壳越冬，作为翌春的传染源。该病害可采用高温闷棚、选择抗病品种等进行防治（图4-6）。

4. 黄瓜细菌性角斑病

病菌侵染黄瓜，叶片感染后，先是产生水浸状小斑点，渐渐扩大成淡黄色、受叶脉限制的有棱角的病斑。受害茎、叶柄出现绿色水渍状软腐。果实上形成暗褐色的凹陷斑点，分泌出乳白色汁液，汁液凝固后呈胶状附在上面，高湿时果实软腐。

种子带菌率很高，播前应对种子消毒。受害茎叶应谨慎处理。夏季灌水后密闭大棚，有利于防病。

黄瓜细菌性角斑病，可在发病初期用硫酸铜：生石灰：水为1：1：200 倍的波尔多液喷雾 1～2 次进行防治（图 4-7）。

图4-6 瓜类白粉病　　**图4-7** 瓜类细菌性角斑病

5. 黄瓜枯萎病

病株先从下部叶开始凋萎，随后向上发展，最后全株枯萎。病株从近根部的茎上溢出红褐色树脂状物，有些地方长出白霉，并分泌出淡红色黏质物。茎的变色部位萎蔫并缢缩，有纵裂，切开病茎可见导管变为褐色。附着在种子上的病菌可作为传染源，种子消毒或用南瓜作砧木嫁接栽培可防病。枯萎病病原具有很多形态特征相同但对不同瓜类致病性不同的生理型，如黄瓜枯萎病菌可侵染甜瓜，但不侵染西瓜、丝瓜等。主要通过嫁接进行防治。

6. 菌核病

大棚黄瓜的主要病害，茎秆、果实均可受害。果实染病后初为水浸状腐烂，表面长出白霉，以后长出黑色鼠粪状菌核。该病的发生与灰霉病类似，从老的花瓣、水分易积存的部位发生，花瓣落下附着的部分最易发病，与灰霉病的区别在于有白色棉絮状霉和菌核。用不能透过紫外光的黑色薄膜或老化地膜覆盖栽培，可阻止病菌孢子萌发。主要采用种子消毒处理和基质消毒处理进行防治。

7. 黄瓜白绢病

主要危害近地面的茎和果实。茎部染病初为暗褐色，上面长出白色绢丝状菌丝体，多呈辐射状，边缘明显，后期生出许多茶褐色、萝卜籽样的小菌核。湿度大时，菌丝蔓延到根部四周或靠近地表的果实，并产生菌核，植株基部腐烂后，地上部茎叶随之萎蔫或枯死。病菌以菌核在土中越冬，来年萌发产生菌丝，从植株伤口或死腐组织侵入。高温潮湿的环境下发病重。主要通过消毒处理和加强设施环境管理如加强通风等进行防治。

8. 黄瓜黑星病

真菌性病害，黄瓜生长点附近受到病菌侵染时，未展开的叶片上出现暗绿色的水浸状斑点，以后扩大呈褐色，破裂成小孔，病情严重时瓜蔓停止伸长；果实上的病斑为褐色，稍下陷，其上着生黑褐色霉层，幼果向有病斑的方向弯曲。冷凉高湿时发病重。主要通过加强设施环境管理进行防治。

9. 黄瓜病毒病

主要由黄瓜花叶病毒、甜瓜花叶病毒和烟草花叶病毒三种病毒引起，在黄瓜生长过程中，常常混合发生。一般先从上部嫩叶显症，有的出现花叶，有的出现浓绿色隆起皱纹、凹凸不平，有的产生蕨叶、裂片，发病早，植株矮小或出现萎蔫。病株瓜条表面出现褪绿斑驳，或畸形呈瘤状物突起。由蚜虫传毒，蚜虫大发生时该病发生严重。而大部分病毒可在一些杂草或十字花科蔬菜上寄生，秋季棚室外的杂草和一些蔬菜又是传毒蚜虫的寄生场所，从而成为棚室内病毒的侵染来源。目前还没有特效防治植物病毒病的药剂，需通过选用抗病或耐病品种、治蚜防病等综合防治措施预防。

10. 黄瓜蔓枯病

主要发生在茎、蔓、叶、果实等部位，病斑呈椭圆形或梭形，稍凹陷，后软化变色，茎蔓枯萎，易折断，病部溢出琥珀色胶质物，干燥后为红褐色，干缩纵裂。发病初期用硫酸铜∶生石灰∶水为1∶0.5∶（240～300）倍的波尔多液喷雾1～2次进行防治（图4-8）。

图4-8 黄瓜蔓枯病

11. 白粉虱

前茬在设施内生产时，如温室冬春茬栽植油菜、芹菜、韭菜等耐低温而白粉虱不喜食的蔬菜，可减少虫源。用200～500倍肥皂水防白粉虱。另外，利用成虫的趋黄性，可在温室内设黄板诱杀成虫。

12. 蚜虫

利用成虫的趋黄性，可在设施内设置黄板诱杀成虫。可使用浓度为0.36%或0.5%的苦参碱植物杀虫剂防治蚜虫。用200～500倍肥皂水防治蚜虫。也可用鱼藤酮防治蚜虫。

第五章

辣椒有机无土栽培技术

辣椒是我国重要的蔬菜品种之一，目前辣椒在我国栽培面积、总产量、消费量均居世界第一位。辣椒富含维生素 C 等多种营养物质，有辛辣味，具有促进食欲、帮助消化的作用，是我国人民喜食的蔬菜作物之一，因其栽培简单、抗性强、产量高，在我国的栽培面积逐年扩大。

对有机辣椒的需求随着人们生活水平的改善和营养卫生健康意识的提高而日益增加。辣椒有机无土栽培采用基质替代土壤，其栽培体系和技术保障体系完备，能确保符合有机生产的认证要求，具有良好的发展前景。

辣椒有机无土栽培以设施基质栽培为主，如温室、日光温室、塑料棚等，主要茬口有冬春茬长季节栽培、春提早半促成栽培、秋冬茬等。露地有机无土栽培需结合各地的生态气候特点和习惯品种类型进行基质栽培。

第一节　品种选择

辣椒类型品种多样，一般分为甜椒和辣椒。根据用途可分为鲜食和加工，根据果形分为灯笼形、牛角形、羊角形、线椒形等，按果实辣味可分为甜椒类型、半（微）辣类型和辛辣类型三大类，根据成熟期的差异可分为早熟、中熟、晚熟品种（图5-1）。

图5-1 辣椒果实

由于我国幅员辽阔，生态类型多，一年四季都可以生产辣椒，全国各地已形成了相对稳定的生产基地和主要品种类型。东北三省，由于适宜辣椒生产的季节较短，以早熟辣味型甜椒、辣椒和干椒为主；西北的新疆、甘肃、青海和宁夏，种植甜椒和牛角椒，其品种特性是果表有皱，味较辣；华北地区，如河北省种植辣椒以中熟泡椒和晚熟牛角椒为主，主要栽培品种有中椒系列、湘研系列等。山东以长线椒和牛角椒为主，主要品种类型有湘研系列、苏椒系列等；安徽以大棚早熟泡椒和秋延大棚辣椒为主；河南以秋延牛角椒和中熟泡椒、朝天椒为主，主要栽培品种有湘研系列、中椒系列、皖椒系列等；陕西以长线椒、早熟泡椒、中熟泡椒为主；湖北以早熟泡椒和高山反季节泡椒为主；湖南、四川和江西是我国辣椒种植面积最大的地区，主要有线椒、牛角椒和泡椒3种类型，栽培的主要品种有湘研系列等；广东、广西、福建种植的品种类型较丰富，主要品种有湘研系列等；海南以冬季种植为主，泡椒种植面积最大，牛角椒面积下降，线椒面积有上升趋势，主要品种有湘研系列等。

一、品种选择的原则

1. 注意无土栽培的季节茬口与栽培模式

目前设施栽培的辣椒主要茬口类型有冬春茬长季节栽培、春提早半促成栽培、秋冬茬三种形式。在播种育苗、栽培管理上，要注意品种选择要适于相应的栽培季节与栽培模式。

① 冬春茬长季节有机无土栽培。北方节能型日光温室和现代加温温室主要茬口，一般采用复合基质。于8月中旬育苗，9月下旬至10月上旬定植，12月至翌年6月采收，多应用于甜椒的长季节栽培。

② 春提早半促成有机无土栽培。应用于日光温室、塑料棚等。日光温室一般10～11月播种育苗，翌年2月定植，3～4月始收，6～7月拉秧。

③ 秋冬茬有机无土栽培。以秋延后栽培为主，秋延后栽培主要茬口一般7月下旬至8月播种，9月定植，10～12月采收。

④ 露地有机无土栽培。采用冬播、春播。一般采用塑料棚等设施育苗。南方各省，冬播在12月，春播在2月。长江流域可在11～12月播种育苗。

2. 充分考虑品种本身的特点

栽培的辣椒按果形主要是长角椒类和灯笼椒类的品种。

① 甜椒类型。属于灯笼椒类，植株粗壮高大，叶片肥厚，卵圆形，果实大，呈现扁圆、椭圆、柿子形或灯笼形，顶端凹陷，果皮浓绿，老熟后果皮呈红色、黄色或其他多种颜色，肉厚，味甜。

② 半（微）辣类型。多属于长角椒类或灯笼椒类，植株中等，稍开张，果多下垂，为长圆锥形至长角形，先端凹陷或尖，肉厚，味辣或微辣。

③ 辛辣类型。植株较矮，枝条多，叶狭长，果实朝天簇生或斜生，细长呈羊角形或圆锥形，先端尖，果皮薄，种子多，嫩果绿色，老果红色或黄色，辣味浓。

生产上选用辣椒品种时要注意栽培设施及栽培季节的影响。如冬春茬有机辣椒设施无土栽培要求早熟、耐低温、抗病、丰产的品种；

秋延后有机无土栽培宜选择耐热、抗病毒病、丰产性的辣椒品种。

3. 辣椒品种选择应注意的问题

栽培上选用辣椒品种时，主要应考虑品种特性、市场的消费习惯及栽培目的。

有机辣椒无土栽培的品种，除常见的常规品种、杂交品种外，可以选择使用自然突变材料选育形成的品种。禁止使用转基因辣椒品种。

二、部分辣椒优新品种简介

部分辣椒优新品种简介如下。

（1）**中椒 4 号**　中晚熟，单果重 100 ～ 120 克，果肉厚 0.5 ～ 0.6 厘米，果面光滑，果色深绿。主要适于北方露地越夏恋秋栽培，也可作为南菜北运冬季栽培。

（2）**中椒 5 号**　中早熟，连续结果性强，单果重 80 ～ 100 克，味甜，抗病毒病。亩产 4000 ～ 5000 千克。适于我国大部分地区露地早熟栽培，可在保护地栽培。

（3）**中椒 6 号**　中早熟，微辣型。生长势强，结果多而大，果实粗牛角形，果长 12 厘米，粗 4 厘米，单果重 45 ～ 62 克，风味好，抗病毒病和疫病。亩产 3500 ～ 4500 千克。适于我国南北方大部分地区露地栽培。

（4）**中椒 7 号**　早熟，果实灯笼形，果肉厚 0.4 厘米，果色绿，单果重 100 ～ 120 克，味甜质脆，耐贮运，耐病毒病和疫病。亩产 4000 千克左右。适于露地和保护地早熟栽培。

（5）**中椒 8 号**　中晚熟，果大形好，单果重 100 ～ 150 克，果肉厚 0.5 厘米，味甜质脆，耐贮运，抗病性强。亩产 4000 ～ 5000 千克。适于露地越夏恋秋栽培，可作北运菜冬季栽培。

（6）**中椒 13 号**　中熟，羊角形。单果重 32 克。味辣，耐热、耐旱、抗病，商品性好。亩产 3000 ～ 5000 千克。适于全国各地露地栽培。

（7）**中椒 16 号**　中熟，味辣，羊角形，青熟果浅绿色，老熟果红色，单果重 32 克左右。连续结果力强，商品性好，商品率高。亩产 4000 ～ 5000 千克，适于保护地和露地栽培。

（8）**中椒22号**　中熟，味辣，果实羊角形，有光泽，平均单果重36克左右。果实膨大速度较快，商品性好，耐贮运。

（9）**中椒26号**　中早熟，结果率高。果实长圆锥形，单果重70～90克。味甜质脆，可采收红椒。耐贮运，抗病毒病。亩产可达4000～4500千克。适宜保护地和露地栽培。

（10）**中椒104号**　生长势强，连续坐果性好，中晚熟。果实方灯笼形，色绿，平均单果重露地130～200克，保护地200～250克。味甜。抗病毒病，耐疫病。亩产可达4000～6000千克。适于全国各地露地栽培，适于北方保护地长季节栽培。

（11）**中椒105号**　中早熟，灯笼形，单果重100～120克。抗逆性强，兼具较强的耐热和耐寒性，抗烟草花叶病毒，中抗黄瓜花叶病毒。适于露地早熟栽培，可在保护地栽培。

（12）**中椒106号**　中早熟。果实粗牛角形，单果重50～60克，大果可达100克以上，果色绿，生理成熟后呈亮红色。味微辣，品质优良，耐贮运。田间抗逆性强，耐热，抗病毒病，中抗疫病。

（13）**中椒107号**　早熟，定植后30天左右开始采收。果实灯笼形，平均单果重150～200克。果色绿，果肉脆甜。抗烟草花叶病毒，中抗黄瓜花叶病毒。亩产可达4000～5000千克。适于保护地早熟栽培，可露地栽培。

（14）**甜杂1号**　早熟，果长圆锥形，单果重70克左右，最大果100克，味甜，高产，耐病毒病，耐低温，耐运输，适宜保护地及露地早熟栽培。

（15）**甜杂新1号**　早熟，果长圆锥形，味甜，面光滑，长15.3厘米，肉厚0.5厘米，单果重96～130克，耐病毒病，亩产2500～5000千克。适宜保护地及露地早熟栽培。

（16）**甜杂3号**　中早熟，叶片深绿，果灯笼形，青熟果深绿色，单果100克以上，最大果250克，抗烟草花叶病毒，耐黄瓜花叶病毒，品质好，亩产2500～4700千克，适宜保护地及露地早熟栽培。

（17）**甜杂7号**　中熟，果灯笼形，单果重100～150克，耐病毒病能力强，味甜脆，亩产2200～4700千克，适于保护地和露地栽培。

（18）**都椒一号**　中早熟，果实长羊角形，单果重34克，最大果重 50 克，抗烟草花叶病毒，耐黄瓜花叶病毒，耐疫病，辣味中等，亩产 2200 ～ 5000 千克，适宜性广，适于保护地及露地早熟栽培。

（19）京辣 1 号　中熟微辣，嫩果深绿色，成熟果深红色，耐贮运，单果重 90 ～ 130 克，商品性好，抗病毒病和青枯病。连续坐果能力极强，上下层果实整齐一致。适宜南菜北运基地和北方保护地及露地种植。

（20）京辣 2 号　中早熟，辣味强，鲜果重 20 ～ 25 克，干椒单果重 2.0 ～ 2.5 克，高油脂，辣椒红素含量高，高抗病毒病，抗疫病，是绿椒、红椒和加工干椒多用品种。

（21）京辣 4 号　中早熟，味辣，嫩果翠绿色，耐贮运，商品性好，单果重 90 ～ 150 克，低温耐受性强，抗病毒病和青枯病。

（22）京辣 5 号　中熟，味辣，嫩果深绿色，成熟果鲜红色，耐贮运，单果重 70 克，商品性好，坐果集中，耐热、耐湿，抗病毒病和青枯病。

（23）京辣 6 号　中晚熟，味辣，嫩果绿色，成熟果红色，坐果集中，单果重约 70 克，商品性好，耐贮运，耐热，耐湿，抗病毒病和青枯病。

（24）京甜 1 号　甜椒一代杂种。中早熟，嫩果翠绿色，成熟时红果鲜艳，糖和椒红素含量高，单果重 90 ～ 150 克，持续坐果能力强，抗病毒病和青枯病。

（25）京甜 2 号　甜椒一代杂种。中熟，果实长方灯笼形，嫩果绿色，单果重 160 ～ 250 克，整个生长季果形保持较好，抗病毒病和青枯病。

（26）京甜 3 号　甜椒一代杂种。中早熟，果实正方灯笼形，果实绿色，商品率高，耐贮运，单果重 160 ～ 260 克，低温耐受性强，持续坐果能力强，高抗病毒病，抗青枯病。

（27）京甜 4 号　甜椒一代杂种。中早熟，果实绿色，单果重 160 ～ 250 克，耐贮运，整个生长季果形保持较好，抗病毒病和青枯病。

（28）京甜 5 号　甜椒一代杂种。中早熟，果色为翠绿色，耐贮运，单果重 170 ～ 250 克，低温弱光耐受性强，持续坐果能力强，抗病毒病和青枯病。

（29）**黄星1号** 彩椒一代杂种。早熟，成熟时由绿转黄，含糖量高，单果重160～220克，持续坐果能力强，抗病毒病和青枯病。

（30）**黄星2号** 彩椒一代杂种。中熟，成熟时由绿转黄，含糖量高，耐贮运，单果重160～270克，抗病毒病和青枯病。

（31）**红星2号** 彩椒一代杂种。中熟，果实成熟时由绿转红，含糖量高，耐贮运，单果重160～270克，果形保持好，抗病毒病和青枯病。

（32）**巧克力甜椒** 彩椒一代杂种。中熟，成熟时由绿色转成诱人的巧克力色，单果重150～250克，持续坐果能力强，抗病毒病和青枯病。

（33）**橙星2号** 彩椒一代杂种。中熟，成熟时由绿转橙色，含糖量高，耐贮运，单果重160～260克，持续坐果能力强，抗病毒病和青枯病。

（34）**紫星2号** 彩椒一代杂种。中熟，商品果为紫色，单果重150～240克，持续坐果能力强，抗病毒病和青枯病。

（35）**渝椒五号** 早中熟、长牛角形辣椒新品种。株形紧凑，生长势强。单果重40～60克。嫩果浅绿色，老熟果深红色，转色快、均匀。味微辣带甜，脆嫩，口味好。抗逆力强，中抗疫病和炭疽病，耐低温，耐热力强。坐果率高，结果期长，一般亩产量3000～4000千克。可作春季栽培、秋延后栽培和高山种植，适于南菜北调蔬菜基地种植。

（36）**新皖椒1号** 中早熟，植株生长健壮，抗病毒病和疫病，平均单果重为80～120克，青果为深绿色，辣味适中。老熟果为鲜红色。亩产量3500～4000千克。适宜春秋两季栽培，宜秋延后南菜北运基地栽培。

（37）**皖椒1号** 中早熟，株形紧凑，分枝力强，嫩果绿色，老熟果大红色，单果重80～100克，辣味中等，品质好，商品性佳。抗病毒病和炭疽病，耐热耐湿。一般亩产量3500千克以上，适宜春季小拱棚及露地、秋延大棚和耐菜北运基地种植。

（38）**皖椒4号** 早熟，分枝力强。果实耙齿形，青果深绿色，老熟果大红色，单果重45～50克，辣味中等，品质、口感及商品性均很好。抗病毒病和炭疽病，不易发生日灼，耐湿，耐低温，耐弱光。一般亩产量 3500～4000 千克。

（39）**皖椒 8 号**　长羊角形，青果黄绿色有光泽，老熟果为鲜红色。辣味较深，商品性极好。一般单果重 60 克左右，最大果达 80 克。亩产 5000 千克左右。抗病性、耐热性、耐湿性和耐寒性均很强。适合春夏季栽培。

（40）**皖椒 9 号**　熟性中早，羊角形，生长势极强，抗病性极强。青果为黄绿色，老熟果鲜红色，果肉较厚，辣味浓，适于干鲜两用。单果重 70～80 克，亩产 5000～5500 千克。耐贮运，适宜南菜北运基地和全国各地春、夏、秋种植。

（41）**湘研 14 号**　中晚熟，果实牛角形，果面光滑，皮较厚，直且空腔小，耐贮藏运输。商品成熟果浅绿色，成熟果为鲜红色，平均单果重 38 克，味辣。亩产 3500 千克。适于长江中上游地区越夏露地栽培和华南地区冬季露地栽培。

（42）**湘研 16 号**　晚熟，果实粗大牛角形，果面平滑光亮，青熟果绿色，老熟果鲜红色，单果重 45 克，果皮较薄，肉质细软，辣味轻，风味浓，品质佳，商品性好；耐热、耐湿，较抗病毒病、炭疽病和疮痂病。适于露地秋延后栽培。

（43）**湘研 17 号**　中晚熟，果实灯笼形，果肩微凹，果顶凹，果面光亮，棱沟浅，青果绿色或浅绿色，成熟果鲜红色，平均单果重 100 克，挂果性强，坐果率高。耐热性、耐旱性及抗涝能力强，抗病。

（44）**湘研 19 号**　早熟，果实粗牛角形，空腔小，适于贮运，品质佳。耐寒，抗病毒病，炭疽病，疫病能力强。亩产 2500 千克。

（45）**湘研 20 号**　晚熟，生长势强，果实粗牛角形，果面光亮，青果绿色，成熟果鲜红色，平均单果重 56 克左右。果皮较薄，肉质软，口感好，味辣，以鲜食为主，耐贮藏运输。亩产 3000～5000 千克，抗病，抗逆性强，耐湿、耐热，能越夏栽培。适于北方大棚作晚熟延后栽培。

（46）**陇椒 1 号**　甘肃省农科院蔬菜所选育。早熟，生长势强，果实羊角形，果面有皱折，单果重 35～40 克，果色绿，味辣，果实商品性好，坐果能力强，单株结果数多。耐贮运，品质好，一般亩产4000 千克左右，抗病毒病，耐寒性强。适宜全国露地栽培。

（47）**陇椒 3 号**　早熟，生长势中等，果实羊角形，绿色，单果重 35 克，果面皱，果实商品性好，品质好。一般亩产 3500 ～ 4000 千克。抗病性强，适宜西北地区保护地和露地栽培。

（48）**陇椒 6 号**　早熟，果实羊角形，单果重 35 ～ 40 克，果色绿、味辣，果实商品性好，品质优良，抗病毒病，耐疫病。一般亩产 4000 千克左右，适宜塑料大棚及日光温室栽培。

（49）**辣优 4 号**　广州市蔬菜科学研究所选育。早熟，果实为牛角形，青熟，单果重 35 ～ 50 克，果色绿、果面光滑、味辣。品质及商品性状优良。抗疫病、青枯病、病毒病，耐热、耐低温、耐高湿，适应性强，在华南地区可春、秋、冬植。

（50）**淮椒 2 号**　淮南农科所选育。极早熟，大果型，单果重 35 ～ 60 克。色深味辣，商品性好。抗性强，耐低温、耐弱光、耐高湿，高抗疫病。一般亩产 3000 ～ 4000 千克。适宜日光温室、塑料大棚越冬和极早熟栽培，中小棚春早熟栽培。

（51）**苏椒 11 号**　江苏省农科院蔬菜所选育。早熟，分枝能力强，挂果多，膨果速度快，果表浅绿色。耐低温弱光。果实长灯笼形，果面微皱，光泽好。单果平均质量 47.5 克，味微辣，品质佳。抗病毒病、高抗炭疽病，亩产量 2600 千克左右。适于全国各地早春保护地栽培，西南地区做早春露地地膜覆盖栽培或小拱棚栽培。

（52）**苏椒 12 号**　中早熟，生长势强，果实羊角形，果条顺直，淡绿色，果面光滑，平均单果重 30 克。味辣，品质佳。抗病，耐贮运，连续结果能力强，亩产量可达 3000 千克，露地和保护地栽培兼用。

（53）**苏椒 13 号**　早熟，植株生长势强，叶色深绿色。果实高灯笼形，深绿色，平均单果重 145 克左右。青椒味甜，食用口味佳。抗病抗逆性较强。亩产 2650 千克左右。抗病毒病、高抗炭疽病。适合长江中下游地区，黄淮海地区，东北、华北及西北等生态区域做早春保护地或秋季延后保护地栽培。

（54）**早丰 1 号**　早熟，线椒类型，为干鲜两用椒，单椒质量 15 ～ 20 克，青椒浅绿色，老熟鲜红色，辣味强，干椒皱纹多，高抗病毒病、叶枯病，抗炭疽病，红熟椒适宜晒干、加工。

（55）**早丰 3 号**　中早熟，线椒类型，为干鲜两用椒。青椒绿色，老熟椒深红色，光洁度好，辣味强，单株结果 40～70 个，单果质量 15～25 克。果肉较厚，抗病毒病、炭疽病，一般亩产鲜红椒 2500～3000 千克。

（56）**豫椒 14 号** 河南农科院园艺所选育。早熟，甜椒品种。果实绿色、灯笼形，单果重 100 克以上。耐低温，抗病毒病和青枯病，适宜塑料大棚保护地及早春露地栽培。

（57）**辽椒 12 号** 辽宁省农业科学院园艺研究所选育。早熟，植株生长势强，单果重 80 克。果面光滑明亮，果厚实脆嫩，商品成熟为果绿色，生物学成熟为果红色，味辣，优质，具有较高的抗病毒病和耐疫病能力，适应性强，适于全国各地冬季保护地栽培或春季露地栽培。

（58）**冀研 5 号** 早熟，大果型。植株生长势强，果实灯笼形，浅绿色，单果重 200～300 克，果面光滑而有光泽，抗病毒病和疫病，产量高，综合性状优，主要用于塑料大拱棚和日光温室春提前及秋延后栽培，可用于露地地膜覆盖栽培。一般亩产 4000 千克左右。

（59）**冀研新 6 号** 早熟，大果型。植株生长势强，果实方灯笼形，绿色，单果重 200～300 克，果面光滑而有光泽，抗病毒病和疫病，产量高，综合性状优，主要用于塑料大拱棚和日光温室春提前及秋延后栽培，也可用于露地地膜覆盖栽培。一般亩产 4000 千克左右。

（60）**冀研 19 号** 早熟，植株生长势强，果实长牛角形，浅绿色，单果重 80～100 克，果面光滑而有光泽，微辣，抗病毒病和疫病，产量高，综合性状优，主要用于塑料大拱棚和日光温室春提前及秋延后栽培，也可用于露地地膜覆盖栽培。一般亩产量 3500 千克左右。

（61）**九香** 生育强健，抗病性好，易栽培，株形半开展，叶浓绿稍大，茎中粗，结果多，幼果浓绿，单果重约 20 克，肉厚硬耐贮运，果面光滑，果形端直，熟后鲜红，耐病，产量特高，辣味强。

（62）**美香** 分枝性强，叶较小，早生，耐疫病、青枯病，结果力强，果形端直，果面平滑，青椒浓绿色，成熟后鲜红色，重约 7.5 克，果心小，肉薄，辣味强。

（63）**千惠** 生育强健，株形高，半开展，耐湿，结果丰多，青果浓绿色，果形中细长，由果肩渐向下尖，果面光滑，果重约 20 克，辣味强，耐贮。

（64）**万里香**　生育强健，株形中大开展，叶色浓绿，抗黄瓜花叶病毒病，耐青枯病及疫病，结果多，果面光滑，幼果色浓绿，果形较细长，果重约 17 克，耐贮运。

（65）**丽香**　株形开展，耐黄瓜花叶病毒病，青枯病，分枝强，结果多，果色有光泽艳丽，端直修长少弯曲，肉厚耐贮，果重约 17 克，辣味强。

（66）**惠香**　早熟，生育强健，抗病性强，果重约 13 克，鲜果绿色，成熟果红色，果肉厚，味辛辣，产量丰高。

（67）**早香**　极早熟，植株开展，结果力强，对病毒病、炭疽病、疫病抗性强，果形端直，果面光滑，果重约 22 克，辣味中等，青红果两用辣椒型。

（68）**香香**　株形半开展，抗病性强，果细长形，单果重约 17 克，未熟果绿色，成熟果鲜红色，色泽亮丽，果面光滑，产量高。

（69）**爱佳**　早熟，株形半开，生育强健，幼果鲜绿色，熟果鲜红色，果重约 25 克。中辣，丰产，品质细嫩。

（70）**朱嫣**　株形中开展，果重约 4.5 克，果面光滑，辣味强，适合加工、插花等。果梗较硬，采收时要注意。

（71）**群星**　早熟，生长强健。结果力强，一株可结 30 多果，果重 45～50 克。果面光滑，未熟果为青绿色，熟果为红色，稍微有辣味。

（72）**川香**　中早熟，生育特强，耐病。果形端直优美，结果力强，每株可结 120 果以上。幼果浓绿色，果重约 17 克，肉厚，辣味强。

（73）**群惠**　株形半立，早熟，幼果黄绿色，果重约 55 克，果面光滑，辣味中等。

（74）**女王星**　早熟，生育强健，株形较粗壮直立，结果多，产量丰高，果实长、大，整齐端正，果重约 220 克，色泽浓绿，果肉厚薄适中，胎座小，可食率高，皮薄，品质脆嫩。

（75）**长星**　早熟，生育强健，植株稍矮，节间短，较抗风，果形长筒形，整齐美丽，果色翠绿有光泽，果重约 170 克，品质细嫩。

（76）**华星**　早熟，植株生长势强，耐病性强。长方形果，果重 180～200 克。青果绿色，熟后鲜红色，肉厚甜，可做色拉。定植后 50～55 天开始采收青果。

（77）**西星牛角椒1号** 中早熟，生长势强。果实呈粗牛角形，单果重150克左右，果面光滑无皱，商品性好，果肉厚，微辣，果色绿，成熟果红色，抗病、丰产性好，耐贮运。耐低温、弱光，适宜露地、保护地栽培。

（78）**西星牛角椒2号** 中早熟，坐果率高，单果重75克左右，味较辣，果色绿。抗病、抗逆性好，适宜露地及保护地栽培。

（79）**西星椒5号** 中早熟，生长势强。果实灯笼形，单果重160克以上，果肉脆嫩，微辣，果色绿，成熟果红色，果形美观，亩产可达5000千克左右。抗烟草花叶病毒病、青枯病，耐贮运。

（80）**辣秀一号** 早熟，长势旺盛，坐果率高，抗病强，产量高，青红干鲜两用。亩产达5000千克以上。果皮薄，果色青绿，红果鲜艳，辣味浓，商品性好。

（81）**辣秀二号** 早熟品种，生长旺盛，抗病力强，高产型品种。株形较大，青果绿色，微皱，果皮薄，含水量低。辣味浓，为多用途辣椒品种。

（82）**辣秀三号** 早熟，长势旺盛，结果多，连续结果能力强，产量高。抗病性强，耐热耐湿，抗逆性强。果色浅绿，果光滑顺直，红果鲜红，辣味浓。露地越夏，干鲜两用。

（83）**辣秀四号** 早熟细长条椒优质品种。早熟，抗病强，结果多，产量高。果皮浅绿，辣味香浓，口感好，品质佳。连续结果能力强。

（84）**辣秀五号** 多用途品种。极早熟，生长强健，抗逆性强，耐低温，抗高温，高温多雨仍能正常开花结果。坐果率高，连续结果能力强。果面微皱，皮薄，辣味浓，品质佳。产量高，效益好。

（85）**辣秀六号** 早熟，长势旺盛，结果多，连续结果能力强，产量高。抗病性强，耐热耐湿，抗逆性强。果色浅绿，红果鲜红，露地越夏，干鲜两用。辣味浓。

（86）**辣秀七号** 抗早熟，长势旺盛，坐果率高，产量高，亩产达5000千克以上。抗病性强，果皮薄，果色深绿，红果鲜艳，辣味浓，商品性好。果长20～25厘米，果粗1.2～1.4厘米，果实均匀一致。青红干鲜两用。

（87）**辣秀八号** 早中熟，生长强健，抗病力强。耐低温，抗高温，适应性广。果色深绿，辣味浓，青红两用，果长 19 ～ 23 厘米，果粗 1.5 厘米左右。连续结果能力强，产量高。

（88）辣秀九号　极早熟条椒品种。长势旺，抗病强，辣味适中，皮薄质脆，食中无渣，品质优秀。青果浅绿色，红果鲜红色，果长 24 ～ 28 厘米，果粗 1.5 ～ 1.7 厘米。结果能力强，连续坐果好。

（89）辣秀十号　中熟品种，耐热耐湿，抗病力特强。青果绿色，红果鲜红，含水量低，宜作加工红椒。果长 20 ～ 26 厘米，果粗 1.5 厘米左右。宜全国各地露地越夏栽培。

（90）锦绣长香　早中熟、长势旺盛，特别耐湿，特耐高温，采收期长达 6 个月，高产品种，前后期果形一致，青果绿色，微皱，皮薄，香辣味浓，品质佳，果长 23 ～ 30 厘米，果粗 1.2 ～ 1.5 厘米，前期采青椒，后期采红椒或作干椒均可。

（91）早秀王　极早熟，生长强健，抗病性强。抗逆性强，耐低温，抗高温，高温多雨仍能正常开花结果。坐果率高，连续结果能力强，单株结果 80 ～ 150 个。果长 19 ～ 21 厘米，果粗 1.5 ～ 1.7 厘米，果面微皱，皮薄，辣味浓，品质佳。产量高，效益好，干鲜两用，丰产稳产。

（92）福斯特 101　早熟，抗病，品质优秀，商品性好的甜椒品种。果色浅绿，果形方正。果长 8 ～ 11 厘米，果粗 8 ～ 9 厘米，单果重 150 克左右。耐热。

（93）福斯特 102　早熟，生长势强，果大，肉厚，耐运。抗病性强，适应性广，坐果率高，连续坐果能力强，膨果速度快。果形方正，灯笼形，果色绿，果面较光滑。单果重 250 ～ 300 克，肉厚，耐运。

（94）福斯特 202　早熟，长势旺，结果多，连续结果能力强。果色绿，红果鲜艳，颜色亮丽，红果硬而不软。单果重 120 ～ 150 克，味甜。高抗病害，果圆锥形，果面光滑，果肉厚，耐贮运。适宜云南、四川等喜种泡椒型甜椒地区种植。

（95）福椒 10 号　中早熟，生长势强，坐果率高，连续坐果力强。高抗病，耐热耐湿，抗逆性强，适应性广。果长方灯笼形，果色青绿，果面光滑，果肉厚，耐运，商品性好。单果重 120 克，最大可达 200 克。适宜南方秋冬椒及北方露地、保护地种植。

（96）美春　极早熟，大果品种。耐低温弱光能力强。膨果速度快，产量高，效益好。果光滑亮丽，商品性优。果形方正，单果重250～350克。宜保护地种植。

（97）福斯特808　极早熟，皮薄质脆优质辣椒品种。生长强健，坐果率高，耐低温，抗高温。单果重85～125克。果色浅绿，皮薄质脆，微辣，品质优。

（98）福斯特899　早熟，优质，大果型品种。长势旺，抗病强，结果多，产量高。单果重150～220克。果色翠绿，微辣，商品性优。在不良气候条件下易坐果，且连续坐果性较好。

（99）福斯特801　早熟，大果型，果色翠绿，单果重150～180克，大果250克以上。长势旺，抗病性强，连续坐果能力强，无断层。耐低温弱光，果色翠绿，膨果速度快，枝条硬。

（100）福斯特803　极早熟，耐低温弱光，坐果率高，膨果速度快。果色翠绿，皮薄略皱，品质佳，商品性好，红果颜色好。单果重70～90克。适宜保护地栽培的品种。

（101）双翠新玉　早熟，生长势好，抗病强。薄皮牛角椒。果色翠绿，果形优美。单果重75～150克。抗逆性强，适应性广，产量高。连续结果能力强。

（102）福斯特401　早熟，超大果，长势旺，抗病性强，连续坐果能力强，无断层。坐果率高，易栽培。果色翠绿，膨果速度快，大果型，单果重150～180克，大果250克以上。耐低温弱光，适于设施栽培。

（103）福斯特402　早熟，生长强健，果粗长牛角形，单果重120～150克，大果180克以上。坐果率高，抗病性强，枝条硬，果色绿，味微辣，较光滑亮丽，商品性好。连续坐果力强，产量高。

（104）福斯特405　极早熟，耐低温弱光，长势旺。果实膨大速度快，果色浅绿，灯笼形，单果重50～70克，味微辣、品质佳。高抗病害，连续结果能力强，商品性好。适于冬季日光温室栽培。

（105）福斯特406　极早熟，低温弱光坐果率高，膨果速度快。果色翠绿，皮薄略皱，品质佳，商品性好，红果颜色好。单果重

70～90克。耐低温，适宜保护地栽培。

（106）福斯特104 极早熟，连续坐果能力强，膨果速度快。抗病性强，果色翠绿，味微辣，品质好。单果重100～120克，大果可达150克以上。耐低温弱光。

（107）福椒4号 极早熟，耐低温、弱光能力强，高抗病害，果实膨大速度快，连续结果性能优。果色翠绿，一般单果重90～120克，味微辣，品质优秀，商品性佳。亩产可达5000～7000千克。适于全国各地保护地栽培和露地早熟栽培。

（108）翠玉 早熟，长势旺，结果多，不早衰。抗病性特强，耐热耐湿性强，耐贫瘠土壤。果色翠绿，红果鲜红，单果重80～95克，味微辣，商品性好。露地、保护地兼用品种。

（109）福椒二号 极早熟，抗病性强，低温不落花落果。坐果率高，连续坐果能力强，低温不落花落果。单果重75克左右。适于保护地和露地栽培。

（110）福椒五号 中熟，长势旺，坐果率高，连续坐果力强。抗逆性强，耐热耐湿，抗病性强。单果重70克，牛角形，果色浅绿，果面光滑，商品性好。适于露地越夏及秋延栽培。

（111）福椒九号 极早熟，高抗病毒病，易栽培，好管理，耐低温，抗高温。坐果率高，连续结果能力强，青果深绿色，红果鲜红色，果硬，肉厚，微辣，商品性优，青红椒兼用。单果重120～150克，宜全国各地露地、保护地种植，一般亩产4000～5000千克。

（112）红优一号 早熟，高抗病，适应性广，坐果率高，易栽培。耐热耐湿，果实膨大速度快。果深绿光亮，红果鲜艳，果肉厚，硬度好，耐贮耐运。单果重80～120克，大果可达150克。适宜秋延大棚及高山反季节作红椒栽培。

（113）红优二号 中熟，青果绿色有光泽，老熟果为鲜红色。辣味适中，商品性极好。一般单果重80克左右，最大果达100克，亩产4500～5000千克。抗病性、耐热性、耐弱光性、耐湿性和耐寒性均较强。适合春季栽培、春露地越夏或秋延后和南菜北运基地栽培。

（114）福斯特20号 中晚熟，果色深绿光滑，果肉厚，耐贮运，辣味柔和，红果鲜红色，贮运期长，商品性优。平均单果重

80 ～ 100 克。高抗病毒病、炭疽病，耐疫病能力强，耐热耐湿，连续结果能力强，采收期长，产量高。

（115）**华帝**　早熟，超大果型牛角椒品种。低温坐果良好，高温生长不早衰。单果重 150 ～ 250 克。结果多，产量高，效益好。

（116）**福斯特 403**　中熟，耐热，超大果。植株长势旺，耐热，抗病性强。坐果率高，连续坐果能力强，粗牛角形，果色浅绿，果大，果长 20 厘米，果粗 5.5 厘米，微辣，商品性好。适于露地及秋延栽培。

（117）**改良皖椒一号**　中熟，青果绿色有光泽，老熟果为鲜红色。辣味适中，商品性极好。一般单果重 80 克左右，最大果达 100 克，亩产 4500 ～ 5000 千克。抗病性、耐热性、耐弱光性、耐湿性和耐寒性均较强。适合露地及保护地栽培。

（118）**新锐**　早熟，长势旺，抗病性好，连续坐果能力强，产量高。耐低温弱光，低温弱光坐果率高，膨果速度快。果色浅绿，果长 28 ～ 30 厘米，果粗 4.0 ～ 4.5 厘米，品质佳。适于保护地栽培。

（119）**太空金龙**　利用航空搭载定向诱变选育。早熟，长势强健，抗病性强。果皮黄绿光亮，单果重 150 克左右。耐低温，抗高温，坐果率高，连续结果能力强，产量高。

（120）**福美**　早中熟，生长势强，坐果率高，高抗病害，耐热耐湿，抗逆性强。单果重 90 ～ 110 克，辣味适中。果色黄绿，果光滑顺直，果肉厚，果形优美，连续结果能力强，产量高，是商品性好的黄绿皮尖椒品种。适合南方秋冬椒栽培及北方地区露地保护地栽培。

（121）**东方玉珠**　中熟，长势旺盛，坐果率高，采收期长达半年。抗病性特强，耐热耐湿性好，抗逆性强。皮薄肉厚，质脆嫩，品质佳。果色黄绿光亮，红果鲜红，商品性好，耐贮运。单果重 90 ～ 100 克，辣味适中。适于露地越夏及南方夏秋反季节设施栽培。

（122）**福玉**　早熟，坐果率高，连续结果能力强。果色黄绿光滑，商品性好，肉厚，耐贮运，品质佳。单果重 120 ～ 150 克。低温弱光坐果率高，适应性广，适于露地、保护地栽培。

（123）**福瑞**　早熟，长势旺，抗病性强。果大，产量高，商品性好，品质优。果色浅绿，果长 28 ～ 30 厘米，果粗 4.0 ～ 4.5 厘米。

适宜温室大棚种植。

（124）长锐　早熟，植株长势旺盛，叶片中等，抗病性强，结果能力强。果色黄绿，圆柱形果，大果达 150 克以上。适宜温室大棚种植。

（125）豪门　早熟，耐低温弱光，低温弱光下坐果率高，膨果速度快，连续坐果能力强。生长势旺，抗病性特强，产量高。果色黄绿，果光滑顺直，空腔小，肉厚耐运，商品性好。大果可达 140 克以上，味微辣。适宜保护地栽培。

（126）福椒 6 号　早中熟，抗病性特强，坐果率高，连续结果性好。果色黄绿，果较直、较光滑，耐贮运，肉质细，品质较好。单果重 50～60 克，味辣。适应性广。

（127）福椒 7 号　中熟品种，抗病性特强，长势旺。耐热耐湿性强，果整齐一致，采收期长，产量高。果色黄绿，肉厚耐运，果皮光滑亮丽，附有蜡质，商品性好。果长 22～24 厘米，果粗 3.5 厘米，辣味柔和，品质佳。适宜露地种植。

（128）福斯特 209　极早熟，果实膨大速度快，连续坐果能力强。抗病性强，抗逆性好，耐低温弱光，耐热，耐湿。果色深绿，果圆直，空腔小，耐贮运，辣味浓，单果重 79 克。适于南菜北运栽培。

（129）福斯特 709　早熟品种，长势旺，连续结果能力强，采收期长，产量高。抗病性特强，耐热耐湿，抗逆性强。单果重 70～80 克，辣味柔和。果色深绿，果光滑，果肉厚，耐贮运，红果鲜红，贮运期长，商品性好。适于露地越夏栽培。

（130）东方明珠　中熟，长势旺，连续坐果能力强，无断层。耐热耐湿，抗病性强。大果型，单果重 60～90 克，大果 120 克以上。适宜露地栽培。

（131）夏丰　早中熟品种，长势旺，连续结果能力强，采收期长，产量高。抗病性特强，耐热耐湿，抗逆性强。单果重 70～80 克，辣味柔和。果色深绿，果光滑，果肉厚，空腔小，耐贮运，红果鲜红，贮运期长，商品性好。

（132）夏美　中晚熟品种，羊角椒。果色深绿光滑，果肉厚，耐贮运，辣味柔和，红果鲜红色，贮运期长，商品性优。单果重

有机蔬菜无土栽培技术大全（彩色图解＋视频升级版）

70～80 克，最大单果重 100 克。高抗病毒病，炭疽病，耐疫病能力强，耐热耐湿，连续结果能力强，采收期长，产量高。适于露地越夏栽培、长途贮运栽培。

（133）天福极早 极早熟，果实膨大速度快，连续坐果能力强。抗病性强，抗逆性好，耐低温弱光，耐热，耐湿。果色深绿，果圆直，空腔小，耐贮运，辣味浓。单果重 79 克，适于南菜北运栽培。

（134）绿剑 早中熟，长势旺盛，抗病性强，采收期长，产量高。果形优美，青果深绿光亮，红果鲜艳，肉厚腔小，耐贮运，商品性优。单果重 70～90 克。耐热，耐湿，抗病强。适于全国各地露地栽培。

（135）天玉一号 单生，朝天椒。乳白色，耐热性强，结果多，产量高，辣味香浓，果长 5～7 厘米，果粗 0.5～0.9 厘米，每株结果 100～350 个，宜腌制、加工。

（136）天玉二号 大果，单生，朝天椒。早熟杂交一代品种，果长 8～11 厘米，果粗 0.9～1.1 厘米，青果浅黄色，成熟果鲜红色，皮薄，质脆，品质佳，耐低温，抗高温，适应性强。

（137）天王星 簇生朝天椒。早熟，坐果率高，连续坐果能力强，产量高。朝天生长，结果多，每簇可结果 10～14 个，品质佳。果长 6～7 厘米，红果颜色鲜艳，辣味浓，商品性好。早熟性好，适应密植。

（138）天王星 3 号 簇生朝天椒。中晚熟，植株高大，长势旺，分枝力强。坐果率高，连续坐果率强，每簇可结果 10～14 个，产量高。果长 5～6 厘米，果光滑，红果颜色鲜艳，商品性好，辣味浓。干椒、红椒两用型，适宜出口。

（139）红升 长势旺，耐热耐湿性强，坐果率高，连续坐果率强，丰产性好。果实朝天，单生，果长 5～6 厘米，果粗 0.8 厘米，辣味浓。果色绿，红椒颜色鲜红，易干燥，干椒品质优秀。

（140）红香玉 耐热耐湿，结果多，单生，易干制。中熟，植株高大，坐果率高，连续坐果力强。抗病性强，抗逆性强，适应性广，易栽培。单生，朝天生长，果长 4～5 厘米，果粗 2～2.5 厘米，圆锥形，辣味浓。果色绿，皮硬，易干制，干椒皮厚，籽多，颜色好，商品性好。宜晒干椒。

有机蔬菜无土栽培技术大全（彩色图解＋视频升级版）

（141）**美玉红** 早熟，结果多，干椒专用品种。生长强健，坐果率高。耐热、耐湿，抗病强。果形优美，红椒深红，油性大，商品性好。果长 12～14 厘米，果粗 2.2 厘米。培育壮苗，多施含钙肥料。

（142）**红世界** 早熟，结果多，产量高。耐热耐湿，坐果率高，抗逆性强，抗病性强，适应性广。长势旺，坐果率高，连续结果能力强，高产稳产。青果绿，红果鲜红色，干红椒品质优，果皮光滑，商品性好。果长 14～15 厘米，果粗 2.0～2.2 厘米。

（143）**加利福608** 早中熟，植株高大，长势旺盛，耐热抗病，结果多，果长 12～14 厘米，果粗 2～2.5 厘米，红椒鲜艳，辣味浓，适宜干红椒出口。

（144）**加利福609** 早熟，青、红、干椒栽培均可。植株生长势强，高抗病，坐果率高，连续坐果力强。果光滑顺直，光泽度强，肉厚，果硬，耐贮运，商品性好。果长 13～14 厘米，果粗 1.8～2.0 厘米，红椒颜色鲜艳，辣味浓，易干，适合晒干红椒。

（145）**加利福688** 早熟，结果多，干椒专用品种。生长强健，坐果率高。耐热、耐湿，抗病强。果形优美，红椒深红，油性大，商品性好。果长 12～14 厘米，果粗 2.2 厘米。

（146）**玉晶一号** 早中熟，生长旺盛，坐果率高，连续坐果力强。果色晶黄，辣味浓，果形优美，光滑顺直，商品性好，抗病性特强。果长 10～12 厘米，果粗 1.5～2.0 厘米，特耐贮运，品质佳。

（147）**玉晶二号** 中熟，长势旺盛，抗病强，结果多，连续结果能力强，产量高，果实晶莹光亮，辣味浓，商品性佳。

（148）**粤椒一号** 早熟，果实粗牛角形，大顶，绿色，平均单果重 46 克，微辣，抗青枯病、炭疽病。亩产 4500 千克左右。

（149）**粤椒十号** 中晚熟，果实粗羊角形，生长势强，果腔小，肉厚，单果重 60 克，果皮黄绿色，有光泽，红熟果鲜红，味辣。抗逆性强，抗病，耐贮运。亩产 5000～6000 千克。

（150）**粤椒十五号** 早熟，果实羊角形，黄绿色，果面光滑有亮泽，平均单果重 50 克，中辣，产量高，品质优良。亩产约 5000 千克，适合全国各地栽培。

（151）**粤椒十九号** 早熟，果实粗羊角形，绿色，果面光滑有光泽，平均单果重 50 克，中辣，产量高，品质优良，亩产 5000 千克，适合全国各地栽培。

（152）**福康早椒**　极早熟，植株长势强，株形紧凑，坐果力极强，抗烟草花叶病毒病，果实粗牛角形，平均单果重 60 ～ 70 克，最大果重可达 100 克，果实绿色，光滑，味微辣，品质优良，一般亩产 3500 千克。适于春季辣椒栽培。

（153）**福康园椒**　中早熟，植株长势强，坐果力极强，抗病毒病。果实灯笼形，单果重 110 克，果皮光滑、光亮、绿色，耐贮运，味甜、脆嫩，品质优良。一般亩产 2500 ～ 3000 千克。

（154）**福康尖椒**　中早熟。植株生长势强，易坐果，抗病性强，果实浅绿色，羊角形，单果重 40 ～ 50 克，果皮光滑，光亮，耐贮运，味辣，品质优良。一般亩产 4000 ～ 4500 千克。适宜华南地区栽培。

（155）**华冠**　早熟，牛角椒，果长 20 厘米，果肩宽 7 厘米，多马嘴形，平均单果重 150 克，大果可达 250 克以上。膨果速度极快，植株长势中等，抗病性强，单果坐果 15 个左右，产量极高，高产可达 7000 千克。适合作早春、秋延、高山青椒专用品种，不宜留红果。

（156）**报春**　植株生长势旺，株高 45 厘米，开展度 55 厘米。极易坐果，前期一次性坐果极好。果实粗牛角形，平均单果重 90 克，最大单果可达 150 克以上，果色较浅，果面光亮，果顶多马嘴形，果形端正，肉质脆。耐低温弱光，果实膨大速度快。抗疫病、灰霉病、叶斑病等多种病害。综合性状优。

（157）**青丰**　中熟，植株生长势强，叶色较深，果实长牛角形，辣味中等，果肉厚，单果重 70 克左右，果面极光滑，商品性好，特别耐贮运。可长期采收。适于作长距离运输栽培。

（158）**艳丰**　中熟辣椒，植株生长势强，叶色较深，果实长牛角形，辣味中等，果肉厚，单果重 70 克左右，果面极光滑，商品性好，特别耐贮运。可长期采收。适于作长距离运输栽培。

（159）**一线天**　早熟，植株生长势平稳，青果绿色，长羊角形，首花节位 9 节左右。株高 50 厘米，开展度 65 厘米，果长 26 ～ 28 厘米、宽 1.8 厘米，不易弯曲，味较辣，品质好，极易挂果且挂果集中，单株挂果 80 以上，高产稳产，抗病能力强。

（160）**旱辣王**　早熟，尖椒。叶较小，叶色深，长势平稳。株形好，株高45厘米，开展度60厘米，首花节位8节左右。果实羊角形，果浅绿色，单果重55克以上，辣味极强，成熟椒亮红色，果皮薄品质优。果形直，果腔小，挂果性强，抗病性好，耐高温高湿，易栽培。适合我国西南和华南地区栽培，特别是嗜辣地区作早熟栽培。

（161）**红艳**　中早熟，植株生长势较强，叶较小。果实羊角形，嫩果深绿色，光滑有光泽，不弯曲，无果腔，果肉厚，成熟果深红色，色彩艳丽。高抗病毒病及其他病害，株形紧凑，每节挂果，结果集中，高肥水时每株可挂果150个以上。辣味强，商品性好。单果重15～16克，亩产3500千克。

（162）**华丰**　极早熟，尖椒。叶较小，叶色深，长势平稳，株形紧凑。极易挂果，果实羊角形，果单果重60克以上，果深绿色，果面光滑，果形顺直，辣味强，果肉厚，成熟椒颜色极红，耐运输。抗病抗逆性好，耐高温高湿，商品性强，综合性状突出，易栽培，适合我国西南及华南地区喜欢深绿色辣椒地区栽培。

（163）**秋艳**　极早熟，尖椒，叶较小，叶色深，长势平稳，株形紧凑。首花节位7～8节，极易挂果，果实羊角形，单果重60克以上，果深绿色，果面光滑，果形顺直，辣味强，果肉厚，成熟椒颜色极红且光亮，耐运输。商品性强，综合性状突出。抗病抗逆性好，耐高温高湿，易栽培，适合我国西南及华南地区喜欢深绿色辣椒地区栽培。

（164）**银河**　中早熟，首花节位11节，植株长势强，抗病性好，极易坐果，连续挂果能力强。果皮乳白色，单果重35克，果面光滑顺直，果皮薄，肉脆品质好，辣味极强。耐湿耐高温，抗炭疽病、疫病等病害，适应性广。

（165）**吉祥**　早中熟，黄皮辣椒。植株生长势中等，叶片较大，叶色中等，极易挂果且挂果早。果长22厘米、宽3.5厘米。果浅黄色，果面光滑，肉厚0.3厘米，肉质较脆，辣味中等，尤其前期果实和产量表现突出，抗病中等，耐肥水，适应性强。

（166）**黄冠**　早熟，黄皮辣椒。植株生长势中等，极易挂果且挂果早。平均单果90克，黄皮类型大果品种。果浅黄色，果面光滑，果直而长，肉厚0.3厘米，商品性极好，肉质较脆，辣味中等，尤其

有机蔬菜无土栽培技术大全（彩色图解＋视频升级版）

前期果实和产量表现突出，抗病中等，耐肥水，适应性强。

（167）**江淮一号** 早熟，始花节位 9 ～ 10 节，果实粗牛角形，果面光滑，平均单果重 65 克，最大单果重 120 克，果转红鲜艳且不易变软，红果在植株上挂果时间长。高抗病毒病及其他病害，长势稳健，坐果能力极强，亩产 3000 ～ 4000 千克，适于秋延后栽培。

（168）**江淮二号** 中早熟品种，果实羊角形，味极辣，非嗜辣地区慎引入。果深绿色，植株生长势强，始花节位 10 ～ 11 节，平均单果重 45 克。适合嗜辣地区及各地长途运输栽培，亩产 4000 千克，高产稳产，抗热性强。对病毒病、炭疽病、疫病有很强的抗性。

（169）**江淮三号** 早熟，植株生长势中等，始花节位 10 节左右，果实羊角形，浅绿色至淡黄色，色泽鲜艳，果面光滑，红熟快，耐低温耐湿，对病毒病、炭疽病、疫病抗性强。单果重 50 克左右，肉质细脆，味辣而不烈，耐运输，亩单产 3500 千克。

（170）**江淮四号** 中熟，植株生长势强，株形紧凑，第一花着生节位 9 ～ 10 节。坐果集中。果实粗长牛角形，辣味中等，平均单果重约 65 克，果面光滑，果形周正，商品性好，果色绿。抗疫病、炭疽病，中抗病毒病，耐热、耐湿，适应性强。亩产 3500 千克左右。适于露地栽培。

（171）**江淮六号** 中晚熟，生长旺盛，第 15 节后开始分枝。果实粗羊角形，果直且硬，无弯曲畸形果，果绿色，果面极光滑，红熟果颜色鲜艳。果肉极厚，微辣，极耐运输。单果重 45 克左右，亩产 5000 千克。耐高温，适合作长距离运输或腌制加工栽培。

（172）**江淮七号** 中早熟，生长势强，第 10 节左右开始分枝，果实粗牛角形，浅绿色，平均单果重 70 克左右，最大单果 100 克，果肉较厚，耐运输，品质好，适合作高山栽培和秋延后反季节栽培。

（173）**甜星** 中早熟，株形紧凑，耐低温，坐果性好，果实近正方形，肉厚耐运输。单果重 200 克，果面光亮，肉脆品质好。成熟时由绿转红。抗炭疽病、灰霉病等病害，耐病毒病。亩产 4500 千克。

（174）**甜喜** 早熟，生长势平稳，株形美观，坐果习性好，果实近正方形，极耐运输。单果重 280 克左右，果面光滑，肉脆品质好，成熟果大红色。抗病能力强，平均亩产 4000 千克以上。

（175）绿丰　中早熟，植株生长势较强，叶较小，始花 11 节左右，连续坐果能力强，果实长粗牛角形，果皮绿色，果肉厚，果硬，单果重 70 克左右，辣味中等，果表极光滑，顺直无皱，果形整齐，极耐运输。耐低温、耐湿性强，抗病毒病、疮痂病，适应性广，一般亩产 5000 千克左右，产量高而稳定。适合早熟丰产栽培及秋延后露地栽培及反季节栽培。

（176）脆丰　极早熟，植株生长势中，叶片较小，叶色中等，极易挂果且挂果早，且早春低温下不会形成僵果。果长灯笼形，平均单果 60 克。果浅黄色，果面皱，肉质较脆，品质极佳，商品性极好，辣味中等，前期果实和产量表现突出。抗病中等，耐肥水，适应性强。

（177）红日 L3　中熟，植株生长势强，叶片小且叶色深绿，始花节位 11 节左右。连续挂果性强，椒条顺直，果实颜色深绿，单果重 15 克，肉厚无腔，不裂果，辣味适中，红果颜色鲜红，顺直光滑，采收期长，贮藏时间长，果不软，商品性好。适应性极强，耐湿耐热，高抗病毒病及青枯病。

（178）玉美人　极早熟，黄皮辣椒，植株生长势平稳，极易挂果且连续挂果性极强。平均单果重 65 克以上，果面较光滑、果浅乳黄色，半透明，外观极美，肉质脆，辣味强。膨果速度更快，适合保护地和露地栽培。

（179）先锋　早熟，线椒，植株生长势较强，叶较小，始花 9 节左右，挂果集中，连续挂果能力极强。嫩果浅绿色，成熟果红色鲜艳光亮，平均单果重 16 克以上，肉中等厚，辣味较强，本品种适合制干椒，能自然风干，干后颜色好。抗病抗逆性强。

（180）天星　中早熟，朝天椒，簇生，单簇挂果 5 ～ 7 个，叶较小，果实朝天，果长 5 厘米左右，单果重 4 克左右，分枝能力强，转红速度快，有利集中采收，辣味强，果形美观，果面光滑，抗病性强。

（181）报晓　极早熟，低温弱光下挂果及果实膨大良好。植株生长势中等，始花 7 节左右。前期挂果良好，后劲足。果实前后期大小基本一致，果实粗牛角形，果面皱，果皮薄，果浅绿色，平均单果

50 克左右，果辣味较强，品质优，适合作早熟大棚栽培。

（182）绿冠 中早熟，果实羊角形，植株生长势强，辣味特强，果顺直光滑，果色深绿，平均单果重约 55 克，连续挂果能力强，后劲足，产量高而稳定，耐贮运性强，平均单产 4500 千克，抗热性强，抗病毒病、炭疽病、疫病等多种病害。特别适合嗜辣地区栽培。

（183）天樱 中熟品种，幼果多朝天，叶较小，植株生长势强，连续挂果性极好，可连续采收。单果重 4.5 克左右，分枝能力强，且分权节挂果好，果转红速度快，可分批采收，辣味强，果形美观，果面光滑，耐湿耐热，抗病性强。

（184）江艺天椒 早熟，果实羊角形，尖顶，辣味浓，植株长势较强，单株结果能力强且挂果集中，低温膨果速度快，果皮绿色，果面皱褶多，肉质极脆，香辣，单果重 40～60 克，适合作大棚等保持地和露地栽培。

三、部分育种供种单位名录

① 中国农业科学院蔬菜花卉研究所

② 北京蔬菜中心

③ 重庆市农业科学研究所

④ 湖南农科院蔬菜所

⑤ 合肥江淮园艺研究所

⑥ 甘肃省农科院蔬菜所

⑦ 淮南农科所

⑧ 江苏省农科院蔬菜所

⑨ 河南农科院园艺所

⑩ 辽宁省农业科学院园艺研究所

⑪ 河北省农林科学院经济作物研究所

⑫ 农友（中国）公司

⑬ 山东登海种业股份有限公司

⑭ 安徽福斯特种苗有限公司

⑮ 安徽农业科学院园艺所

⑯ 广东省农科院蔬菜研究所

第二节 无土栽培技术要点

一、基质的配制

辣椒进行有机无土栽培的基质，各地应结合本地实际，因地制宜进行选择。

可以选择的常用基质种类与配制原则可参照第一章第三节相关内容。有机辣椒无土栽培通常采用复合基质（图 5-2）。

图 5-2 复合基质配制

（一）用于辣椒有机无土栽培的基质及其配制

参照第一章第三节相关内容，可参考有机番茄无土栽培进行。

（二）基质的消毒与管理

参照第一章第三节相关内容进行。

二、有机辣椒无土栽培的几种常见模式和技术要点

（一）日光温室有机辣椒春提早无土栽培技术要点

本模式同样适用于温室早春、塑料大棚早春进行有机辣椒的无土

栽培。但要注意播种育苗时期，因地区和栽培设施的差异，灵活掌握。下面以槽式栽培为例进行介绍。

1. 建栽培槽，铺塑料膜

在设施内，以红砖、塑料泡沫板等建栽培槽，槽南北朝向，内径宽 50 ~ 60 厘米，槽周宽度 5 ~ 12 厘米，槽间距 40 ~ 60 厘米，槽高 15 ~ 20 厘米，建好槽以后，在栽培槽的内缘至底部铺一层 0.1 毫米厚的聚乙烯塑料薄膜。

2. 栽培基质配制

请参照第一章第三节基质配制相关内容。

3. 品种选择

结合栽培季节茬口，选择适宜的优质、抗逆、耐贮运、抗病的设施专用品种，可参照选择第二节所列优新品种，如'苏椒 13 号'、中椒系列品种、'淮椒 2 号'等。

4. 栽培季节与茬口

有机辣椒春提早促成无土栽培，北方采用温室、日光温室，一般 10 ~ 11 月播种育苗，翌年 2 月定植，3 ~ 4 月始收，6 ~ 7 月拉秧。东北南部地区温室早熟栽培可在 11 月播种，大棚早熟栽培可在 12 月播种，通常在翌年 2 ~ 3 月定植于日光温室或大棚，4 ~ 7 月采收。

采用大棚进行有机辣椒春提早栽培，一般在 11 ~ 12 月育苗，在长江中下游地区一般在 10 月上中旬，或 12 月上中旬电热线加温育苗。

辣椒播种期的确定必须考虑到苗龄适宜时能否及时定植。

5. 播种育苗

辣椒育苗基质的配制与番茄基本相同。

为提高成苗率和培育壮苗，播种前应进行种子处理。具体方法是：先晒种 2 ~ 3 天后，用 55℃温水浸种 10 ~ 15 分钟；也可用 1%硫酸铜溶液浸种 5 分钟。再将种子用 30℃左右的温水继续浸泡 7 ~ 8

小时，用 25 ～ 30℃催芽，催芽时间 3 ～ 4 天，待 70% 种子露白时即可播种。辣椒也可用干种子播种。

播种及播种后的管理：进行穴盘（72 孔穴盘）育苗，一次成苗。一般每亩栽培面积需种量长辣椒类型为 150 克左右，灯笼椒类型为 120 克左右。当有 30% 的种子出苗后，及时揭膜并适当通风透光。如果出现种子戴帽现象，可适当撒些育苗基质。幼苗前期浇水要勤，低温季节要适当控制浇水，做到基质不发干不浇水，要浇就要浇透水，浇水应选晴天午后进行。幼苗缺肥可结合浇水施有机肥。定植前一周左右，将夜温降至 13 ～ 15℃，并控制水分和逐步增大通风量炼苗。

苗期病害主要有猝倒病，主要害虫有蚜虫、蓟马、茶黄螨、红蜘蛛等，应及时防治。

6. 定植前准备

① 施入基肥。定植前 15 天，在复合基质中按每立方米基质中加 10 ～ 15 千克消毒鸡粪，100 千克左右有机肥料和 4 千克的草木灰、沼渣、磷矿粉、钾矿粉等并充分拌匀装槽。

② 整理基质、滴灌管安装。参照有机番茄相关内容进行。

7. 栽培管理

① 定植。为改善植株的通风透光条件，宜采取宽行密植。60 厘米宽槽可以栽两行，株距 25 ～ 30 厘米，每穴栽一株；或株距 30 ～ 40 厘米，每穴栽两株。甜椒 50 厘米宽槽可以栽一行，株距 25 ～ 30 厘米，每穴栽一株。定植时强调浅栽，以根颈部与畦面相平或稍高一些为宜。

② 定植后管理。注意以下几方面的管理。

光照管理：辣椒光饱和点为 3 万 ～ 4 万勒克斯，宜扩大行距，及时整枝、打杈，定植后的生长前期，正处于低温弱光时间，应尽量增加光照，及时清除透明覆盖物上的污染，以促进作物前期的正常生长发育。

温湿度管理：定植后 5 ～ 7 天应保持较高的空气湿度，而且要力争做到日温达 25 ～ 30℃，夜温达 15 ～ 20℃，基质温度在 18 ～ 20℃以上，有利于植株对养分的吸收。植株进入正常生长阶段的生育适温白天为 20 ～ 25℃，夜温不低于 15℃，夜间地温不低于 13℃。为了达到上述温度要求，白天大棚内气温在 25℃ 以上时即应进行揭膜通风；夜间常需要进行多层覆盖，当夜间气温在 15℃ 以上时，可昼夜通风。甜椒在 15℃ 以下生育不良，35℃ 以上畸形果增多。

肥水管理：在苗期轻施一次"提苗肥"。进入结果期应加大追肥次数和数量，保证植株继续生长和果实膨大的需要。一般在采收两次辣椒后追肥一次，每次每亩追施固态或液态有机肥料，固态有机肥每次可结合浇水进行。在水分管理上，缓苗后应适当控制水分，初花坐果时只需适量浇水，以协调营养生长与生殖生长的关系，提高前期坐果率。大量挂果后，必须充分供水，一般基质相对湿度应保持在 80% 左右。

防止落花、落果、落叶：主要通过农业综合防治措施，包括耐低温、耐弱光品种的选择，保持适宜温度，即白天 25 ～ 30℃，夜温 20℃ 左右，过高过低均易落花。此外还应注意合理密植，科学施肥，加强水分管理，及时防治病虫害等。

调整植株：可采取吊蔓栽培。主要包括摘叶、摘心（打顶）和整枝等。摘叶主要是摘除底部的一些病残老叶，整枝是剪掉一些内部拥挤和下部重叠的枝条，打顶是在生长后期为保证营养物质集中供应果实而采取的有效手段。

病虫害防治：请参照本章第三节内容进行。

8. 采收

① 采收期。辣椒早熟栽培应适时尽早采收（图5-3），采收的基本标准是果皮浅绿并初具光泽，果实不再膨大。开始采收后，每 3 ～ 5 天可采收一次。由于辣椒枝条脆嫩，容易折断，故采收动作要轻，雨天或湿度较高时不宜采收。彩色甜椒在显色八成时即可采收。采收干椒可在成熟后分期分批采收。

② 采收方法。用剪刀连同果柄一起采摘。

（二）设施有机辣椒秋冬茬无土栽培技术要点

本模式适用于温室、日光温室、塑料棚。秋季栽培有两种情况，一种是夏播秋收，另一种是秋播，晚秋和冬季采收，甚至可越冬栽培，采收至元旦、春节。有机无土栽培形式可采用槽式栽培、袋培。以槽式栽培为例说明。

图 5-3　辣椒采收

1. 塑料大棚及配套设施

可采用简易、钢架大棚（图 5-4）等。

图 5-4　辣椒有机生产钢架塑料大棚

　　大棚长度 30 ～ 50 米、跨度 6 ～ 8 米，采用 0.08 毫米聚乙烯塑料薄膜覆盖，通风口处外覆 40 目防虫网。

　　① 栽培槽。槽宽 0.6 米、高 0.15 米，用红砖砌成，不加灰浆，将聚乙烯薄膜铺设在槽内，防止水分和养分流失。

② 滴灌设施。采用滴灌方式，每槽铺设两条滴管，滴管套在水阀上，由水阀控制滴水。

③ 基质配制。请参照第一章第三节基质配制相关内容。

2. 栽培与管理

① 品种选择。选择本章第一节品种选择中的辣椒品种，如'苏椒13号''皖椒1号''中椒4号'等品种。秋季栽培的辣椒品种要求具备耐热、抗病毒病、优质等条件，秋季一般不适宜栽培甜椒。

② 培育壮苗。温汤浸种、恒温催芽、穴盘育苗，参照番茄相应内容进行。

播种期一般应掌握在6月下旬至8月中旬，其中6月下旬至7月中旬播种者，其采收期一般为9月中旬至12月上旬；7月下旬至8月上中旬播种者，其采收期为10月初至12月，甚至元旦、春节。

育苗基质可在栽培基质的基础上，添加有机肥料。苗龄一般在25～30天。当苗长出1～2片真叶后结合浇水补充营养。浇水一般晴天每天2次，阴天1次或不淋，随着苗龄增大，可补施薄肥（稀人粪尿）。

③ 适时定植。一般苗龄25～30天，有5～6片真叶时即可定植。定植前1天将栽培基质和秧苗浇透水，每槽种植2行，小行距30厘米，株距27～30厘米。采用三角形定植，1穴1株，南端宜密，北端宜稀。

将基质浇透水，用手在槽内挖取一小穴，将苗小心放入穴中，覆盖基质至以根颈部与畦面相平或稍高一些为宜。植后淋足定根水。定植应尽量避免根坨基质脱落和减少根系损伤。

④ 定植后的管理。前期注意保持基质的湿润。进入开花期后，结合灌溉进行施肥。进入10月中下旬以后，应注意及时保温覆盖。白天注意通风降温，到了11月下旬后，外界气温降低，通风选择中午前后进行。进入12月以后，需根据实际情况，采用多种形式的保温措施，如搭建二重帘、设施内小拱棚多重覆盖等。秋冬茬有机辣椒无土栽培，前期注意防治病毒病和蚜虫，中后期注意疫病等病害防治和红蜘蛛、烟青虫、茶黄螨的防治。

3. 采收

秋季有机辣椒栽培，采收期一般自9月中旬至10月上旬开始。当辣椒达到其固有的大小、形状和色泽时应及时采收，特别是前期采收要及时。

（三）温室有机辣椒冬春茬无土栽培技术要点

本模式同样适用于日光温室有机辣椒冬春茬的无土栽培。其主要采用基质槽式栽培，也可用基质袋培。下面以槽式栽培为例，进行阐述。

1. 建栽培槽，铺塑料膜

可参照有机辣椒春提早无土栽培模式进行。

2. 栽培基质配制

请参照第一章第三节基质配制相关内容。

3. 品种选择

结合栽培季节茬口，选择适宜的优质、抗逆、耐贮运、抗病的设施专用品种，可参照选择第二节所列优新品种。如'苏椒11号'、中椒系列品种等。

4. 栽培季节与茬口

有机辣椒冬春茬无土栽培，是北方节能型日光温室和现代加温温室主要茬口，一般于8月中旬育苗，9月下旬至10月上旬定植，12月至翌年6月采收，多应用于甜椒的长季节栽培。

长季节冬春茬栽培甜椒，长江流域在8月中下旬播种育苗，9月下旬至10月初定植，11月至翌年6月采收。

辣椒播种期的确定必须考虑到苗龄适宜时能否及时定植。

5. 播种育苗

辣椒育苗基质的配制与番茄基本相同。种子处理、穴盘育苗、播种后的管理以及苗期病虫害防治，请参照有机辣椒春提早无土栽培模式进行。

6. 定植前准备

① 施入基肥。定植前 15 天，在复合基质中按每立方米基质中加 15 千克消毒鸡粪，150 千克左右有机肥料和 4 千克的草木灰、沼渣、磷矿粉、钾矿粉等并充分拌匀装槽。

② 整理基质、滴灌管安装。参照第三章有机番茄相关内容进行。

7. 栽培管理

① 定植。为改善植株的通风透光条件，宜采取宽行密植。每槽定植两行，按"品"字形定植，栽两行，株距 25 ～ 30 厘米，每穴栽一株；或株距 30 ～ 40 厘米，每穴栽两株。甜椒可采用单行定植。定植时强调浅栽，以根颈部与畦面相平或稍高一些为宜。

② 定植后管理。注意以下几方面的管理。

光照管理：辣椒光饱和点 3 万～ 4 万勒克斯，及时整枝、打杈，定植后的生长前期，正处于低温弱光时间，应尽量增加光照，及时清除透明覆盖物上的污染，以促进作物前期的正常生长发育。

温湿度管理：定植后 5 ～ 7 天应保持较高的空气湿度，而且要力争做到日温达 25 ～ 30℃、夜温达 15 ～ 20℃、基质温度在 18 ～ 20℃以上，有利于植株对养分的吸收。植株进入正常生长阶段的生育适温白天为 20 ～ 25℃、夜温不低于 15℃、夜间地温不低于 13℃。

为了达到上述温度要求，白天设施内气温在 25℃以上时即应进行通风；夜间常需要进行多层覆盖，当夜间气温在 15℃以上时，可昼夜通风。甜椒在 15℃以下生育不良，35℃以上畸形果增多。

肥水管理：在辣椒苗期轻施一次"提苗肥"。进入结果期应加大追肥次数和数量，保证植株继续生长和果实膨大的需要。一般在采收两次辣椒后追肥一次，每次每亩追施固态或液态有机肥料，固态有机肥每次可结合浇水进行。在水分管理上，缓苗后应适当控制水分，初花坐果时只需适量浇水，以协调营养生长与生殖生长的关系，提高前期坐果率。大量挂果后，必须充分供水，一般基质相对湿度应保持在80%左右。

防止落花、落果、落叶：主要通过农业综合防治措施，包括耐低温、耐弱光品种的选择，保持适宜温度，白天 25～30℃、夜温 20℃左右，过高过低均易落花。此外还应注意合理密植，科学施肥，加强水分管理，及时防治病虫害等。

调整植株：可采取吊蔓栽培。主要包括摘叶、摘心（打顶）和整枝等。摘叶主要是摘除底部的一些病残老叶，整枝是剪掉一些内部拥挤和下部重叠的枝条，打顶是在生长后期为保证营养物质集中供应果实而采取的有效手段。

甜椒冬春茬长季节栽培的整枝方法有两种，一种为垂直吊蔓，每畦种两行，进行单干整枝。另一种每畦种一行，采取"V"形双权整枝，具体方法是：当植株长到 8～10 片真叶时，叶腋抽生 3～5 个分枝，选留两个健壮对称的分枝呈"V"形作为以后的两个主枝，除去其他多余的所有分枝。原则上两大主枝 40 厘米以下的花芽侧芽全部抹去，一般从两大主干的第四节位开始，除去两大主干上的花芽，但侧芽保留一叶一花打顶。如此持续整枝不变，待每株坐果 5～6 个后，其后开放的花开始脱落，待第一批果采收后，其后开的花又开始坐果，这时主枝和侧枝上的果全留果，但侧枝务必留 1～2 叶打顶，一般每 2～3 周整枝一次。

病虫害防治：请参照本章第三节内容进行。

8. 采收

① 采收期。辣椒早熟栽培应适时尽早采收，采收的基本标准是果皮浅绿并初具光泽，果实不再膨大。开始采收后，每 3～5 天可采收一次。由于辣椒枝条脆嫩，容易折断，故采收动作宜轻，雨天或湿度较高时不宜采收。彩色甜椒在显色八成时即可采收。

② 采收方法。用剪刀连同果柄一起采摘。

（四）有机辣椒露地无土栽培技术要点

以槽式无土栽培为主。有机辣椒露地生产有冬播和春播两种形式。冬播于12月上旬到下旬进行，通常为设施育苗，春播在2月春暖之后。长江流域，冬播苗通常在清明前后定植。广东、广西育苗可在12月至1月播种，2~3月定植。

1. 建栽培槽，铺塑料膜

参照设施栽培建栽培槽的方法。通常以当地易得的材料，如砖块、木板等建栽培槽，槽的走向以南北向为宜，内径宽50~60厘米、槽间距50~60厘米、槽高20厘米，建好以后，在栽培槽的内缘至底部铺一层0.1毫米厚的聚乙烯塑料薄膜，注意上部两边各预留畦面一半的塑料膜。

2. 栽培基质配制、消毒与装填

请参照第一章第三节基质的配制。栽培基质总用量比设施栽培要多20%左右。一般为30~40立方米每亩。

3. 品种选择

结合露地栽培特点，易受外界影响。选择适宜的抗病、高产、优质、抗逆性强、适应性广的露地适宜辣椒品种，参照第二节所列辣椒品种。如'中椒4号''中椒6号''中椒8号''中椒13号'等系列品种，及'皖椒8号''湘研14号''湘研16号'等。

4. 栽培季节与茬口

冬播于12月上旬到下旬进行；春播在2月春暖之后。冬播通常为设施育苗。长江流域，冬播苗通常在清明前后定植。广东、广西育苗可在12月至翌年1月播种，2~3月定植，4~7月采收。也可采取夏季修剪，越夏恋秋栽培的茬口。

5. 播种育苗

育苗参照本节模式（一）春提早的播种育苗内容进行种子处理、浸种催芽、穴盘育苗和苗期管理。

冬播育苗，植株健壮，开花早，结果早，前期产量高。

6. 定植前准备

① 施入基肥。定植前 15 ～ 20 天，在复合基质中按 1 立方米基质中加 10 千克消毒鸡粪，100 千克左右有机肥料和适量的沼渣、磷矿粉、钾矿粉等并充分拌匀装槽。注意基质的消毒。

② 安装滴灌管。把准备好的滴灌管摆放在填满基质的槽内，滴灌孔朝上，在槽面塑料膜上再覆一层薄膜（盖满整个栽培槽，定植孔可定植时划开），起到防止水分蒸发、增强滴灌效果和防止雨水的作用。

7. 栽培管理

① 定植。每槽定植 2 行，行距 35 厘米、株距 35 厘米，定植后立即按每株 500 毫升左右的量浇定植水。

② 定植后的管理。注意加强以下方面的管理。

露地无土栽培，采用搭架。根据各地实际情况和习惯进行。

前期注意保持基质的湿润。进入开花期后，结合灌溉进行施肥。追肥结合植株生长情况灵活掌握，可少量多次。

注意早春气温低和后期气温高引起的落花落果等。

露地无土栽培病虫害防治，以预防为主。可通过喷波尔多液等进行防治。要注意疫病等病害和红蜘蛛、烟青虫、茶黄螨的防治，生产后期注意防治病毒病和蚜虫。具体请参照本章第三节内容进行。

8. 采收

请参照本节模式（一）春提早的采收内容进行。

第三节 病虫害综合防治技术

一、有机辣椒生产中的主要病虫害

主要病害有辣椒疫病、炭疽病、细菌性叶斑病（疮痂病）和病毒病。对于大田土壤生产常见的病害，如苗期发生的猝倒病、立枯病和定植后发生的根腐病等，采用基质无土栽培很少发生。

主要虫害有蚜虫、红蜘蛛、茶黄螨、烟青虫、斜纹夜蛾等。

二、有机辣椒无土栽培病虫害的防治原则

按照"符合有机食品生产规范，预防为主，综合防治"的方针，坚持以"农业防治、物理防治、生物防治为主，药剂防治为辅"的病虫害治理原则进行。

三、有机辣椒生产病虫害的农业防治

农业防治主要是选用抗病品种，培育无病虫壮苗；科学管理，创造适宜的生育环境；科学肥水管理；加强设施防护，充分发挥防虫网的作用，减少外来病虫来源。

1. 基质消毒

对于露地和棚室等有机辣椒生产，进行基质消毒可以消灭其中各种病菌和害虫，减轻下茬的危害。

2. 清洁田园

在每茬作物收获后及时清理病枝落叶，病果残根。在作物生长季节中清除老叶病叶，集中处理。

3. 科学肥水管理

增加腐熟的有机肥，注意氮、磷、钾肥配合平衡，适时追肥，以满足辣椒植株健壮生长的需要，提高其抗病虫能力和耐害性。

4. 辅助设施使用

① 覆盖地膜。不仅可以降低设施内的空气湿度，还可以减少露地生产由于雨水喷溅的病原物的病害发生。

② 防虫网使用。利用 30 ~ 40 目防虫网能有效阻隔害虫。

③ 种子处理。用符合有机生产要求的物理、化学方法杀灭种子所带的病菌和害虫，可以减轻病、虫的发生危害。如用 55℃温汤浸

种 10 ～ 15 分钟处理，可以减少辣椒炭疽病和疮痂病的发生。

④ 合理密植及采用适宜的栽植方法。

⑤ 环境调控，生态控制。在保护地无土栽培中，通过如温室放风排湿，进行棚室生态调节，科学控制温湿度可以有效防止病害的发生。

四、有机辣椒生产病虫害的物理防治

请参照黄板诱杀（图5-5）、杀虫灯诱杀相关内容进行。

图5-5 物理防治 - 黄板诱杀

五、有机辣椒生产病虫害的生物防治

请参照第二章第三节病虫草害防治进行。

六、辣椒主要病虫害的症状与有机生产综合防治

（一）辣椒疫病

1. 症状

辣椒疫病属于真菌性病害，叶片、茎和果实均可发病。被害叶片多在叶缘和叶柄连接处发生不规则水渍状暗绿色病斑，其边缘为黄绿色，多雨高湿条件下病斑迅速扩展，常造成叶片腐烂，干燥条件下病

斑干枯易破碎。以茎基部和茎节分杈处发生成段水渍状的暗绿色病斑为典型症状。茎部多在近地面处发生，病斑初期为暗绿色水渍状，以后出现环绕表皮扩展的暗褐色或黑褐色条斑，病部易缢缩折倒，病部以上茎梗也易凋萎死亡。果实受害多从果蒂开始，病斑呈暗绿色水渍状软腐，边缘不明显，很快扩展到全果实，引起腐烂，潮湿时病部覆盖白色霉层，干燥后形成暗褐色僵果。

2. 发病特点

病菌主要随病残体在土壤中越冬，第二年侵入寄主，种子也可带菌。越冬后的病原菌只要气候条件适宜便可发生，在田间发病植株上的病菌借风雨及灌溉水传播而引起重复侵染。高温高湿有利病害流行，当温度在 20～30℃范围内，相对湿度在 80% 以上时，田间发病严重。特别在雨季或大雨过后天气突然转晴，气温急剧上升时，辣椒疫病极易暴发流行。长沙、浏阳等地 5 月中旬至 7 月中旬是此病大发生流行时期。一般连作地发病早，蔓延快，病情严重，平畦比高畦栽培发病重，特别是土壤低洼积水，地面湿润，水流漫灌，定植过密，通风透光不良等原因都会加重此病危害。

3. 综合防治方法

① 选用优质、高产、抗病品种。早熟避病品种有'湘研 1 号'。中迟熟小辣椒品种主要有台湾农友种苗公司培育的'美香''千惠''万里香'等。

② 种子处理。种子先用清水预浸 10 小时，再用 1% 硫酸铜溶液浸种 5 分钟，捞起洗净后催芽播种。

③ 基质消毒。参照基质消毒相关内容进行。

④ 科学栽培管理。必须清洁田园，合理密植，保持通风透光，科学肥水管理。

（二）辣椒炭疽病

1. 症状

辣椒炭疽病（图 5-6）属于真菌性病害，危害叶片和果实。叶片受害后产生水渍状圆形病斑，边缘褐色，中央灰白色，上面轮生小黑点，病叶易脱落。此病的典型症状是果实上发生中心凹陷的近圆形病斑，病斑上产生轮状排列的小黑点。果实发病初期出现水渍状黄褐色病斑，扩大呈长圆形或不规则形病斑，中心凹陷，边缘红褐色，中间灰褐色，病斑上有稍隆起的同心轮纹，其上轮生小黑点。潮湿时分泌出红色黏稠物质，干燥后病斑干缩呈膜状破裂。

图5-6 辣椒炭疽病

2. 发病特点

病菌可随病残体在土壤中越冬或附着在种子上越冬。第二年病菌多从寄主的伤口侵入，田间发病后，病斑上产生大量分生孢子，借助风雨、昆虫传播进行重复侵染而加重危害。此病菌发育温度为12～33℃，最适温度为27℃，相对湿度95%左右，高温高湿有利于该病的发生流行。田间排水不良、种植过密、氮肥过量、通风不好造成田间湿度大或果实受到损伤等都易诱发此病。

3. 综合防治方法

① 选用无病种子和种子消毒。从无病田或无病株上采集种子。如果是外购种子，应进行种子消毒处理。用55℃温水浸种20分钟。

② 改进栽培管理。采用营养钵培育壮苗，适时定植，合理密植，高畦地膜覆盖栽培。降低湿度，预防果实日灼。及时打掉下部老叶，

有机蔬菜无土栽培技术大全（彩色图解＋视频升级版）

使田间通风透气等。

③ 药剂预防。辣椒炭疽病，可用1:1:200的波尔多液喷雾2～4次进行预防。

（三）辣椒疮痂病

1. 症状

辣椒疮痂病又名细菌性斑点病，属于细菌性病害，发生于辣椒幼苗与成株叶片、茎部与果实上，以叶片最常见。其典型症状是发病部位隆起疮痂状的小黑点而引起落叶。幼苗发病后叶片产生银白色水浸状小斑点，后变为暗色凹陷的病斑，可引起全株落叶。成株期叶片染病之初稍隆起的小斑点，呈圆形或不规则形，边缘暗褐色稍隆起，中央颜色较淡略凹陷，病斑表面粗糙，常有几个病斑连在一起形成大病斑。如果病斑沿叶脉发生常造成叶片畸形。茎部受害，首先出现水浸状不规则的条斑，扩展后互相连接，暗褐色，隆起，纵裂呈疮痂状。果实被害则产生圆形或长圆形稍隆起的黑色疮痂斑，边缘产生裂口，潮湿时有菌脓溢出。

2. 发病特点

病菌主要是在种子表面越冬，成为初次侵染来源，也可以随病残体在田间越冬。病菌在土壤和基质中可存活，带菌种子可作远距离传播。病菌与植株叶片接触后，从气孔或伤口侵入，在细胞间繁殖，致使表皮组织增厚形成疮痂状，病菌通过风雨或昆虫传播蔓延。此病易在高温多雨季节发生，病菌发育适温为27～30℃、相对湿度大于80%，尤其是暴风雨更有利于病菌的传播与侵染，雨后天晴极易流行。种植过密，生长不良，容易感病。

3. 综合防治方法

① 选用抗病品种。如'湘研3号''湘研6号''湘研11号''湘研12号''湘研19号''新皖椒1号'等品种。

② 种子处理。一般可采用种衣剂处理或温水浸种，先将种子放

入 55℃ 温水中浸种 10 分钟，捞起再用 1% 硫酸铜溶液浸泡 5 分钟，洗净后催芽播种。

③ 基质消毒。请参照第一章第三节基质的消毒与管理进行。

④ 改进栽培管理。加强育苗期的管理，培育健壮椒苗，实行合理密植。改善田间通风条件，降低湿度。及时清洁田园，清除枯枝落叶，收获后，病残体集中烧毁。

⑤ 药剂防治。发病初期可用 1：1：200 的波尔多液喷雾 2～4 次进行预防。

（四）辣椒病毒病

1. 症状

辣椒病毒病是由病毒引起的传染病，主要危害叶片和枝条，常见的有花叶、条斑、蕨叶病毒病三种，其中以花叶病毒病发生最为普遍。

花叶型：轻度花叶开始表现为明脉和轻微褪色，继而发生浓绿与淡绿色相间的花叶，严重时顶叶变小，叶脉变色，扭曲畸形，植株矮小。

条斑型：叶片主脉呈褐色或黑色坏死，沿叶柄扩展到枝、主茎及顶端生长点，产生褐色油渍状坏死的条斑。

蕨叶型：病株表现不同程度的全株性皱缩矮化症状，且分枝增多，呈现丛枝状，心叶叶肉组织退化，叶片变小或出现蕨叶，病株后期扭曲畸形。

2. 发病特点

病毒可在其他寄主作物或病残体及种子上越冬。第二年病毒主要通过蚜虫和农事操作传播，侵入辣椒。在田间作业中如整枝、摘叶、摘果等人为造成的汁液接触都可传播，病毒经过茎、枝、叶的表层伤口浸染。在气温 20℃ 以上、高温干旱、蚜虫多、定植偏晚等情况下发病重。植株组织柔嫩，较易感病，凡有利于蚜虫生长繁殖的条件下病毒病较重。

3. 综合防治方法

① 综合管理。种子用 9% 高锰酸钾溶液浸种 10 分钟，再用清水洗净后播种；塑料大棚栽培有利早栽早熟，病毒病盛发期辣椒已花果满枝，可避免危害；高温干旱时利用遮阳网、防虫网等设施育苗栽培，减少蚜虫及高温为害；农事操作中要注意防止人为传毒，在进行整枝、打杈、摘果等操作中，手和工具要用肥皂水冲洗，以防伤口感染。

② 防治蚜虫。发病前抓好早期治蚜工作，以防蚜虫传播病毒；保护天敌，利用瓢虫、食蚜蝇等；人工铺挂银灰色膜避蚜或利用蚜虫有趋黄色习性进行黄色诱板诱杀，也能起到灭蚜防病效果。

③ 药剂防治。利用苦参碱或除虫菊素 1200 倍喷雾防治。

（五）斜纹夜蛾

1. 形态特征

成虫体长 14 ～ 20 毫米，翅展 35 ～ 40 毫米，体深褐色，胸部背面有白色丛毛，腹部侧面有暗褐色丛毛。前翅灰褐色，内、外横线灰白色波浪形，中间有 3 条白色斜纹，后翅白色。卵扁平半球形，初产时黄白色，孵化前紫黑色，外覆盖灰黄色绒毛。老熟幼虫体长 35 ～ 50 毫米，幼虫共分 6 龄。头部黑褐色，胸腹部的颜色变化大，如土黄色、青黄色、灰褐色等，从中胸至第九腹节背面各有一对半月形或三角形黑斑。蛹长 15 ～ 20 毫米，红褐色，尾部末端有一对短棘。

2. 危害特点及习性

斜纹夜蛾属鳞翅目夜蛾科，是一种食性很杂的暴食性害虫。初孵幼虫群集为害，2 龄后逐渐分散取食叶肉，4 龄后进入暴食期，5 ～ 6 龄幼虫占总食量的 80%。幼虫咬食叶片、花、花蕾及果实，食叶成孔洞或缺刻，严重时可将全田作物吃成光秆。

斜纹夜蛾是一种喜温性害虫，发育适宜温度 28 ～ 30℃，危害严重时期 6 ～ 9 月。成虫昼伏夜出，以晚上 8 ～ 12 时活动最盛，有趋光性和需要补充营养，对糖、酒、醋液及发酵物质有趋性。卵多产在植株中部叶片背面的叶脉分杈处，每雌产卵 3～5 块，每块约 100 多粒。大发生时幼虫有成群迁移的习性，有假死性。高龄幼虫进入暴食期后，一般白天躲在阴暗处或土缝中，多在傍晚后出来危害，老熟幼虫在 1～3 厘米表土内或枯枝败叶下化蛹。

3. 综合防治方法

① 诱杀成虫。利用成虫的趋光性、趋化性进行诱杀。采用黑光灯、频振式灯诱蛾，也可用糖醋液（糖：醋：酒：水为 3：4：1：2）进行诱杀。

② 人工捕杀。利用成虫产卵成块，初孵幼虫群集危害的特点，结合田间管理进行人工摘卵和消灭集中危害的幼虫。

③ 生物防治。2 龄前用苦参碱或除虫菊素 1200 倍喷雾防治，防治时间选择清晨或傍晚；苏云金杆菌（Bt）可湿性粉剂 500～1000 倍喷雾防治。

（六）红蜘蛛

红蜘蛛以若虫和成虫在寄主的叶背面吸取汁液，受害叶初现灰白色，严重时变锈褐色，造成早落叶、果实发育慢、植株枯死。以成虫、若虫、卵在寄主的叶片下或土缝里或附近杂草上越冬。

（七）蚜虫

附着在叶面，吸取叶片的营养物质，是传染病毒的主要媒介。在温暖地区或温室中，以无翅胎生雌蚜繁殖。防治参照病毒病蚜虫防治内容。

（八）烟青虫

1. 形态特征

成虫体长约 15 毫米，翅展 27～35 毫米，黄褐色，前翅上有几条黑褐色细横线、肾状纹和环状纹较棉铃虫清晰；后翅黄褐色，外缘的黑褐色宽带稍窄。卵较扁，淡黄色，卵壳上有网状花纹，卵孔明显。老熟幼虫体形大小及体色变化与棉铃虫相似。体侧深色纵带上的小白点不连成线，分散成点。体表小刺较棉铃虫短，圆锥形，体壁柔薄较光滑。蛹赤褐色，纺锤形，体长体色与棉铃虫相似，腹部末端的一对钩刺基部靠近。

2. 危害特点及习性

烟青虫属鳞翅目夜蛾科，又名烟夜蛾。主要危害辣椒，以幼虫蛀食花蕾和果实为主，也可食其嫩茎、叶和芽。蛀果危害时，虫粪残留于果皮内使椒果失去经济价值，田间湿度大时，椒果容易腐烂脱落造成减产。

烟青虫一年发生 4～5 代，以蛹在土中越冬，于翌年 5 月开始羽化。成虫产卵多在夜间，前期卵多产在寄主植物上中部叶片背面的叶脉处，后期多在果面或花瓣上。初孵幼虫在植株上爬行觅食花蕾，2～3 龄以后蛀果危害，可转株转果危害。低龄幼虫日平均蛀果1～1.5 个，高龄幼虫日均蛀果 2～3 个。在蛀果危害时，一般一个椒果内只有一头幼虫，密度大时有自相残杀的特点。幼虫白天潜伏夜间活动，有假死性，老熟后脱果入土化蛹。辣椒的早熟品种上产卵少，幼虫蛀果率低，危害轻，而中迟熟品种叶色浓绿、生长好、现蕾早的田块产卵多，危害严重。幼虫主要有三个发生高峰期，即 6 月上中旬、7 月下旬和 8 月中下旬。

3. 综合防治方法

① 改进栽培管理。推广利用早熟品种，避开为害时期；加强田间管理，及时清洁田园。基质消毒，消灭越冬蛹。

② 诱杀成虫。用 0.6 米长的带叶杨树或柳树枝条，每 10 根捆扎成把绑在木棍上插于田间，略高于辣椒植株，每亩设置 10 把左右，5～7 天更换一次，在发蛾盛期第一代 5 月下旬至 6 月中旬，第二代7 月中旬，第三代 8 月中旬连续诱蛾 15～20 天，每天清晨用塑料袋套住枝把，捕杀成虫。或每 4 公顷地安装设置一台频振式杀虫灯，晚上诱杀成虫的效果较好。

③ 生物防治。保护利用自然天敌，如赤眼蜂、草蛉、瓢虫、蜘蛛等。使用微生物农药如 Bt 乳剂、复方 Bt 乳剂、杀螟杆菌各

500 ～ 800 倍液，生物复合病毒杀虫剂 1000 ～ 1500 倍液，对低龄幼虫有较好的防治效果。

（九）茶黄螨

1. 形态特征

雌螨体长约 0.21 毫米，椭圆形，淡黄色至橙黄色，半透明，体背中央有白色纵条纹，足 4 对，较纤细；雄螨体长约 0.19 毫米，淡黄色至橙黄色，半透明，足较长而粗壮。卵椭圆形，无色透明，卵面纵列 5 ～ 6 行白色小瘤。若螨长椭圆形，长约 0.15 毫米，是一个静止的生长阶段，被幼螨的表皮所包围。

2. 危害特点及习性

茶黄螨属蛛形纲，蜱螨目，跗线螨科。成螨和幼螨集中在寄主的幼嫩部位（幼芽、嫩叶、花、幼果）吸食汁液。被害叶片增厚僵直，变小或变窄，叶背呈黄褐色或灰褐色，带油渍状光泽，叶缘向背面卷曲。幼茎被害变黄褐色，扭曲成轮枝状。花蕾受害畸形，重者不能开花坐果。受害严重的辣椒植株矮小丛生，落掉叶、花、果后形成秃尖，果实不能长大，凹凸不光滑，肉质发硬。

茶黄螨以成螨在土缝、蔬菜及杂草根际越冬，世代重叠。热带及温室大棚条件下，全年均可发生。繁殖的最适温度为 16 ～ 23℃，相对湿度 80% ～ 90%，温暖多湿的生态环境有利于茶黄螨生长发育，但冬季繁殖力较低。茶黄螨的传播蔓延除靠本身爬行外，还可借风力、人、工具及菜苗传带，开始为点片发生。茶黄螨有趋嫩性，成螨和幼螨多集中在植株的幼嫩部位为害，尤其喜在嫩叶背面栖息取食。雄螨活动力强，并具有背负雌若螨向植株幼嫩部位迁移的习性。卵多散产于嫩叶背面、果实的凹陷处或嫩芽上。初孵幼螨常停留在卵壳附近取食，变为成螨前停止取食，静止不动，即为若螨阶段。

3. 综合防治方法

① 清洁田间。搞好冬季大棚等设施内茶黄螨的防治工作，铲除

田间和棚内杂草，蔬菜采收后及时清除枯枝落叶，减少越冬虫源。

② 药剂防治。由于茶黄螨的生活周期短、螨体小，繁殖力强，应注意抓住早期的点、片发生阶段及时防治。用苦参碱 1000 倍喷雾防治。

（十）小地老虎

幼虫可将辣椒幼苗近地面的茎部咬断，使整株死亡，造成严重损失，甚至毁苗。成虫体长 16 ～ 23 毫米，深褐色；卵长 0.5 毫米，半球形，表面具纵横隆纹；幼虫体长 37 ～ 47 毫米，灰黑色，体表布满大小不等的颗粒；蛹长 18 ～ 23 毫米，赤褐色，有光泽。可用黑光灯、糖醋液诱杀成虫。灰菜、刺儿菜、苦荬菜、小旋花、苜蓿、青蒿、白茅等堆放诱集地老虎幼虫后人工捕捉。

（十一）白粉虱

前茬在设施内生产时，如温室冬春茬栽植油菜、芹菜、韭菜等耐低温而白粉虱不喜食的蔬菜，可减少虫源。用 200 ～ 500 倍肥皂水防白粉虱。另外，利用成虫的趋黄性，可在温室内设黄板诱杀成虫。

第六章
甜瓜有机无土栽培技术

甜瓜，别名熟瓜、果瓜、香瓜、甘瓜。原产于非洲热带沙漠地区，属葫芦科，一年蔓生草本植物。甜瓜因味甜而得名，由于清香袭人故又名香瓜。甜瓜是夏令消暑瓜果，果肉生食，其营养丰富，芳香物质、矿物质、糖分和维生素 C 含量高，有利于人体心脏、肝脏以及肠道系统的活动，能促进内分泌和造血机能。现在我国各地普遍栽培（图 6-1）。

图 6-1　甜瓜（左为厚皮甜瓜，右为薄皮甜瓜）

我国栽培的甜瓜有普通甜瓜、网纹甜瓜、哈密瓜、越瓜和菜瓜等变种。南方各省因夏季雨量较多、气候潮湿，适宜栽培的类型主要是普通甜瓜。哈密瓜和网纹甜瓜对气候要求严格，适于干燥、阳光充足，夏季炎热且昼夜温差大的西北地区栽培。

目前，网纹甜瓜居世界十大高档瓜果之一，是国际公认的餐后水果型蔬菜珍品。随着我国经济的快速发展，人民生活水平的不断提高，网纹甜瓜的消费量迅速增长，江南亚热带高湿弱光生态区通过引种和培育抗病、耐弱光、耐湿和高糖品种，开发了适宜的配套栽培技术，近年来东部地区保护地厚皮甜瓜栽培成功，扩大了种植地区，延长了生产季节和供应期，填补了东部地区厚皮甜瓜商品生产的空白。

甜瓜的栽培，特别是厚皮甜瓜的栽培，以设施栽培为主。有机甜瓜的无土栽培也主要是采用温室、日光温室和大棚等设施，进行基质栽培。

第一节　品种选择

一、品种选择的原则

1. 注意无土栽培的季节茬口、栽培模式与品种本身特点

甜瓜品种选用，与所用的栽培设施和季节茬口要相适应。特别注意其对温度、光照和湿度环境的要求。

目前，在长江三角洲和南方多雨地区栽培成功的厚皮甜瓜，多为中小型早中熟品种，一般选用日本和我国台湾比较耐湿的杂种一代，白皮、黄皮和网纹三个类型中的一些适应品种。薄皮甜瓜品种较多，其次是厚皮甜瓜与薄皮甜瓜的杂交一代品种。北方地区，则主要以厚皮甜瓜进行设施栽培为主。

以大棚栽培甜瓜品种选择为例，厚皮甜瓜宜选择颜色好、瓜形正、肉厚、甜多汁、耐运输的品种。薄厚皮中间型，则选择具有普通瓜的香味和厚皮甜瓜的清香味、含糖量高、适于棚栽及露地栽培的品种。薄皮甜瓜型，宜选择早熟、风味香脆、抗病能力强的甜瓜品种。

2. 甜瓜品种选择应注意的问题

有机甜瓜无土栽培的品种，除常见的常规品种、杂交品种外，可

以选择使用自然突变材料选育形成的品种。禁止使用转基因品种。

二、常见的甜瓜品种及其特点

1. 甜瓜品种类型

我国栽培的甜瓜有普通甜瓜、网纹甜瓜、哈密瓜、越瓜和菜瓜等变种。

南方各省因夏季雨量较多、气候潮湿，适宜栽培的类型主要是普通甜瓜。哈密瓜和网纹甜瓜对气候要求严格，适于干燥、阳光充足，夏季炎热且昼夜温差大的西北地区栽培。南方栽培注意品种选择和配套栽培技术。

甜瓜是喜温作物，整个生育期中最适合的温度是 25 ～ 35℃，不同生育阶段对温度要求不同。萌芽期最低温度 15℃，最适温度 30 ～ 35℃；幼苗生长最适温度 26 ～ 27℃，夜温 15 ～ 20℃，土温 20 ～ 25℃；果实发育最适温度 30 ～ 35℃。温度低于 13℃生长停滞，10℃完全停止生长，7.4℃就会产生冷害。较大的日夜温差利于优质高产。不同熟性品种对积温要求不同，早熟品种 1500 ～ 1750℃；中熟品种 1800 ～ 2800℃；晚熟品种 2900℃以上。

甜瓜是喜光作物，在光照不足情况下，甜瓜的生长发育会受到抑制，要保证甜瓜正常生长发育，要求每天至少有 10 ～ 12 小时光照。甜瓜植株生育期内对日照总时数的要求因品种的不同而异，通常早熟甜瓜品种需 1100 ～ 1300 小时光照；中熟品种需 1300 ～ 1500 小时光照；晚熟品种需 1500 小时以上的光照。甜瓜光补偿点为 4000 勒克斯，光饱和点 5.5 万勒克斯。

甜瓜需水量大，要求充足的水分供应。甜瓜不同生育期对水分的要求不同。幼苗期和伸蔓期适宜基质含水量为 70%；果实生长期为 80%～85%；果实成熟期为 55%～60%。含水量低于 50% 则植株受旱。

甜瓜要求较低的空气相对湿度，适宜的空气相对湿度在 50%～60%。湿度过高易导致生长势弱，坐果率低，品质差且易诱发病害；但空气湿度过低，则影响营养生长和花粉萌发，使受精不正常，造成子房脱落。

对营养的需求方面，每生产 1000 千克甜瓜约需吸收氮 3.75 千克、

有机蔬菜无土栽培技术大全（彩色图解＋视频升级版）

磷 1.7 千克、钾 6.8 千克、钙 4.95 千克、镁 1.05 千克。

此外，设施有机甜瓜无土栽培，进行二氧化碳施肥，有利于甜瓜优质高产。

2. 部分国内外优良甜瓜品种简介

部分国内外优良甜瓜品种简介如下。

（1）中蜜 1 号 中国农业科学院蔬菜花卉研究所选育。中熟，厚皮甜瓜。抗性强，子蔓结瓜，易授粉，坐果率高。圆或高圆形。授粉后 40 ～ 45 天成熟。浅青绿果皮，网纹细密均匀，折光糖度 15% 以上。单果重 1.0 千克左右。果瓤绿色，质脆清香，含糖量高。亩产量约 2500 千克。各地保护地均可种植。

（2）金冠 1 号 早熟，薄皮单果重 2.5 千克左右，成熟期 25 ～ 28 天，高圆至短椭圆形。皮色深金黄，瓤红，肉质细爽多汁，中心糖度 12 度左右。叶柄基部、叶脉以及幼果呈黄色，可作为鉴别真假杂种的标记性状。结果能力强，一株可结多果，果皮薄韧，不易破裂，耐贮藏运输。适应性强，适宜全国各地冬春保护地早熟栽培、春夏及夏秋延后栽培。

（3）中蜜 201 薄皮甜瓜，果皮白色，梨形，果肉白色，脆甜，含糖量 13% 以上，单果重 400 克左右。孙蔓结瓜，早熟，授粉后 28 ～ 30 天成熟。抗性好。

（4）金帅 2 号 早熟，薄皮。植株生长势强，一株可结多果。植株的茎、叶柄、叶脉以及幼果呈黄色，果皮薄韧，耐贮藏运输。单果重 4 千克左右，果实成熟约需 28 天，短椭圆形，皮色金黄，肉色嫩黄，味甜多汁，中心糖度 11 度左右，有清香味，爽口，风味品质好。抗病性与适应性强，较耐重茬，适宜全国各地冬春保护地早熟栽培、春夏及夏秋延后栽培。

（5）元首 天津科润黄瓜研究所选育。薄皮甜瓜，植株生长中等，品质好，肉质酥脆爽口，香甜，糖度 16%。果皮光滑，密布精美花纹，橙红色果肉。易坐果，果实成熟期 40 天左右，果实高圆形，单果重 2 千克以上。果肉厚 4 厘米以上，果皮薄，高收益，耐贮，口感风味极佳。适于春季塑料大棚栽培。

（6）丰雷 厚皮甜瓜，外形独特，品质香甜浓郁，综合抗性优良，抗逆性强，适于全国大部分地区种植，植株长势中等，果实成熟期35天，单瓜重1.3～1.5千克，果皮黄绿，沟肋明显。果肉浅绿色，肉厚3.5厘米，折光糖含量16%。耐贮运，货架期长。适于春秋保护地和露地栽培。

（7）甜7号　果皮光洁，整齐度高，商品性好。植株长势健壮，综合抗性好，坐果整齐一致。果实成熟期35天，单果重1.5千克。果实长圆形，果皮黄色，果肉浅绿，肉厚3.8厘米，成熟后折光糖含量16%。适于保护地春季栽培。

（8）甜8号　极早熟、高产优质甜瓜品种。果实成熟期35天，植株长势健壮，综合抗性好，低温期坐果性好，单果重1.5千克。果实圆形，果皮黄色，果肉浅绿，肉厚3.7厘米，成熟后折光糖含量17%。适于保护地春秋栽培。

（9）甜9号　本品种以早熟、高产、耐贮运而著称。植株长势健壮，综合抗性好，坐果率高且整齐一致。果实成熟期38天，单果重1.8千克。果实圆形，果皮黄色，果肉浅绿，肉厚3.5厘米，成熟后折光糖含量17%，肉质较脆，货架期长。适于保护地春季栽培。

（10）瑞龙　高档网纹甜瓜。网纹均匀，果形周正，外观漂亮，植株长势中等，叶片较小，适于保护地弱光条件栽培，果实成熟期50天，单瓜重2.0千克左右，果皮灰绿，网纹均匀，果肉黄绿色，肉厚4.5厘米，折光糖含量17%左右。果肉柔软多汁，风味清香优雅，是甜瓜中的高档品种。亩产3000千克以上，适于春季保护地栽培。

（11）蜜龙　天津市农科院蔬菜研究所选育。网纹甜瓜。植株长势健壮，叶片肥厚。果实成熟期53天，单瓜重1.7千克。果实高圆形，果皮灰绿，有稀疏暗绿斑块，果面网纹均匀规则。果肉橙色，肉厚3.7厘米，肉质脆，折光糖含量16%。高抗白粉病，耐贮运。亩产量3000千克。适于全国保护地种植。

（12）瑞龙2号　秋季专用品种，以综合抗性突出，网纹形成早，纹理粗匀规则著称。果实发育期50天，单瓜重1.5千克，含糖量17%，汁多味甜，芳香优雅。

（13）金蜜龙　以耐贮运，货架期长著称。果实成熟期50天，单果重2.0千克。橙红果肉，肉质脆，肉厚4厘米，含糖量17%。适于春季保护地种植。

（14）**碧龙** 早熟，网纹甜瓜。该品种对低温耐性好，早春栽培坐果率高，整齐一致。植株长势中等，叶色浓绿，节间较短，果实成熟期48天，单果重1.8千克。果皮浓绿色，果面密覆网纹。果肉碧绿色，肉厚3.8厘米，成熟后折光糖含量17%，果肉脆质，货架期长，耐贮运。适于保护地春秋栽培。

（15）**雪龙** 植株长势健壮，综合抗性好，易坐果。果实成熟期38天，单果重1.8千克。果皮白色，果肉浅绿，肉厚3.8厘米，外观晶莹剔透，口感清脆爽口，商品率高，货架期长。成熟后折光糖含量17%，果肉脆质，耐贮运。适于保护地春秋栽培。

（16）**津甜1号** 薄皮甜瓜品种。植株长势旺，孙蔓坐果，果实发育期30天，单瓜重400～600克，含糖量15%，果肉脆，果皮韧，耐贮运。

（17）**津甜210** 薄厚皮杂交类型，植株长势较旺，适应性好。果实发育期28天，单瓜重800～1000克，折光糖含量15%，有浓郁香味。适于春秋保护地栽培。

（18）**津甜88** 薄厚皮杂交类型，抗性好，果实成熟期35天，平均单瓜重800克，最大可达1.5千克。果肉浅绿，肉质脆，含糖量15%。适于露地和春季保护地栽培。

（19）**顶甜2号** 薄厚皮杂交品种，果实成熟期30天，平均单瓜重600克，单株可结瓜4～5个，果肉绿色，糖度达18%，适于保护地和露地栽培。

（20）**津甜83** 薄厚皮杂交类型品种，果实成熟期30天。平均单瓜重600克，单株可结瓜4～5个，糖度18%，果肉绿色，香味浓郁。春季保护地和露地均可种植。

（21）**津甜98** 薄厚皮杂交甜瓜品种，其高糖，高品质，抗性好等突出特点明显优于国内同类型甜瓜。果实成熟期30天，平均单瓜重500克以上，单株可结瓜4～5个，果肉白色，糖度达16%，适于保护地和露地栽培。

（22）**津甜87** 薄厚皮杂交类型，抗性好，果实成熟期30天，单果重0.7千克，果肉绿色，肉厚2.5厘米，中心糖含量16%。适于露地和春季保护地栽培。

（23）哈密红　上海农科院园艺所选育。春季全生育期105天左右，夏秋季全生育期90天左右，果实椭圆形，果皮奶白色，果面有稀疏的网纹，单果重春季在1.7千克左右、秋季在1.8千克，可溶性固形物16%以上，果肉厚4.0厘米左右，果肉橘红色，肉质脆爽，不易发酵，水分足、清香味浓。春季果实发育期在43天左右。一般亩产量在2000千克左右。可作春秋两季栽培用，秋季栽培不易早衰。

（24）金辉1号　上海地区果实发育期，春季42天左右。果形椭圆形、果皮金黄色，果肉橘红色，肉质脆嫩爽口。单瓜重1.8千克左右，果肉厚4厘米左右，折光糖度16度左右。极耐储藏。

（25）东方蜜一号　早中熟，植株长势健旺，坐果容易，丰产性好，耐湿耐弱光，耐热性好，抗病性较强。果实椭圆形，果皮白色带细纹，平均单果重1.5千克，耐贮运。果肉橘红色，肉厚3.5～4.0厘米，肉质细嫩，松脆爽口，细腻多汁，中心含糖量16度左右，口感风味极佳。春季栽培全生育期约110天，夏秋季栽培约80天，果实发育期40天。适于设施栽培的哈密瓜型甜瓜。

（26）东方蜜二号　中熟。植株生长势较强，坐果整齐一致，耐湿耐弱光，耐热性好，综合抗性好。果实椭圆形，黄皮网纹，平均单果重1.3～1.5千克，耐贮运。果肉橘红色，肉厚3.4～3.8厘米，肉质松脆细腻，中心含糖量16度以上，口感风味上佳。春季栽培全生育期约120天，夏秋季栽培约90天，果实发育期45天左右。是适于设施栽培的哈密瓜型甜瓜。

（27）明珠一号、二号　中早熟品种，植株长势中等，综合抗性好，容易坐果，丰产性好，果实圆形、白色、光皮，单果重1.5千克左右，耐贮运。果实发育期35～40天。果肉白色，厚4厘米左右，腔小，肉质松软，清香，含糖量16度以上，口感风味佳。是适于设施栽培的白色光皮型厚皮甜瓜。

（28）红优　果形椭圆形、果皮奶白色，果肉橘红色，肉质脆嫩爽口。单瓜重2千克左右，果肉厚4.5厘米左右，折光糖度16度左右。春季全生育期105天左右，夏秋季全生育期90天左右，从开花到成熟春季40天、夏秋季38天左右。极耐贮藏，抗病性极强。

（29）**白玉香** 早熟，果形圆形、果皮光滑奶白色，果肉白色，肉质细爽多汁。单瓜重 1.5 千克左右，果肉厚 4 厘米左右，折光糖度 17 度左右。抗病，适于保护地栽培。开花到成熟春季 35 天、夏秋季 32 天左右，春季全生育期 100 天左右，夏秋季全生育期 90 天左右。

（30）**秀绿** 果形球形、果皮光滑奶白色，果肉翡翠绿色，肉质细爽多汁。单瓜重 1.5 千克左右，果肉厚 4 厘米左右，折光糖度 16 度左右。适于保护地栽培。开花到成熟春季 38 天，夏秋季 35 天左右，春季全生育期 100 天左右，夏秋季全生育期 90 天左右。

（31）**世纪蜜** 早熟，果实圆形，果皮光滑白色。果肉白色，肉质细爽多汁。单果重 1.5 千克左右。果肉厚 5 厘米左右，折光糖度 17% 左右。抗病。春季果实发育期满 35 天、夏季果实发育期 35 天，夏秋季 32 天左右。

（32）**甘甜一号** 甘肃省农科院蔬菜研究所选育。极早熟，薄皮甜瓜杂种一代。果实卵形，果皮绿色，果肉翠绿色，肉质酥脆，细嫩多汁，甘甜爽口，风味纯正，折光糖 12% ～ 15%。未成熟果为浅绿色，成熟果实顶部有黄晕，并具有芳香味，成熟时果梗脱落，也不易裂果，主蔓、子蔓、孙蔓均可结果，单瓜重为 450 克左右，大小整齐，一般每株可结 4 ～ 5 个果实，亩产 2000 ～ 2500 千克，全生育期 80 天，适应性广，高产稳产。

（33）**甘黄金** 中熟，薄皮甜瓜杂种一代。生长健壮，抗病性和适应性强，高产稳产，果实长卵形，色金黄美观，含糖量高，酥脆多汁，风味纯正，品质上等，较耐贮运，商品性显著优于对照品种。全生育期 90 ～ 100 天。单瓜重 0.4 ～ 0.8 千克，折光糖含量为 14.7%，维生素 C 含量为 22.53 毫克每 100 克鲜重，亩产 2000 ～ 2500 千克。

（34）**京玉 268** 早熟。果实卵圆形，单果重 0.4 ～ 1.0 千克；果皮晶莹剔透，洁白如玉，果肉乳白色，肉质细腻，折光糖含量 15% ～ 19%；风味清香淡雅，独特诱人；抗白粉病，耐枯萎病，果实熟后不落蒂，货假期长，耐储运。适于日光温室和大棚春季栽培，少雨地区可露地种植。

（35）**京玉 279** 厚皮甜瓜。果实卵圆形，果皮灰绿色，果肉翠绿色，单瓜重 0.5 ～ 0.8 千克，折光糖含量 14% ～ 17%，肉质细腻，风味独特，令人回味。抗枯萎病，耐储运。适于日光温室及大棚栽培，少雨地区可露地栽培。

（36）京玉352　薄皮甜瓜。果实短卵圆形，白皮白肉，单瓜重0.2～0.6千克，折光糖含量11%～15%，肉质嫩脆爽口，风味香甜。适应性广，适于保护地及露地栽培，适合休闲观光采摘。

（37）京玉一号　早熟。圆球形，皮洁白有透感，熟后不变黄不落蒂，含糖量14%～19%，果重1.2～2.0千克，抗白粉病，耐贮运，适合春保护地早熟优质栽培。

（38）京玉二号　白皮橙肉，高圆形，肉浅橙色，肉质松脆爽口，含糖量14%～17%，果重1.2～2.0千克，熟后不落蒂，抗白粉病，适合春季保护地特色栽培。

（39）京玉三号　外观晶莹剔透，洁白如玉，分白肉系和橙肉系，椭圆形，含糖量15%～18%，口感风味俱佳，单果重1.4～2.2千克，熟后不变黄，不落蒂。

（40）京玉四号　富于浪漫网纹，品质上乘，圆球形，皮灰绿色，肉橙红色，含糖量15%～18%，单果重1.3～2.2千克，耐贮，货架期长，抗白粉病，适合保护地高档礼品栽培。

（41）京玉五号　圆球形，皮灰绿色覆盖均匀突起网纹，肉绿色。细腻多汁，风味独特，含糖量15%～18%，果重1.2～2.2千克，耐白粉病，适合保护地高档礼品栽培。

（42）京玉月亮　早熟，白皮橙肉组合，肉色更红，外观漂亮，果实圆球形，光滑细腻，白里透橙，肉质细嫩爽口，折光糖含量14%～18%。

（43）京玉黄流星　黄皮特异类型，果实圆形，果皮金黄上覆深绿斑点，似流星雨，折光糖含量14%～16%，单果重1.3～1.6千克。

（44）京玉白流星　白皮特异类型，果实高圆，果皮洁白有透感，上覆深绿星条，似流星雨状，折光糖含量14%～17%，口感清新。

（45）迷你哈密　果实长圆，果皮灰绿色，上覆均匀规则网纹，果肉浅橙色，松脆爽口，折光糖含量14%～17%，抗逆性强。

（46）金玉　早熟，生育强健，适应性强，结果力强，易栽培，果实椭圆形，果重约500克，开花后果约25天成熟，果皮金黄色，肉厚白色，肉质细腻，香甜味美，糖度约15%，丰产。

（47）**白玉** 适应性强，耐湿、耐病，栽培容易，果实成熟时白色转带淡黄白色采收，果实梨形整齐，果肉白绿色，糖度约16%之间，果重约500克，品质极佳，肉质细腻，香甜可口，丰产。

（48）**美浓** 生育强健，抗病性好，适应性强，易栽培，果实梨形，大小整齐，成熟时果皮呈淡黄白色，果重约450克，肉色淡白绿，糖度约16%，肉质细腻，风味佳，丰产。

（49）**新玉** 早熟，易着果，果实梨形丰满整齐，果重约500克，果皮白绿微带黄色，肉色淡白绿，糖度约16%，品质安定，肉质细腻，风味好。

（50）**天仙** 早熟，生育强健，较抗枯萎病，栽培容易，夏季栽培品质依然稳定，果高球形，果重约1千克，果皮黄绿色，疏网纹，果肉白色，糖度约17%，质地细嫩，风味甜美，全生育期约70天。

（51）**玉露** 中早熟，生长强健，抗枯萎病，耐霜霉病，结果力强，栽培容易，适于夏作，果实球形，成熟果奶油色稍带淡黄色，果面有疏网纹，果重约1.5千克，肉色淡绿，糖度约16%，充分成熟时易脱蒂，宜适期采收。

（52）**天蜜** 低温生长性良好，果实高球乃至短椭圆形，网纹细美。外观十分可爱，果重约1.2千克，开花后40～50天成熟，糖度约16%，果肉纯白色，肉厚，肉质特别柔软细嫩，入口即化，汁多，风味鲜美。抗枯萎病，适于设施栽培。

（53）**翠蜜** 生育强健，栽培容易，果实高球乃至微长球形，果皮灰绿色，果重约1.5千克，网纹细密美丽，果肉翡翠绿色，糖度约17%，最高可达19%，肉质细嫩柔软，品质风味优良。开花后约50天成熟，不易脱蒂，果硬耐贮运。抗枯萎病，冷凉期成熟时果皮不转色，宜计算开花后成熟日数。刚采收时肉质稍硬，经2～3天成熟后，果肉即柔软。适合保护地栽培。

（54）**橙露** 生育强健，抗病性强，易栽培，果实高球形，网纹粗美，开花后55天左右成熟，果重约1.5千克，果皮灰白绿色，果肉橙色，肉质柔软细嫩，风味特别鲜美，糖度约16%，不易裂果，不脱蒂，耐贮运。

（55）**抗病 3800** 大果，网纹甜瓜，较抗枯萎病，栽培容易，耐低温耐弱光，易着果，果实椭圆形，灰绿皮，网纹安定，果重约 2.5 千克，果肉橙色，糖度约 15%，肉质脆爽，全生育期约 90 ～ 120 天，果实发育期为 45 ～ 55 天。

（56）**天橙** 生育强健，易着果，果实高球形，网纹细密，果皮绿灰色，单果重约 1.8 千克，果肉橙色，糖度约 16%，质地细软，产量高。全生育期日数约 95 天，开花至成熟约 47 天。

（57）**佳蜜** 植株强健，抗枯萎病，果实高球形，网纹细密安定美观，果皮灰绿色，单果重约 2 千克，果肉绿白色，糖度约 16%，质地细软多汁，风味佳。结果力强、不易脱蒂，耐贮运。全生育期约 90 天，开花至成熟约 45 天。

（58）**新世纪** 网纹甜瓜。生育强健，果实橄榄形至椭圆形，微有沟肋，成熟时果皮淡黄绿色，有稀疏网纹，果重约 1.5 千克，大的可达 3 千克以上，果肉厚，肉色淡橙，肉质特别脆嫩，糖度约 15%，果梗不易脱落，果硬，耐贮运。

（59）**香妃** 早熟，网纹甜瓜。耐病，结果力强，果实纺锤形，果皮黄绿色，果面有稀疏网纹，果重约 2 千克，肉厚淡橙色，肉质脆嫩，糖度约 15%，开花后约 40 天成熟，耐贮运。

（60）**橙蜜** 网纹甜瓜。生育强健，抗病性强。果实短椭圆形，灰绿皮，网纹细密，果重约 3 千克，果肉橙红色，糖度约 15%，肉质细嫩爽口，耐贮运，全生育期约 95 天。

（61）**长香玉** 网纹甜瓜。生育强健，较抗枯萎病，果实长椭圆形，灰绿皮，网纹细密安定，果重约 2.5 千克，果肉橙红色，糖度约 16%，肉质细软有香味，全生育期约 90 天。

（62）**罗密欧** 网纹甜瓜。抗病性强，结果容易，椭圆形果，果重约 3.5 千克，果面淡黄有斑点，有稀疏网纹。果肉淡橙色，果肉厚，糖度约 15%，质地脆爽，风味佳。适于温暖期栽培，全生育期 75 ～ 85 天，开花至采收 40 ～ 45 天。

（63）**伊丽莎白** 早熟，果实高圆形，果皮光滑，橘黄色，肉厚 2.5 ～ 3 厘米，质细，多汁、味甜，单瓜重 500 ～ 1000 克，亩产 1500 ～ 2000 千克，高产，优质，抗性强，容易栽培。全生育期 100

天左右。

（64）**蜜世界** 薄皮甜瓜。果实长球形，果皮淡白绿色，果面光滑或偶有发生稀少网纹，果重约 2 千克，肉色淡绿，肉质柔软、细嫩多汁，无渣滓，糖度约 16%，品质优秀，风味鲜美，低温结果力甚强，开花至果实成熟需要 45 ～ 55 天，果肉不易发酵，果蒂也不易脱落，耐贮运，产量高。

（65）**新月** 早熟，薄皮甜瓜生育强健，果实高球形，皮雪白，光滑亮丽，果重约 1.5 千克，果肉白色，糖度约 16%，肉质细软多汁，风味鲜美。

（66）**玉雪** 果实高球形，果面雪白亮丽，卖相好，果面偶会出现稀少网纹，单果重约 2 千克，果肉绿白色，糖度约 16%，肉质细软，开花至成熟约 38 天，全生育期约 80 天。

（67）**状元** 早熟，薄皮甜瓜。易结果，开花后约 40 天可采收，成熟时果面呈金黄色，采收适期容易判别，果实橄榄形，脐小，果重约 1.5 千克，肉白色，靠腔部淡橙色，糖度约 16%，肉质细嫩，果皮坚韧，不易裂果，耐贮运。本品种株形小，适于密植，北方可日光温室立式栽培。

（68）**金蜜** 早熟，薄皮甜瓜。具易结果、大果、不裂果、不易脱蒂、耐贮运等优点，金黄果皮、白肉，品质细嫩，风味鲜美，果橄榄形，重约 1.5 千克，耐病力强，华南可冬季露地栽培。

（69）**金姑娘** 早熟，薄皮甜瓜。生育强健，栽培容易，生育后期植株不易衰弱，因此第二次结果之果实品质仍甚甜美。果实橄榄形，脐小，果皮金黄色，果面光滑或偶有稀少网纹，外观娇美，开花后 35 天左右成熟，成熟时果皮黄色，采收适期容易判别，果重约 1.5 千克，果肉纯白色，肉质脆嫩，不易发酵变质，风味好，耐贮运。适于高温期栽培。

（70）**金香玉** 薄皮甜瓜。生长势中，适于密植，叶部病害中抗，开花至成熟 40 ～ 50 天，果短椭圆形，果皮黄色，果重 2 千克，糖度 16%，白肉，肉质脆嫩，不易脱蒂，适合低温或温暖期栽培，福建地区可早春或晚秋栽培。

（71）**玉姑** 早熟，薄皮甜瓜。具结果能力强，高产，不脱蒂，强贮运力等特性。生育甚为强健，糖度高而稳定。果实高球形，果皮白色，果面光滑或有稀少网纹，果肉淡绿而厚子腔小，果重约 1.5 千克，糖度约 17%。肉质柔软细腻，宜果肉软化后食用。抗枯萎病，适于露地及大棚栽培。

（72）蜜莲　薄皮甜瓜。蜜世界类型，皮色好，抗枯萎病。果实短椭圆形，果面光滑或偶有稀少网纹，果重 2.0 ～ 3.0 千克，糖度在 14% ～ 17%，全生育期 75 ～ 90 天。

（73）甜宝　果实苹果形，糖度 14 ～ 17 度，品质好，单果重 500 ～ 750 克，皮色白绿，果肉青翠，甜度极高，肉质松脆芳香、味甜，易坐果，丰产，抗病力强。

（74）甜酥王　早熟，薄皮甜瓜。生育期 65 天左右，果实膨大快，易坐果。瓜形美，香味浓，甜脆爽口，含糖量高。不裂瓜，不倒瓤，果肉硬，耐贮运。单瓜重 350 ～ 400 克，大瓜可达 600 克，亩产 3000 ～ 4000 千克。适宜大小拱棚、地膜覆盖及露地栽培，以子蔓和孙蔓结瓜为主。

（75）黄籽金元宝　早熟，植株生长势强，极易坐果，平均单株坐果 4 ～ 5 个，单果重 1.2 ～ 1.5 千克，中心含糖 17 度，肉质脆爽，风味香甜纯正，皮色浓黄。雌花开放至果实成熟 25 天左右。

（76）福蜜金状元　早熟，耐贮运，肉质细脆，单果重 1.0 ～ 1.2 千克，香甜可口，商品性佳，经济效益好。该品种长势强健，抗逆性强，适应范围广。

（77）福田 1 号　早熟，长势强健，抗逆性强，适应范围广，耐贮运，肉质细脆，香甜可口，单果重 0.8 ～ 1.0 千克，商品性佳。

（78）华萃一号　极早熟，短椭圆果，浅绿皮覆细条纹，条纹规则，果形圆整丰满。大红瓤，质脆爽，中心含糖量 12.5% 以上，口感好。平均单果重 1.6 ～ 2.5 千克。皮薄而硬，极耐贮运。果实发育期 25 天左右。

（79）丰甜一号　早熟，厚薄皮中间型，果实椭圆形，金黄色果面具银白色条沟，果肉白色，细脆，品味好，单果重 1 ～ 1.5 千克，高产稳产，抗病、抗逆性强，适应性广。适于早熟栽培及秋延后栽培。

（80）新丰甜二号　早熟，成熟期 30 ～ 33 天，果实圆形，金黄色，光滑有光泽，肉白色，厚 3.2 ～ 3.7 厘米，肉质细嫩，汁多味甜，不易倒瓤，中心糖可达 14% ～ 16%，香味浓郁，口感佳良；单瓜重可达 0.8 ～ 1.2 千克。

（81）**丰甜三号**　长势旺盛，抗性强，易坐果。果实球形，成熟果淡黄色，果面密被网纹，肉色绿、细软多汁，味甜，具浓香，单果重 1.5 千克左右。

（82）**丰甜四号**　长势稳健，抗性强，适应性广，易坐果且整齐，易栽培。果实椭圆形，淡青底色，果面密被细网，果肉橘红色，质细脆，口感极佳，单果重 1.5 千克左右，较耐贮运。

（83）**丰甜六号**　长势稳健，早熟，易坐果，抗性较强。果实橄榄形，成熟果金黄色，果肉白色，肉质极细软，汁多味甜，香味浓，平均单果重 1.5 千克左右。

（84）**丰甜七号**　极早熟，长势强健，抗性强，易坐果。果实球形，果皮白色，极光滑，果肉白色，肉质细酥，汁多味甜，香味浓郁，平均单果重 1.3 千克。

（85）**丰甜八号**　中熟，生长势稳健，抗病、抗逆性强，易坐果，果实整齐，果实短椭圆形，果皮白色，果面密被细网，极为美观。果肉绿色，肉质细嫩，口感极佳，平均单果重 1.5 千克左右。

（86）**丰甜十一号**　极早熟，厚薄皮杂交类型。果实椭圆形，成熟果金黄色，具银白色条带；果肉白色，厚 2.8 ～ 3.3 厘米，肉质细脆，味香甜，中心糖可达 14% ～ 16%，果大，单瓜重可达 1.0 ～ 1.8 千克。成熟期 24 ～ 28 天。皮薄质韧，较耐贮运。

（87）**红妃**　早熟，大果，果实圆形，白皮，成熟果白里透红，果面光洁；果肉浅橘红色，色艳而匀，肉厚 4.2 ～ 4.5 厘米，肉质较脆，汁多味甜。成熟期 33 ～ 37 天。

（88）**丽妃**　大果型，成熟期 37 ～ 40 天。果实圆形，皮色白，透明感好，果面光滑，果形圆整，果肉白色，肉厚 4.4 ～ 4.8 厘米，肉质较酥软，汁多味甜，中心糖可达 14% ～ 17%，单瓜重可达 1.5 ～ 2.0 千克，皮薄质韧，耐贮运。香味纯正，单瓜重可达 1.8 ～ 2.5 千克，皮薄质韧，较耐贮运。

（89）**金瑞**　早熟优质大果型品种，成熟期 33 ～ 36 天。果实圆形，果色金黄色，光滑有光泽；果肉雪白色，厚 4.0 ～ 4.4 厘米，肉质细，汁多味甜，中心糖可达 15% ～ 17%，香味纯正，单瓜重可达 1.2 ～ 1.8 千克，皮质韧，耐贮运。

（90）华萃甜一号　早熟，薄皮甜瓜。果实梨形，大小整齐，果实灰绿色，果重约 700 克，大果可达 1.0 千克以上；肉色绿，厚 2.9 厘米左右；中心糖 14% ～ 16%，肉质嫩脆爽口，香味浓郁，产量及品质稳定。成熟期 27 ～ 30 天。

（91）华萃甜二号　极早熟，薄皮甜瓜。果实高梨形，大小整齐，成熟果金黄色，果重约 500 克，肉色白，厚 2.3 厘米左右；中心糖 13% ～ 16%，肉质酥脆爽口，香味浓郁，产量及品质稳定。成熟期 24 ～ 26 天。

（92）新丰甜一号　早熟，厚薄皮杂交甜瓜，果实椭圆形，成熟果金黄色，光滑有光泽；果肉白色，厚 2.8 ～ 3.4 厘米，肉质细脆，味香甜，中心糖可达 14% ～ 16%；单瓜重可达 1.0 ～ 1.5 千克，皮薄质韧，较耐贮运。成熟期 26 ～ 30 天。

（93）皖哈密一号　中熟，哈密瓜。果实椭圆形，果皮灰白色覆密网；果肉橘红色，厚 3.8 ～ 4.2 厘米，肉质细嫩脆，汁多味甜，中心糖可达 15% ～ 18%；单瓜重可达 1.5 ～ 1.8 千克，中小型优质品种。皮质韧，耐贮运。成熟期 40 ～ 45 天。

（94）金帝　中熟，大果型。长势旺，茎蔓粗壮，果实圆球形；果皮金黄色，光滑有光泽，果肉白色，肉厚 5 厘米左右，空腔小或无。肉质较细脆，汁多味甜，中心含糖量常可达 14% ～ 17%，个大，单瓜重可达 2.5 千克以上，皮质韧，耐贮运。抗性强，成熟期 37 ～ 40 天。

（95）贵妃　早熟，大果型。长势较旺，果实高圆形；果皮白里透红，光滑有光泽，果肉橘红色，肉厚 4.3 厘米左右。肉质细脆，汁多味甜，中心含糖量常可达 14% ～ 16%，个大，单瓜重可达 2.0 千克以上，皮质韧，耐贮运。抗性强，成熟期 33 ～ 35 天。

（96）新辉　早熟，薄皮甜瓜。植株蔓生，长势强健，耐热耐湿，成熟果皮呈银白色而稍带黄色，果实近圆球形，肉色淡白绿，肉质松甜，香味浓，口感极佳，可溶性固形物含量 18% 左右，平均单果重 0.6 千克，雌花开放至果实成熟 25 天左右，亩产 1800 千克左右。抗蔓枯病及病毒病，适于我国南方栽培。

有机蔬菜无土栽培技术大全（彩色图解＋视频升级版）

（97）**黄子金玉** 早熟，成熟果金黄色，果面有棱沟，极易挂果，平均单株可挂2～3果，平均单果重1.2千克。果肉白色肉厚3.0厘米，肉质细脆爽口，味香甜纯正，可溶性固形物含量15%～17%，抗病能力强，成熟期27～30天。适合我国各地保护地和露地栽培。

（98）**金甜一号** 极早熟，厚薄皮杂交品种。植株生长势强，果实长椭圆形，单株坐果4～5个，平均单果重800克，平均亩产2500千克。雌花开放至果实成熟24～26天。成熟果黄色，果面有10条左右白色棱沟，果肉白色，肉质脆甜爽口，香味浓郁，中心可溶性固性物含量14%。

（99）**金香玉一号** 早熟，薄皮甜瓜。果实椭圆形，成熟果金黄色，果面有银白色棱沟，果脐小。果肉白色，厚2.5厘米，肉质极脆而爽口，味香甜且醇浓，可溶性固形物含量15%，品质稳定。平均单果重0.7千克左右，大可达1.2千克，平均亩产2200千克，雌花开放至果实成熟26～28天。适于我国各地栽培。

（100）**银丰** 早熟，生长势强，叶色较浅；果实圆形至短椭圆形，果皮白色，完全成熟时透橘黄色，果面外观极光滑，外观周正美丽，果腔小。单果重2.0千克，果肉橘红色，肉厚3.5厘米，肉质细软，汁水较多，香味浓，耐贮运，可溶性固形物含量15%左右，亩产2500～4000千克。

（101）**银香玉一号** 早熟，生长势较强，叶色较浅，果实圆球形，果皮白色，完全成熟时透橘黄色，果面光滑，周正美丽，果腔小，不易空心、畸形。单果重1.4千克，果肉橘红色，肉厚3.2厘米，肉质细软，汁水较多，香味中等，可溶性固形物含量15%左右，亩产2300千克。雌花开放至成熟30天左右。

（102）**银蜜** 早熟，生长势较强，叶色较深，果实圆球形，果皮白色，肉绿色，果面特别光滑，外观周正美丽，不易出现绿色斑点，果腔小，不易空心、畸形。单果重1.4千克，果肉绿色，肉厚3.3厘米，刚采收时肉脆，贮藏2～3天后肉质变软，汁水较多，有奶糖香味，风味纯正，可溶性固形物含量14%左右。耐贮运。雌花开放至成熟32天左右，亩产2200千克左右。

（103）**香蜜** 早熟，生长势较强，叶色较深，果实圆球形，果皮白色，肉绿色，果面特别光滑，外观周正美丽，不易出现绿色斑点，果腔小，不易空心、畸形。单果重 1.4 千克，果肉绿色，肉厚 3.3 厘米，刚采收时肉脆，贮藏 2～3 天后肉质变软，汁水较多，有奶糖香味，风味纯正，可溶性固形物含量 14% 左右。耐贮运。雌花开放至成熟 32 天左右，亩产 2200 千克左右。

（104）金帅　早熟，哈密瓜，长势强健，果实圆球形，光皮，成熟果金黄色；果肉浅橘红色，肉厚 4.0 厘米左右，肉质细嫩，酥脆爽口。可溶性固形物含量 15% 左右，高可达 17% 以上，香味纯正，口感极好，耐贮运。平均单瓜重 1.5～2.0 千克。雌花开放至成熟 36 天左右，全生育期 95 天左右，抗性较强，不易早衰。

（105）金星　早熟，植株生长势强，极易挂果。果实扁至圆球形，低节位挂果偏扁，成熟果金黄色，果肉白色，肉厚 3.2 厘米左右，肉质细嫩酥软爽口，成熟果香味浓，单果重 1.5 千克以上，可溶性固形物含量 15%，最高可达 18%。纤维少，香味纯正，口感好，耐贮运。抗性强，适应性广，可连续挂果和多次采收。雌花开放至果实成熟 38 天左右。

（106）白美丽　早熟，果实梨形至短球形，幼果即为白色，随果实增大而增白，成熟瓜果洁白如玉，外观极其美观。肉白色，果肉厚 3 厘米左右，雌花开放至果实成熟 25 天左右，可溶性固形物含量 15%，口感好，不裂果。

（107）甜美　早熟，厚皮甜瓜。果实圆形，果皮白色，极光滑，外观极美丽，肉白色，肉厚 3.2 厘米，肉质细软，可溶性固形物含量 17%，香味纯正，口感好，不脱蒂，耐贮运性强，平均单果重 1.4 千克，雌花开放至成熟 30 天左右。

（108）白圣　薄皮甜瓜，果实圆形，整齐饱满，成熟果白色有光泽，果肉白色，肉质脆爽，含糖量 16%，平均单果重 0.5 千克。容易坐果，单株坐果 5～8 个，26～28 天成熟，亩产 2000～2200 千克。抗性好，适于露地栽培。

（109）青香玉　早熟，薄皮甜瓜。植株蔓生，长势旺，果实近圆球形至梨形，果皮绿色，肉质松甜，香味浓，口感极佳，可溶性固形物含量 16% 左右，平均单果重 0.6 千克，雌花开放至果实成熟 25 天左右，亩产1500千克左右，适于我国各地栽培。

（110）**碧玉**　早熟，薄皮甜瓜品种，果梨形，果形周正，果实灰绿色，果肉深绿色，肉质脆酥，香味浓郁，口感佳。成熟期28天，平均单果重800克，中心糖含量15%左右，耐湿性好，贮运性较强。

（111）**网蜜**　早中熟，网纹甜瓜。网纹形成早且易全果形成密网；网纹棕黄至淡绿色，果肉橘红色，肉质细嫩、酥软爽口，成熟果香味浓，肉厚3.5厘米左右，单果重1.5千克以上，可溶性固形物含量15%。雌花开放至果实成熟35天左右。

（112）**金喜**　早熟，成熟果金黄色，果肉白色肉厚3.0厘米，肉质细脆爽口，味香甜纯正，可溶性固形物含量15%～17%，果面有棱沟，极易挂果，平均单株可挂2～3果，成熟期27～30天，平均单果重1.2千克。抗病能力强，适合我国各地保护地和露地栽培。

（113）**金奇**　早熟，哈密瓜。植株生长势强，全生育期92天，雌花开放至成熟32天左右。果实正圆球形，成熟果金黄色，果面较光滑；果肉浅橘红色，肉厚4.0厘米左右，肉质细嫩，酥脆爽口，可溶性固形物含量15%～16%，口感极好，耐贮运性极强。平均单瓜重1.5千克，亩产2500千克以上。

（114）**银宝**　早熟，果实圆球形到高球形，果皮白色，果面较光滑，单果重1.8千克，果肉绿色，肉质脆，口感好，可溶性固形物含量16%左右。耐贮运。易挂果，多种栽培方式均可，适合西北哈密瓜及白兰瓜栽培区域栽培。

（115）**丰蜜**　网纹哈密瓜。果实长椭圆形，雌花开放至成熟47天，网纹较好。果肉深橘红色，肉色美，市场好，肉质细嫩爽口，口感极佳，成熟果果皮黄色，肉厚4.2厘米，平均单果重2.3千克以上，含糖量17%，产量高而稳定。适于全国各地栽培。

（116）**安蜜**　中熟，哈密瓜。网纹形成早且易全果形成密网。果实短椭圆形，果肉橘红色，肉质细嫩爽口，成熟果果皮黄色，肉厚4厘米，雌花开放至成熟45天。平均单果重2.0千克以上，含糖量17%。极耐贮运，产量高而稳定。

（117）**鲁厚甜1号**　山东省农科院蔬菜研究所选育。适应性强，生长健壮，抗病，易坐果，开花至果实成熟需50天左右，果实高球形，单果重 1.2～1.5 千克，果皮灰绿色，网纹细密，果肉厚，黄绿色酥脆细腻，清香多汁，含糖量 15% 左右，果皮硬，耐贮运。

三、部分育种供种单位名录

① 中国农业科学院蔬菜花卉研究所
② 天津市农科院蔬菜研究所，天津科润黄瓜研究所
③ 上海农科院园艺所
④ 甘肃省农科院蔬菜研究所
⑤ 北京蔬菜中心
⑥ 农友（中国）公司
⑦ 安徽福斯特种苗有限公司
⑧ 合肥丰乐种业股份有限公司
⑨ 合肥江淮园艺研究所
⑩ 山东省农科院蔬菜研究所

第二节 无土栽培技术要点

甜瓜喜温、喜光、肥水需求量大，管理水平要求比较高，有机无土栽培一般采用复合基质进行生产，实现其优质高产高效栽培。

一、基质的配制

甜瓜进行有机无土栽培的基质，各地应结合本地实际，因地制宜进行选择。

可以选择的常用基质种类与配制原则可参照第一章第三节的相关内容。

（一）复合基质的配制

参照第一章第三节相关内容进行。

有机甜瓜生产，以复合基质使用为主。

我国不同地区当地的基质原料资源差异很大、生产形式多样，基质的选用和配制必须结合当地实际情况，就地取材，因地制宜。农产品加工后的废弃物等，需了解清楚其来源，经确认符合有机蔬菜生产的要求，经认证机构或部门认可后采用。

为改善复合基质的物理性能，加入的无机物质，包括蛭石、珍珠岩、炉渣、砂等，要弄清其来源。复合基质的配制比例，通常以体积比来计算。

有机甜瓜无土栽培常用的混合基质，有机物与无机物之比，可根据生产需要进行配制。比例可参照第一章第三节相关内容进行。

（二）基质的消毒与管理

参照第一章第三节的相关内容进行。

（三）甜瓜的嫁接育苗

采用穴盘育苗，基质配制、种子处理、催芽等内容请参照相关内容进行。

1. 播种

将经消毒处理并催好芽的甜瓜及其砧木种子播于穴盘中。

2. 嫁接育苗

甜瓜嫁接育苗可采用靠接法或插接法。砧木选用黑籽南瓜或 90-1 作砧木。

浸种催芽：每亩温室需甜瓜种子 50 ～ 75 克。将砧木种子经消毒处理后，提前 4 ～ 5 天催芽播种，甜瓜种子分别用 50 ～ 55℃温水浸种，水温降至 35℃浸泡 3 小时，捞出置于 28 ～ 30℃处催芽，一般 24 小时可出芽整齐。

① 靠接法嫁接。请参照黄瓜嫁接进行（图 6-2）。

② 插接法。请参照黄瓜嫁接进行。以顶插接最为适用。

3. 嫁接后管理

① 愈合期管理。参照黄瓜嫁接苗相关内容管理。
② 成活后管理。靠接嫁接成活后需断根。

图6-2 甜瓜嫁接育苗（靠接法）

二、有机甜瓜无土栽培的几种常见模式

（一）日光温室有机甜瓜冬春茬槽式无土栽培技术要点

本模式同样适用于温室有机甜瓜的无土栽培。日光温室冬春茬有机甜瓜的无土栽培，可以采用槽式栽培、袋培或者桶式专用装置（例如，采用改进的南京农业大学研制的 NAG-1 型专用装置）。但要注意播种育苗时期，因地区和栽培设施的差异灵活掌握。

下面以槽式栽培为例，进行技术要点阐述（图6-3）。

1. 建栽培槽

在温室内，以红砖、塑料泡沫板、木板等建栽培槽，槽南北朝向，内径宽 40 ～ 50 厘米，槽间距 30 ～ 40 厘米，深 15 ～ 20 厘米，栽培槽底部和槽内缘应铺设一层 0.08 ～ 0.1 毫米厚的聚乙烯塑料薄膜。栽培槽可采用宽窄行形式布置，形成大行 80 厘米、小行 50 厘米左右。

图6-3 温室槽式栽培

2.栽培基质配制、装槽

请参照黄瓜栽培基质配制和第一章第三节基质配制相关内容。配制好的复合基质按每立方米加入 12 千克膨化鸡粪，2 千克腐熟豆粕，150 千克左右有机肥料和 4 千克的草木灰、磷矿粉、钾矿粉等并充分拌匀装槽，基质以装满槽为宜。

3.品种选择

结合栽培季节茬口，以高产、抗病、耐低温、耐弱光、品质优良、适合市场需求、经济效益显著的中高档厚皮甜瓜为主。如'天蜜''伊丽莎白'等非转基因及未经化学药剂处理的品种。可采用嫁接苗。

4.栽培季节与茬口

北方地区选择采光保温条件好的日光温室，在 11 月下旬至 12 月中旬育苗，35～45 天定植，定植后 35～45 天授粉，授粉后 40～50 天成熟。初始收获期为 3 月下旬至 4 月中旬。相对而言，此茬栽培对设施条件要求高，投入比较大，效益高。对于保温条件一般的普通日光温室，为保险起见，播种期可适当延迟至 12 月下旬至 1 月中旬，收获期为 4 月中旬至 5 月中旬。南方地区 1 月上旬播种，2

月上旬定植，6月上旬上市。冬春茬栽培，其播种、定植时间主要取决于保护设施的保温性能。

5. 播种育苗

参照黄瓜育苗基质配制。将配制好的育苗基质，按基质总重量的5%投入经有机认证的商品有机肥充分拌匀。种子处理于播前2天进行。甜瓜种子用60℃温水烫种、浸泡15分钟，同时不断搅动，再用清水浸4～6小时。捞出用清水洗净，置于28～30℃的环境下催芽30小时左右，种子露白后播于穴盘中（图6-4）。

图6-4　温室甜瓜育苗

基质装盘后，用手指在每穴孔中间挖深1厘米的洞，每穴播1粒种子，盖上厚约1厘米的基质，盖籽后浇湿，育苗日温25～28℃、夜温不低于15℃。育苗环境管理坚持降湿升温。育成的甜瓜秧苗子叶肥大，3片真叶，叶色深绿，根系发达，无病虫害，苗龄25～30天。

6. 定植前准备

把准备好的滴灌管摆放在填满基质的槽上，滴灌孔朝上，在滴管上再覆一层薄膜，防止水分蒸发，以增强滴灌效果（图6-5）。

7. 栽培管理

① 定植。可采用宽窄行，可采用宽窄行形式建栽培槽，大行80厘米、小行50厘米、株距40～50厘米。每槽定植1行。每亩定植2000株左右，定植后即按每株500～700毫升浇足定根水。

有机蔬菜无土栽培技术大全（彩色图解＋视频升级版）

图6-5　温室有机甜瓜槽式栽培基质装填与滴灌安装

②定植后管理。加强以下几个方面的管理。

温湿度管理：营养生长期昼温 25～30℃，夜间不低于 15℃，基质温度 15～18℃；花期昼温 27～30℃，夜温 15～18℃，基质温度 15～18℃；果实膨大期昼温 27～30℃，夜温 15～20℃。空气相对湿度宜控制在 50%～70%。

肥水管理：根据甜瓜水分要求，结合生长情况、气候情况、所采用基质的特性等进行综合考虑。一般苗期至开花期每次按 0.5 升／株左右的水量滴灌，开花期控制灌溉，结果中期每次按 1.0 升／株的水量滴灌。基肥施足，可不必追肥。可于开花前按每株追膨化鸡粪 20克、腐熟豆粕 10 克；坐瓜期每株追膨化鸡粪 20 克、腐熟豆粕 20克。

CO_2 施肥：温室内通风换气少，二氧化碳不能满足光合作用需要，可以在甜瓜果实膨大期进行 CO_2 补充。以弥补设施内 CO_2 亏缺，可以增产 20%～30%，并且可以提高甜瓜品质。设施内 CO_2 施肥适宜的浓度范围为 600～900 微升／升。日出或日出后 0.5～1 小时，通风换气前结束。CO_2 肥源可采用液态 CO_2、燃料燃烧、CO_2 颗粒气肥或化学反应获得。例如晴天每天日出后 30 分钟内向桶内倒入稀释后的硫酸 340 毫升，加入碳酸氢铵 105 克，可产生所需要的二氧化碳。使用时每 50 平方米面积放一塑料桶，置于作物生长点顶部。

吊蔓栽培，合理整枝：为充分利用空间、增加种植密度，宜采用吊蔓栽培。在幼苗 7～8 片叶时进行，吊蔓用单蔓整枝，一般可于第 9～12 节选留 2～3 子蔓结果，子蔓结果后留 2 叶摘心，一般主蔓第 27～30 片叶摘心。摘除下部的老叶、病叶。

人工授粉及留瓜技术：为确保理想节位结果，早春气温低，昆虫活动少，宜进行人工授粉，时间为每天 7:00～10:00，授粉温度以 25℃ 为佳，并挂上标记。宜按品质第一、产量第二的原则进行留瓜，当坐果后 5～10 天，幼果似鸡蛋大时，应进行疏果，选果形端正者留瓜，顺便把花痕部的花瓣去掉，减少病菌侵入，留果数视品种特性和生长情况而定，大果品种每蔓留 1 果，小型果品种每蔓最多留 2 果，留果数过多，则果小，外观不良，糖度、品质均下降。留果时期不能太晚，以免影响生育。一般甜瓜在 10～15 节留瓜，长势强、成熟早、品质佳，留瓜原则是同等大小的瓜留后授粉的瓜，留圆整无畸形符合品种特性的瓜。

吊瓜护瓜：果实膨大后要及时进行吊瓜，以免瓜蔓折断和果实脱落。吊瓜可以提高瓜的产量和商品性，当幼瓜长到鸡蛋大小时，要及时用网袋或绳将瓜吊起来，但注意吊瓜位置不可超过坐瓜节位。瓜可用软绳或塑料绳缚在瓜柄基部（果梗部）的侧枝上吊起，使结果枝呈水平状态。

病虫害防治：请参照本章第三节内容进行。

8. 采收

甜瓜采收期是否适当，直接影响到商品价值。采收适期应是果实糖分已达最高点、但果实尚未变软时最好。一般可从外观、开花日数、试食结果等几方面综合起来确定适宜的收获期。一般开花后，早熟品种 40～50 天、晚熟品种 50～60 天为收获适期，在开花时最好结合授粉、吊牌记录开花日，以作为收获的标志。

可以通过看闻听等来判断。例如瓜皮表现出固有色泽，果实脐部具有本品种特有香味，用指弹瓜面发出空浊音，均可判断为熟瓜。

采收宜选果实温度低的清晨进行，用小刀或剪刀采摘。收获时要保留瓜梗及瓜梗着生的一小段（3 厘米左右）结果枝，剪成"T"形，果实贴上标签，用包装纸包裹或塑料网果套包装，单层纸箱装箱，纸箱外设计通风孔，内衬垫碎纸屑，切勿使果实在箱内摇动。网纹甜瓜一般有后熟作用，采收后放在 0～4℃ 条件下 2～3 天食用品质最好。

（二）温室有机甜瓜秋冬茬无土栽培技术要点

本模式同样适用于日光温室有机甜瓜的无土栽培。日光温室秋冬茬有机甜瓜的无土栽培，可以采用槽式栽培、袋培或者桶式专用装置。但要注意播种育苗时期，应因地区和栽培设施的差异，灵活掌握。

桶式甜瓜无土栽培专用装置，可以参考南京农业大学研制的桶式甜瓜无土栽培专用装置 NAU-G1，由外桶和带孔眼的网芯组成，进行有机甜瓜生产，内部网芯可密点但深度要保持在 15～20 厘米。

下面以槽式栽培为例，进行技术要点阐述。

1. 建栽培槽

在温室内，参照本节模式（一）甜瓜冬春茬槽式栽培的内容建栽培槽，铺设塑料薄膜。

2. 栽培基质配制、装槽

参照本节模式（一）甜瓜冬春茬槽式栽培的内容进行复合基质的配制。复合基质按每立方米加入 12 千克膨化鸡粪，2 千克腐熟豆粕，120 千克左右有机肥料和 4 千克的草木灰、磷矿粉、钾矿粉等并充分拌匀装槽，基质以装满槽为宜。

3. 品种选择

结合栽培季节茬口，以高产、抗病、耐低温、耐弱光、品质优良、适合市场需求、经济效益显著的中高档厚皮甜瓜为主。参照上述所列优良甜瓜品种。如'天蜜''伊丽莎白''哈密红'等非转基因及未经化学药剂处理的品种。可采用嫁接苗。

4. 栽培季节与茬口

北方地区温室可于 7 月中下旬至 9 月上中旬播种育苗，播种期一般不迟于 9 月 20 日。9 月下旬至 10 月中下旬定植，苗龄 30～35 天，3～4 片真叶定植。这样基本能实现 12 月下旬至 1 月下旬，最迟于 2 月上旬收获上市供应"双节"市场。南方地区 8 月中下旬播种。

5. 播种育苗

参照本节模式（一）甜瓜冬春茬槽式栽培的内容进行育苗基质配制、消毒，种子处理与穴盘育苗。育苗前期可以采用遮阳网覆盖降温，培育壮苗。

6. 定植前准备

有机复合基质中提前 15 天施入基肥，定植前安装好滴灌系统。

7. 栽培管理

① 定植。可采用宽窄行形式建栽培槽，大行 80 厘米，小行 50 厘米，株距 40～50 厘米。每槽定植 1 行。每亩定植 2000 株左右，定植后即按每株 500～700 毫升浇足定根水。

② 定植后管理。加强以下几个方面的管理。

温湿度管理：前期宜勤通风降温降湿。保持营养生长期昼温 25～30℃；中后期注意保温的同时降低湿度，花期昼温 27～30℃，夜温 15～18℃，基质温度 15～18℃；果实膨大期昼温 27～30℃，夜温 15～20℃。空气相对湿度宜控制在 50%～70%。

肥水管理：根据甜瓜水分要求，结合生长情况、气候情况、所采用基质的特性等进行综合考虑。一般苗期至开花期每次按 0.7 升／株左右的水量滴灌，开花期控制灌溉，结果中期每次按 0.8～1.0 升／株的水量滴灌。基肥施足，可不必追肥。

CO_2 施肥：可在甜瓜果实膨大期进行 CO_2 补充。晴天日出后 0.5～1 小时进行。补充方法参照冬春茬进行。

吊蔓栽培，合理整枝：请参照冬春茬有机无土栽培模式进行。

人工授粉及留瓜技术：请参照冬春茬有机无土栽培模式进行。

吊瓜护瓜：请参照冬春茬有机无土栽培模式进行。

病虫害防治：请参照本章第三节内容进行。

8. 采收

请参照冬春茬有机无土栽培模式进行。

（三）塑料棚有机甜瓜无土栽培技术要点

本模式包括早春大棚、春季小拱棚和秋冬大棚有机甜瓜的无土栽培。以采用槽式栽培为主，也可采用袋培或者桶式专用装置。但要注意播种育苗时期，应因地区和栽培设施的差异，灵活掌握。

下面以槽式栽培为例，进行技术要点阐述。

1. 搭建塑料棚，建栽培槽

各地应根据实际情况，采用适宜本地的塑料棚（包括大棚、中棚和小棚）。

栽培槽的建设，材料可选择红砖、塑料泡沫板、木板等。可参照上述模式进行。槽南北朝向。

2. 栽培基质配制、装槽

参照黄瓜和第一章第三节基质的配制方法进行复合基质的配制。配制好的复合基质按每立方米加入 12 千克膨化鸡粪，2 千克腐熟豆粕，150 千克左右有机肥料和 4 千克的草木灰、磷矿粉、钾矿粉等并充分拌匀装槽，基质以装满槽为宜。

3. 品种选择

结合栽培季节茬口，以高产、早熟、抗病、耐低温、耐弱光、品质优良、适合市场需求、经济效益显著的甜瓜为主。参照上述所列优良甜瓜品种，可选择厚皮甜瓜如'天蜜''伊丽莎白'，薄皮甜瓜如'元首''金冠 1 号'等非转基因及未经化学药剂处理的品种。可采用嫁接苗。

4. 栽培季节与茬口

早春大棚栽培，一般采用拱圆大棚栽培甜瓜，在确定播种期时须先根据拱圆大棚的保温设施、保温情况确定定植期，并根据育苗的苗龄向前推算播种期。一般保温条件好的大、中拱圆棚在前期三膜一苫条件下（即大棚内扣小拱棚，小拱棚外盖草苫，内铺地膜），可在 3 月上旬定植。甜瓜的适宜苗龄为 35～40 天，故播种期为 1 月中下旬至 2 月上旬，定植后 30～40 天开花授粉，再过 35～45 天可成熟（根据品种特性其成熟期有所不同），一般在 5 月中旬至 6 月上旬收获。

秋冬大棚栽培一般 7 月中下旬育苗，收获期一般在 10 月中下旬。

春季小拱棚栽培一般 2 月下旬至 3 月上旬育苗，收获期一般在 6 月中下旬。

采用塑料棚进行有机甜瓜的无土栽培，相对而言，大棚秋茬及秋冬茬栽培有一定难度。主要在于前期和后期栽培环境恶劣，技术难度大，管理水平要求比较高，另外，秋冬季市场上各种水果丰富，在有机产品未被广大消费者认同的情况下，一定程度上可能会影响秋茬甜瓜的效益。

5. 播种育苗

参照本节模式（一）甜瓜冬春茬槽式栽培的内容进行育苗基质配制、消毒，种子处理与穴盘育苗。春季播种育苗，请参照冬春茬进行育苗管理；秋季播种育苗，请参照温室有机甜瓜秋冬茬无土栽培模式进行。

6. 定植前准备

有机复合基质中提前 15 天施入基肥，定植前安装好滴灌系统。

7. 栽培管理

① 定植。可采用宽窄行形式建栽培槽，大行 80 厘米、小行 50 厘米、株距 40～50 厘米。每槽定植 1 行。每亩定植 2000 株左右，定植后即按每株 500～700 毫升浇足定根水。

② 定植后管理。加强以下几个方面的管理。

温湿度管理：请分别参照冬春茬、秋冬茬有机无土栽培模式进行管理。春季栽培，前期注意保温降湿，保持昼温 25℃ 左右，夜间不低于 13℃；花期昼温 27～30℃，夜温 15～18℃；果实膨大期昼温 27～30℃，夜温 15～20℃。空气相对湿度宜控制在 70% 以内为好。秋季及秋冬季有机无土栽培，前期宜勤通风降温降湿。保持营养生长期昼温 25～30℃；中后期注意保温的同时降低湿度，果实膨大期昼温 25～30℃，夜温 15～20℃。空气相对湿度宜控制在 50%～70%。

肥水管理：根据甜瓜水分要求，结合生长情况、气候情况、所采用基质的特性等进行综合考虑。请分别参照冬春茬、秋冬茬有机无土栽培模式进行管理。

吊蔓栽培，合理整枝：请分别参照冬春茬和秋冬茬有机无土栽培模式进行。

人工授粉及留瓜技术：请分别参照冬春茬和秋冬茬有机无土栽培模式进行。

吊瓜护瓜：请分别参照冬春茬和秋冬茬有机无土栽培模式进行。

病虫害防治：请参照本章第三节内容进行。

8. 采收

参照冬春茬有机无土栽培模式进行。

（四）有机甜瓜露地无土栽培技术要点

本模式包括早春和秋季露地无土栽培。有机甜瓜露地无土栽培以早春为主，通常采用槽式栽培。与常规露地甜瓜的主要区别在于采用有机复合基质、符合有机甜瓜生产规程。

下面以槽式栽培为例，进行技术要点阐述。

1. 建栽培槽

请参照本节模式（一）甜瓜冬春茬槽式栽培的内容进行。在栽培槽的内缘至底部铺一层 0.08～0.1 毫米厚的聚乙烯塑料薄膜，从两侧可延伸覆盖槽面，也可另用地膜覆盖。

2. 栽培基质配制、装槽

请参照本节模式（一）甜瓜冬春茬槽式栽培的内容进行复合基质的配制。配制好的复合基质按每立方米加入12千克膨化鸡粪，2千克腐熟豆粕，120千克左右有机肥料和4千克的草木灰、磷矿粉、钾矿粉等并充分拌匀装槽，基质以装满槽为宜。总量较设施内无土栽培基质用量增加10%～20%。

3. 品种选择

结合栽培季节茬口，以高产、抗病、耐低温、耐弱光、品质优良、适合市场需求、经济效益显著的薄皮甜瓜、薄厚皮杂交甜瓜为主。参照上述所列优良甜瓜品种，选择如'元首''丰雷'等非转基因及未经化学药剂处理的品种。可采用嫁接苗。

4. 栽培季节与茬口

根据各地实际进行。早春栽培要以早为主，例如长江中下游地区，露地有机无土栽培可以于 3 月上旬至 3 月下旬采用大棚等设施进行育苗，秋露地栽培可在 7 月上中旬采用大棚等设施进行育苗。注意果实成熟避开高温多雨期，以免影响商品质。北方地区露地有机无土栽培与露地栽培播种时间一致。

5. 播种育苗

请参照本节模式（一）甜瓜冬春茬槽式栽培的内容进行育苗基质配制、消毒，种子处理与穴盘育苗。

6. 定植前准备

有机复合基质中提前 15 天施入基肥，宜在定植前安装好滴灌系统。

7. 栽培管理

① 定植。每槽定植 1 行。株距 40 ～ 50 厘米。

② 定植后管理。注意以下几个方面的管理。

肥水管理：根据甜瓜水分要求，结合生长情况、气候情况、所采用基质的特性等进行综合考虑。一般不需要进行追肥。

搭架绑蔓，合理整枝：抽蔓后即搭架绑蔓，以后每隔 3 ～ 4 叶绑蔓 1 次。支架的设立方式，依各地习惯而异。例如采用立架栽培。植株伸蔓前搭好栽培架。架材可采用铁丝、木桩、塑料绳等。搭架方法即沿种植行在畦的两端和中间每隔 2 ～ 3 米打一木桩，木桩高度应在 2 米以上，在离栽培槽畦面高 1.7 米和 0.8 米处水平拉两道铁丝，固定在木桩上，植株旁 5 ～ 10 厘米处插小木棍，塑料绳一头系在小木棍上，一头系在最高处的铁丝上。植株长至 40 ～ 50 厘米时，引蔓上架，使其绕塑料绳向上生长。绑蔓一般于下午进行。整枝参照上述有机无土栽培模式进行。

薄皮甜瓜除上述整枝方式外，结合生产实际，可以用四蔓整枝的方法。具体做法是：孙蔓四蔓整枝法即主蔓四叶时摘心，同时掐掉一、二叶间子蔓，留三、四叶间子蔓，待子蔓长到四叶一心时摘心，每个孙蔓留 2 个瓜，每株可留 6～8 个瓜。子蔓四蔓整枝法即当主蔓长到六叶时摘心，掐掉一、二叶间的子蔓，留三至六叶间子蔓，每个子蔓留 1～2 个瓜。

人工授粉及留瓜技术：请参照本节模式（一）甜瓜冬春茬槽式栽培的内容进行。

吊瓜护瓜：请参照本节模式（一）甜瓜冬春茬槽式栽培的内容进行。

病虫害防治：以预防为主。请参照本章第三节内容进行。

8. 采收

参照冬春茬有机无土栽培模式进行。

（五）日光温室厚皮甜瓜一作三收有机无土栽培技术要点

本模式适用于温室有机甜瓜的无土栽培。以采用槽式栽培为主，也可采用桶式专用装置。比较适于北方地区越冬茬有机无土栽培。播种育苗时期，因地区和栽培设施的差异，灵活掌握。

下面以槽式栽培为例，进行技术要点阐述。

1. 建栽培槽

在日光温室内，以红砖、塑料泡沫板、木板等建栽培槽，槽南北朝向，内径宽 40～50 厘米，槽间距 30～40 厘米，深 15～20 厘米，栽培槽底部和槽内缘应铺设一层 0.08～0.1 毫米厚的聚乙烯塑料薄膜。栽培槽可采用宽窄行形式布置，形成大行 80 厘米、小行 50 厘米左右。

2. 栽培基质配制、装槽

参照日光温室冬春茬有机无土栽培模式进行。

3. 品种选择

结合栽培季节茬口，以高产、抗病、耐低温、耐弱光、品质优良、适合市场需求、经济效益显著，生长势强且不易早衰的中高档厚皮甜瓜为主。可参照上述所列优良甜瓜品种，选择如'翠蜜''天蜜''伊丽莎白'等非转基因及未经化学药剂处理的品种。可采用嫁接苗。

4. 播种育苗

请参照本节模式（一）甜瓜冬春茬槽式栽培的内容进行育苗基质配制、消毒，种子处理与穴盘育苗。一般于7月下旬育苗。参照冬春茬有机无土栽培模式进行育苗管理。

5. 定植前准备

参照冬春茬有机无土栽培模式进行。

6. 栽培管理

可采用宽窄行形式建栽培槽，大行80厘米、小行50厘米、株距40～50厘米。每槽定植1行，每亩定植2000株左右，定植后即按每株500毫升左右浇足定根水。

定植后加强以下几个方面的管理。

温湿度管理：参照冬春茬有机无土栽培模式进行。定植后白天保持在27～30℃，夜间不得低于20℃，基质温度20℃左右；缓苗后逐渐降温，营养生长期白天25～30℃，夜间不低于15℃；果实膨大初期白天27～30℃，夜间15～20℃，基质温度20.～23℃；开花授粉期，白天保持在25～30℃，夜间18℃；果实膨大期，白天保持在28～30℃，夜间18～20℃，成熟期，白天保持在28～30℃，夜间15～18℃，实行大温差管理，昼夜温差达12℃以上。空气相对湿度不得超过70%，开花授粉坐果期少灌水，2～3天滴灌1次水，每次15分钟左右。坐果后7～8天，最迟不超过10天，幼瓜鸡蛋大时立即加大灌水量，每天灌水时间为20分钟左右，促使果实膨大，果实停止膨大要控制浇水。每2天浇1水，灌溉时间为20分钟。

摘心、整枝、吊蔓：采用单蔓整枝即当主蔓长到30厘米左右时（6～7片叶）将主蔓吊起，秧苗长势强的有9～10片叶选留3条子蔓留瓜，9片叶以下的侧枝全部打掉，侧枝第一雌花开放前于瓜后留

1～2片叶摘心，结果预备蔓以上的侧枝也全部打掉，主蔓23～28节摘心。整枝要选在晴天中午进行，阴雨天或有露水不要整枝。

第一茬瓜留瓜：采用单蔓整枝或双蔓整枝均可。采用单蔓整枝即在坐瓜后选留果形端正膨大速度快的幼果1～2个，其余全部摘除。采用双蔓整枝即每个主蔓在11～15节留3个预备结果枝，经过授粉最后各蔓留1～2个瓜形端正的瓜，其余全部摘除。

人工授粉及吊瓜护瓜：参照冬春茬有机无土栽培模式进行。

第二茬瓜的留瓜：留瓜时间在头茬瓜坐住30天左右选留二茬瓜。对不同品种二茬瓜的选留时间不同，通常也可以头茬瓜转色后为标准选留二茬瓜。头茬瓜摘完后必须立即加强肥水管理，否则二茬瓜坐不住或易形成畸形果，二茬瓜如果留得太早会影响头茬瓜的品质，不易管理。

留瓜方法单蔓整枝在主蔓第20～25节留二茬瓜，留瓜方法同第一茬瓜。

肥水管理：根据甜瓜水分要求，结合生长情况、气候情况、所采用基质的特性等进行综合考虑。参照冬春茬有机无土栽培模式进行管理。在第一茬瓜采收后，"二茬瓜"的幼瓜坐住后，要立即加大灌水量，追施膨瓜肥。一般膨瓜肥分2次进行，第一次在幼瓜长到鸡蛋大小时，维持田间最大持水量的70%左右，结合滴灌，每株追膨化鸡粪20克、腐熟豆粕10克。采用沼液等液体有机肥，可以使用滴灌2天滴1次肥，分4次滴入，第二次在长到200～300克时，维持田间持水量65%左右，结合滴灌，每株追膨化鸡粪20克、腐熟豆粕10克。追肥不但要注意氮、磷、钾的全面使用和合理配比，肥源选择要注意其含有镁、硼、锌等微量元素，如喷洒有机生物肥，在整个膨瓜期喷洒2次，在幼瓜鸡蛋大时喷1次，200～300克时再喷1次，以改善厚皮甜瓜的品质。"三茬瓜"的管理同"二茬瓜"。

三茬瓜的留瓜：春茬可留三茬瓜，在二茬瓜收获后，秧苗依然完好，可加强水肥继续选留三茬瓜，肥水管理、留瓜方法同头茬瓜。

田间管理：整枝疏叶，增加通风透光，第一茬瓜收获后，新生侧枝和老叶，病叶较多，原来的瓜蔓也开始衰老，田间郁闭，通风透光条件差，立即进行整枝疏叶，将原来的瓜蔓和功能性较差的老叶、病叶、黄叶，连同多余的幼瓜一同疏去，并带出田间，落蔓50厘米，待"二茬瓜"摘完后同样进行整枝疏叶落蔓以保证"三茬瓜"的生长发育。在头茬瓜进入转色期后可进行高温闷棚，最高温度可达 42℃，密闭 2 小时，防止霜霉病的发生。

病虫害防治：请参照本章第三节内容进行。

7. 采收

请参照本节模式（一）甜瓜冬春茬槽式栽培的采收内容进行。

第三节　病虫害综合防治技术

按照"符合有机食品生产规范，预防为主，综合防治"的方针，坚持以"农业防治、物理防治、生物防治为主，药剂防治为辅"的病虫害治理原则进行。

一、有机甜瓜生产中的主要病虫害

甜瓜的病害较多，主要病虫害种类有炭疽病、白粉病、疫病、蔓枯病、枯萎病和蚜虫、红蜘蛛、白粉虱、瓜绢螟、斜纹夜蛾、美洲斑潜蝇、黄足黄守瓜及其幼虫等。

二、有机甜瓜生产病虫害的农业防治

农业防治主要是选用抗病品种，培育无病虫壮苗；科学管理，创造适宜的生育环境；科学肥水管理；加强设施防护，充分发挥防虫网的作用，减少外来病虫来源。

1. 基质消毒

对于露地和棚室等进行有机甜瓜生产，进行基质消毒可以消灭其中各种病菌和害虫，减轻下茬的危害。

2. 清洁田园

在每茬作物收获后及时清理病枝落叶，病果残根。在作物生长季节中清除老叶、病叶，集中处理。

3. 科学施肥灌水

增加腐熟的有机肥，注意氮、磷、钾肥配合平衡，适时追肥，以满足作物健壮生长的需要，提高甜瓜抗病、虫能力和耐害性。

4. 辅助设施使用

请参照第四章第三节黄瓜有机无土栽培辅助设施使用。

三、有机甜瓜生产病虫害的物理防治

1. 黄板诱杀

根据害虫的趋黄特性，在日光温室等设施内或田间悬挂黄板，可以诱杀白粉虱、烟粉虱、有翅蚜虫、潜叶蝇成虫等害虫。设施内生产，可将黄板悬挂在吊秧的铁丝上，其下端与植株顶端齐平或略高，悬挂黄板的数量为 30 ~ 40 块每亩。

2. 杀虫灯诱杀

杀虫灯选用能避天敌趋性的光源和波长，因此对天敌较安全，可诱杀大多数蔬菜害虫。

灯的设置高度以高于植株顶端20 ~ 40厘米为佳，以免植株遮光，影响诱虫效果。

3. 设施内特定温光环境利用，物理防治病害

如利用太阳能进行高温闷棚，使棚温升至45℃，持续 2 小时，可防治霜霉病。

四、有机甜瓜生产病虫害的生物防治

请参照第二章第三节病虫草害防治进行。

五、甜瓜主要病虫害的症状与有机生产综合防治

（一）甜瓜霜霉病

症状与黄瓜霜霉病略有区别，病叶发生初，显现多角形水浸斑的

过程一般不明显，而是形成一些近圆形淡褐色的斑点，直径 5～8 毫米。后期在叶片的背面很少出现黑色的霉层，粗看有时很像黑斑病引起的病斑。病斑随温度的变化表现出多样性，容易将其误认为角斑病等细菌病害。防治要点和黄瓜霜霉病基本上相同。发病初期用硫酸铜:生石灰:水为 1:0.5:(240～300) 的波尔多液喷雾防治。喷 2% 抗霉菌素（农抗 120）水剂 200 倍液，5 天喷 1 次，连喷 2～3 次。

通过种子处理、科学的栽培与田间管理，可有效地防止霜霉病的发生。生物农药防治，冬季栽种如铺黑色地膜，可提高土壤温度、降低发病率。防治过程中如病斑呈黄色干枯状、病斑背面霉层干枯或消失，则病情已得到有效控制（图 6-6）。

图 6-6　甜瓜霜霉病

（二）甜瓜细菌性角斑病

与黄瓜角斑病同为一种病原。为害甜瓜时引起的症状与黄瓜角斑病相似。主要以带菌种子传播。病菌在种皮和种子内部能存活 2 年，借助棚顶滴水和浇水传播。主要使用无病种子，种子处理（55℃温汤浸种 15 分钟），在发病初期用硫酸铜:生石灰:水为 1:1:200 的波尔多液喷雾 1～2 次进行防治（图 6-7）。

（三）甜瓜白粉病

保护地甜瓜的一个重要病害，每年到结瓜期都会不同程度地发生。严重时，对甜瓜的产量及含糖量影响很大，引起的症状与黄瓜白粉病基本相同。可采用高温闷棚、无土栽培通过基质消毒等进行防治。

图6-7　细菌性角斑病

（四）叶斑病

主要危害叶和果实，茎上偶有发生。育苗时作砧木的南瓜子叶发病。子叶初期症状出现黄色小斑点，随后形成中央部褐色、周边黄色微有凹陷的圆形病斑。最初出现带有黄色晕环的小斑点，后来扩大为褐色圆形或角形病斑，随后破裂。果实上首先出现绿色水渍状的小斑点，随着果实的成熟，形成0.4～2.8毫米不规则形斑点，中央部隆起呈木栓状，斑点的周围呈绿色水渍状。木栓部位容易发生裂口，几个裂口连接，严重影响外观。茎部出现类似于蔓枯病的病斑，不久后褐变扩大环绕一周，缢缩，蔓顶端萎蔫，严重时枯死。病原菌可附在种子的外皮和内部经种子传播病菌，也可以同病株残体存活于基质或土壤中。病菌从伤口传染、气孔和水孔侵入，叶背面气孔尤其易感染。首先为害育苗中的砧木南瓜子叶，然后，逐步蔓延至接穗甜瓜。多湿条件，尤其是梅雨期连续降雨时病害蔓延十分迅速。砧木南瓜种子为侵染源，因此，砧木南瓜种子要和甜瓜种子一同消毒。定植要选健苗，要避免密植、过于繁茂及多氮，可利用地膜覆盖，防止雨水飞溅（图6-8）。

（五）枯萎病

最初有1～2个茎蔓萎蔫。由根部发病，沿导管发展，茎蔓一侧出现零星的水渍状部位，不久稍有凹陷，有时分泌出红褐色胶状物。病情严重时，整个植株枯死。病株的果实呈花萼脱落状，在花萼部位产生水渍状、凹陷的病斑。病原菌可随病株残体一同进入土壤，形成厚垣孢子后长期生存。种子应采自无病果，附着在种子上的病菌可作为传染源，种子消毒或选用抗病性强的南瓜、葫芦等作砧木嫁接栽培可防病。

图6-8　甜瓜叶斑病

（六）菌核病

一种寄主范围很广的低温病害，以春保护地甜瓜受害为主。有时和蔓枯病混合发生造成严重的损失。该病较易发生在衰老的叶片上，并经过叶柄向茎部蔓延。起初发病部位出现白色棉絮状物，髓部破裂，剩下丝状的维管束组织，病株逐渐变黄死亡。当切开感染的病茎时，髓部具有白色的霉状物，并带有豌豆大小的黑色菌核。受侵染的果实长满白色棉絮状物，并很快变软腐烂。长时间的高湿、降雨、灌溉、结露或大雾会导致该病的发生。通过田园清洁，合理灌溉，用不能透过紫外光的黑色薄膜或老化地膜覆盖栽培，可阻止病菌孢子萌发。主要采用种子消毒处理和基质消毒处理进行防治。

（七）白绢病

白绢病主要发生在热带和亚热带地区。除厚皮甜瓜外，还可严重为害南瓜和西瓜。发病初期植株在中午时萎蔫，叶子变黄，并在几天内整个茎基部坏死，植株完全萎蔫和死亡。病部产生白色棉絮状物，可以扇形覆盖在茎的表面。在白色棉絮状物中，长着芥菜籽大小的浅棕色至黑褐色的菌核。可引起果实腐烂，上面长有大量的霉状物和菌核。高温潮湿的环境下发病重。主要通过消毒处理和加强设施环境管理如加强通风等进行防治。

（八）蔓枯病

真菌性病害。在瓜类蔬菜上都有发生，以厚皮甜瓜最为严重。病害自苗期即可发生，胚轴和子叶感染后引起死苗；危害叶片时，产生大型的褐色圆斑（直径 5 ～ 30 厘米），上有许多小黑点。病斑干枯后往往开裂或脱落，可造成成片干枯。造成损失最大的是茎被感染，开始形成溃疡，产生红色至红棕色胶状的液体，病部发白，表面生有许多小黑点，当病斑发展至环绕整个茎时，可引起病部以上的植株死亡。有时病害还可危害果实，产生卵形或圆形的病斑，初为淡绿色，后扩大变成深褐色，病斑上也会出现胶状物及小黑点。果实在发病时多从花器侵入，收获期发病尤为严重。防治方法以基质消毒和用 1：0.5：（240 ～ 300）的波尔多液喷雾 1 ～ 2 次进行预防（图6-9）。

图6-9　甜瓜蔓枯病

（九）病毒病

甜瓜上较普遍的病毒病有 5 种：西瓜花叶病毒、黄瓜花叶病毒、南瓜花叶病毒、烟草坏死病毒、小西葫芦黄化花叶病毒。上述病毒均可由汁液传播，南瓜花叶病毒还可由种子、甲虫传播，其他病毒多是蚜虫传播。可以通过基质消毒、清洁田园和避开（或杀死）蚜虫的方法进行防治。一般在保护地发生得较露地要轻一些，从周年来看，秋茬发病相对较春茬重。

（十）白粉虱

前茬在设施内生产时，如温室冬春茬栽植油菜、芹菜、韭菜等耐低温而白粉虱不喜食的蔬菜，可减少虫源。用 200 ～ 500 倍肥皂水防白粉虱。另外，利用成虫的趋黄性，可在温室内设黄板诱杀成虫。

（十一）蚜虫

利用成虫的趋黄性，可在设施内设置黄板诱杀成虫。使用苦参碱植物杀虫剂 1000 倍液可防治蚜虫，数量多时，可添加 200 倍竹醋液。用 200 ～ 500 倍肥皂水防治蚜虫。鱼藤酮防治蚜虫。

（十二）黄足黄守瓜

黄足黄守瓜俗称黄萤、黄虫等。成虫黄色，长椭圆形，仅中、后胸及腹部的腹面为黑色；卵黄色，圆形，表面有多角形网纹；幼虫头部黄褐色，体黄白色；蛹黄色，为裸蛹。幼虫咬食瓜根后，植株首先表现为叶片失水下垂，但不失绿，早、晚可恢复正常，几天后整株萎蔫、干瘪，果实变软，不能成熟，失去食用价值，检查根茎部，无褐色病变，根部呈纤维状，内部组织被蛀空，在根系内及其附近的土中可见白色幼虫。成虫取食瓜叶时常咬成弧形或环状伤痕，边缘发黑，并在叶片上留下黑色细粪粒，以后被害组织干枯脱落而成大孔，受害重的成为网状，仅见叶脉。

防治技术：基质消毒和清洁田园。早春零星发生时，可人工捕捉。采用 800 ～ 1000 倍苦参碱或除虫菊素喷雾或灌根。

第七章
绿叶蔬菜有机无土栽培技术

本章主要介绍芹菜、生菜、香菜、甘蓝、荠菜和落葵等六种绿叶蔬菜（图 7-1）的有机无土栽培技术。

图 7-1 温室有机绿叶蔬菜（盆栽）

第一节 芹菜有机无土栽培技术

芹菜属伞形花科蔬菜，富含维生素和矿物质，有挥发性芹菜油，具有香味，能促进食欲，主要以叶柄供食。芹菜不仅营养十分丰富，还具有保健作用，如对防治高血压、糖尿病、痛风有较好效果，对冠心病、神经衰弱及失眠头晕等症均有帮助。

有机芹菜无土栽培（图7-2），主要采用大棚等设施基质栽培为主，也可进行露地有机无土栽培。

图7-2　有机芹菜无土栽培

一、类型品种与品种选择

芹菜性喜冷凉，幼苗能耐较高温和较低温。栽培形式分为春芹菜、夏芹菜、秋芹菜、越冬芹菜，其中以春秋两季为主，又以秋季生长最好，产量较高，露地栽培从3～9月均可播种、定植。

芹菜（图7-3，图7-4）有中国芹（本芹）和西芹（洋芹）两种类型。

目前在生产中普遍栽培的芹菜品种有青梗芹、绿梗芹、白梗芹、美国芹等。芹菜耐阴、耐湿、耐低温而不耐高温。为此，作夏季栽培的芹菜，宜选择耐热、生长快的早熟或中熟品种，如绿梗芹菜、青梗芹菜。

图7-3 芹菜

图7-4 有机芹菜基质盆栽

芹菜常见品种及其特点如下。

（1）**中芹二号** 株高 70 ～ 80 厘米，叶柄长 30 厘米以上。实心脆嫩，品质好。单株重 0.7 ～ 1.0 千克。抗病性、抗逆性强，适应性广。不易抽薹。

（2）**赞比亚西芹** 植株粗壮，株形直立，株高 55 厘米左右。叶柄肥厚，细皮，无棱线，腹沟浅平。叶柄抱合紧凑，浅绿色。品质极脆嫩，香味浓郁，适应性强。从定植到收获为 80 ～ 100 天。适应保护地及春秋露地栽培。亩用种量 50 ～ 100 克。

（3）**倍丽** 美国引进品种，植株高大亮丽，生长旺盛，株高约 80 厘米，叶柄肥厚圆美，不空心，抱合紧凑，第一节位高约 30 厘米，腹沟浅且宽平，颜色为浅绿有光泽，从定植到收获约 85 天。平均单株重 1.5 千克，品质好，纤维极少，高抗枯萎病，适应性广泛。适于秋露地及保护地栽培，育苗移栽，北方保护地栽培及华南越冬栽培，采用大苗定植，株行距一般 30 ～ 40 厘米。

（4）**文图拉西芹** 国外引进品种，植株生长旺盛，株高 80 厘米左右，叶柄浅绿色、肥厚，表面光滑，质地致密脆嫩，腹沟浅、宽平、纤维极少，单株重 1 千克左右。在适宜的栽培条件下，亩产可达 7800 千克以上。从定植到商品成熟约 80 天，抗枯萎病和缺硼病。适合露地或保护地春秋栽培。

（5）**津南冬芹** 生育期 75 ～ 90 天，属于黄绿色品种类型，品质鲜嫩。耐寒、耐热生长速度快，高产，分枝少，抽薹晚，较抗斑枯病和病毒病。亩产 7000 ～ 8500 千克。适宜保护地或春秋露地栽培。

（6）**津南实芹** 天津地方品种。植株生长势较强。叶色黄绿或绿，叶柄长而肥厚，实心，单株重 0.5 千克左右，定植后 60 天左右收获，生育期 90 ～ 100 天，纤维少，品质好。耐热，耐寒，耐贮藏，一年四季均可栽培。冬性强，不易抽薹。

（7）**双港西芹** 株高 70 厘米，叶柄实心浅绿色，肉质嫩脆、粗纤维少，单株重 0.4 ～ 0.6 千克，生育期 80 ～ 100 天，具有高产、抗病、抽薹晚、分支少等优点，一般亩产 8500 千克。适宜保护地或春秋露地栽培。

（8）**绿梗芹菜** 又名细叶芹菜。长沙地方品种。早熟，叶绿色，叶柄浅绿色，中空，断面近圆形，脆嫩，清香。叶鞘绿白色，单株重 50 ～ 70 克。2 月下旬抽薹。喜冷凉湿润的环境，耐热性较强，耐寒性较弱，生长快。宜作早芹菜栽培。7 月上旬 ～ 8 月上旬播种，苗龄 40 ～ 50 天定植，9 月下旬 ～ 11 月下旬收获。定植后 40 ～ 50 天收获，生育期 80 ～ 90 天。

（9）**乳白梗芹菜** 长沙地方品种。中熟，株形较矮。叶绿色，叶柄洁白，中空，断面近圆形。细嫩，香味较淡。单株重 55 ～ 77 克。耐寒力弱，植株生长慢，冬性较强，3 月上旬抽薹。遇冰雪，心叶腐烂，叶柄开裂。宜作秋芹和春芹菜栽培。秋芹菜：7 月下旬至 8 月上旬播种，苗龄 40 ～ 60 天，10 月下旬至 12 月下旬收获。春芹菜：3 月播种，4 月下旬 ～ 5 月下旬收获。定植后 50 ～ 60 天收获，生育期 90 ～ 100 天。

（10）**大叶芹菜** 长沙地方品种，株形高大。叶绿色，叶柄浅绿色，中空，纤维较多，香味较浓。晚熟，3 月下旬抽薹。耐寒，不耐热。单株重 250 克，一般作秋芹菜和春芹菜栽培。秋芹菜：9 月上旬至 10 月上旬播种，苗龄 40 ～ 60 天定植，翌年 1 月下旬 ～ 3 月中旬收获，定植后 80 ～ 90 天收获，生育期 120 ～ 130 天。春芹菜：2 月下旬 ～ 3 月中旬播种，4 月下旬 ～ 5 月下旬收获。

（11）**玻璃脆芹菜** 开封市选育的品种。植株生长势强，根群大。

叶绿色。叶柄黄色，长 60 厘米、宽 2.4 厘米、厚 0.9 厘米，实秸，纤维少，质地脆嫩，品质好。适应性强，耐贮运。定植后 100 天收获。单株重 0.5 千克左右，亩产 5000～7500 千克。适于秋季及越冬栽培。

（12）意大利西芹　适应性强，较耐寒，耐肥，喜冷凉气候，抽薹较晚，叶柄较宽。株高 70 厘米左右、基部宽 2～3 厘米、厚 0.8 厘米，叶片及叶柄是深绿色，实心肉厚，纤维少，品质优良。定植后 70～90 天左右收获，适于春秋栽培。

（13）潍坊青苗芹菜　潍坊市地方品种。植株长势强。叶色深绿，有光泽。叶柄平均长 60 厘米、宽 1.2 厘米、厚 0.5 厘米左右，绿色、实心，质脆嫩，品质好。单株重 0.5 千克。生长期 90～100 天。一般亩产 5000 千克左右。冬性强，不易抽薹。适于秋延迟栽培。

（14）赵村实梗芹菜　崂山县地方品种。植株长势强。叶色深绿。叶柄长而肥厚，实心，纤维少，品质好。单株重 0.5 千克左右。生长期 90～100 天。适于秋延迟栽培。

（15）天津黄苗芹菜　天津市地方品种。植株长势强。纤维少，品质好。单株重 0.5 千克左右。生长期 90～100 天。耐热，耐寒，耐贮藏。冬性强，不易抽薹，一年四季都可种植。

（16）新泰芹菜　新泰市地方品种。植株长势强。叶绿色。最大叶柄长 60 厘米、宽 1.2 厘米、厚 0.5 厘米，空心，纤维较少，品质好。单株重 0.5 千克，一般亩产 5000 千克。生长期 90～100 天。耐热性、抗寒性强，春、夏、秋皆可种植。

（17）津芹 36 号　植株高大粗壮紧凑，叶片较大，绿色，叶柄光亮、黄绿色，株高 80 厘米左右，亩产量可达 15000 千克，比进口西芹可提高产量 40% 以上。具有抗病、耐寒、耐热、适应性广，生长势强的特点。叶柄长宽肥厚，心实，纤维少，亮丽脆嫩清香，品质极佳，商品性突出，适于露地和保护地栽培。

（18）津芹 13 号　植株高大紧凑，叶片较小，亮绿色，叶柄淡黄绿色，株高 85 厘米左右，亩产量可达 12000 千克。具有抗病、耐寒、耐热、适应性广、生长势强的特点。叶柄长宽肥厚，心实，纤维少，亮丽脆嫩清香，品质极佳。适于露地和保护地栽培。

（19）8401 芹菜　北京蔬菜研究中心选育。常规品种，生长良好情况下株高 80 ～ 90 厘米，叶柄绿色，稍宽、肉厚、横切面近圆形、实心。肉质脆嫩。纤维稍多，品质中上等。生长速度较快，春季抽薹较晚。冬季保护地栽培，在低温、弱光照条件下不易糠心。适于春、秋露地栽培，冬季生产栽培及越冬根茬栽培，一般亩产 4000 ～ 5000 千克。

（20）千芳　农友种苗公司选育。西洋芹菜，株形粗壮，单株重约 1.5 千克，叶柄扁阔肥厚，淡绿色，品质脆嫩清香。软化后品质更为白嫩脆美。

（21）夏芹　农友种苗公司选育。株高约 85 厘米，生长强健，分蘖性强，叶色浓绿，叶柄肥厚，长可达 45 厘米，品质脆香。定植后约 2 个月可开始采收，不易抽薹，稍易空心，适于密植，栽培容易。

二、有机无土栽培的栽培模式与技术要点

（一）春芹菜有机无土栽培技术要点

本模式适用于芹菜的温室（图 7-5）、日光温室、大棚和露地等形式春季有机无土栽培。一般采用槽式栽培。但要注意播种育苗时期，应因地区和栽培设施的差异，灵活掌握。

图7-5　温室有机芹菜立体无土栽培

下面以槽式栽培为例，进行技术要点阐述。

1. 建栽培槽，铺塑料膜

以红砖、塑料泡沫板等建栽培槽，槽内径宽 0.8 ～ 1.0 米，槽间

距 30 ～ 50 厘米，槽高 20 厘米左右，建好槽以后，在栽培槽的内缘至底部铺一层 0.08 ～ 0.1 毫米厚的聚乙烯塑料薄膜。

2. 栽培基质配制

请参照第一章第三节基质的配制。有机基质可供选用的有玉米秸秆、牛粪。无机基质有泥炭土、珍珠岩、煤渣等，有机基质经高温发酵后与无机基质按一定配比混合。复合基质按每立方米加入 10 千克膨化鸡粪，1.5 千克腐熟豆粕，120 千克左右有机肥料和 4 千克的草木灰、磷矿粉、钾矿粉等并充分拌匀装槽，基质以装满槽为宜。

基质的原材料和复合基质应注意经过处理和消毒。栽培基质用量为 30 立方米每亩。

3. 品种选择

结合栽培季节茬口，选择抗病、丰产的非转基因及未经化学药剂处理的上述优良品种，如'赞比亚西芹''乳白梗芹菜''新泰芹菜'等。

4. 栽培季节与茬口

2 月下旬至 3 月上旬播种。亩需种量 500 克。

5. 播种育苗

可以按草炭土：珍珠岩为 7：3 的比例配制基质，按基质总重量的 5% 投入经有机认证的商品有机肥充分拌匀。采用穴盘育苗，芹菜播种前先浸种催芽，种子出苗期间，基质温度应保持在 20 ～ 22℃。出齐苗后基质温度降至 18 ～ 20℃，并保持基质湿润。

6. 定植前准备

① 施入基肥。定植前 15 天，将配制好的复合栽培基质装槽。

② 安装滴灌管。把准备好的滴灌管摆放在填满基质的槽上，滴灌孔朝上，在滴管上再覆一层薄膜，防止水分蒸发，以增强滴灌效果。

7. 栽培管理

① 定植。每槽定植多行。株、行距保持 10 厘米，单株定植。定

植深度以露出心叶为宜。定植后即浇足定根水。定植时间以中午为好。

② 定植后管理。加强以下几个方面的管理。

温度管理：基质温度要求白天保持 18 ～ 20℃，夜间 12 ～ 15℃；空气温度白天 18 ～ 22℃，夜间 10 ～ 16℃，最高、最低温度不超出 10 ～ 30℃范围；空气相对湿度保持在 75% ～ 80%。

肥水管理：根据基质的水分情况进行灌水。一般施足基肥不需追肥。若追肥，可将肥料均匀撒在基质表面，结合滴灌进行。

病虫害防治：请参照本节的有机无土栽培病虫害防治部分内容进行。

8. 采收

一般 100 天左右，即可采收。可连根拔起，也可剪去根系。

（二）秋芹菜有机无土栽培技术要点

本模式适用于芹菜的温室、日光温室、大棚和露地秋季有机无土栽培。一般采用槽式栽培。但要注意播种育苗时期，应因地区和栽培设施的差异灵活掌握。

下面以槽式栽培为例，进行技术要点阐述。

1. 建栽培槽，铺塑料膜

参照本节模式（一）春芹菜有机无土栽培的内容进行。

2. 栽培基质配制

参照本节模式（一）春芹菜有机无土栽培的内容进行。

3. 品种选择

结合栽培季节茬口，选择抗病、丰产的非转基因及未经化学药剂处理的上述优良品种，如'赞比亚西芹''倍丽''津南实芹''乳白梗芹菜''新泰芹菜'等。

4. 栽培季节与茬口

6 月中下旬播种育苗。亩需种量 500 克。

5. 播种育苗

配制基质加入有机肥，配制方法参照上述模式进行。育苗期正值高温多雨季节，需要浸种催芽，可采用穴盘育苗。设施育苗可采用遮阳网覆盖。具体做法如下。

浸种催芽：将种子用布袋装好，用长绳的一端捆好吊入井水中浸48小时，再将种子悬吊在离水面约0.5米左右的井中进行催芽，3～4天即可发芽，当有80%以上种子发芽后即可播种，如果没有水井，可在地洞或冰箱的冷藏柜内进行催芽，即在冷凉水中浸48小时后，取出晾干表面水分，再包好送入冷藏柜放置24小时便可。

将浸种消毒处理后的种子，播于穴盘中进行育苗。由于育苗期正值高温多雨季节，对出苗不利，因此，苗期管理的关键是创造冷凉潮湿的环境条件，种子出苗期间，5厘米基质温度应保持在20～22℃。出齐苗后基质温度降至18～20℃，并保持基质湿润。根据基质的情况，做好水分管理。

6. 定植前准备

① 施入基肥。定植前15天，将配制好的复合栽培基质装槽。

② 安装滴灌管。把准备好的滴灌管摆放在填满基质的槽上，滴灌孔朝上，在滴管上再覆一层薄膜，防止水分蒸发，以增强滴灌效果。

7. 栽培管理

① 定植。每槽定植多行。株、行距保持10厘米，单株定植。定植深度以露出心叶为宜。定植后即浇足定根水。定植时间以早晚为好。

② 定植后管理。加强以下几个方面的管理。

温度管理：设施栽培注意降温、增湿。空气温度白天18～22℃、夜间10～16℃，最高温度不超出30℃范围；空气相对湿度保持在75%～80%。

肥水管理：根据基质的水分情况进行灌水。一般施足基肥不需追肥。若追肥，可将肥料均匀撒在基质表面，结合滴灌进行。

病虫害防治：请参照本节的有机芹菜无土栽培病虫害防治部分内

容进行。

8. 采收

一般90～100天，即可采收。在立冬前秋芹菜应全部采收完。可连根拔起，也可剪去根系。

（三）冬芹菜有机无土栽培技术要点

本模式适用于芹菜的温室、日光温室、大棚和露地冬季有机无土栽培。一般采用槽式栽培。但要注意播种育苗时期，应因地区和栽培设施的差异，灵活掌握。

下面以槽式栽培为例，进行技术要点阐述。

1. 建栽培槽，铺塑料膜

请参照本节模式（一）春芹菜有机无土栽培的内容进行。

2. 栽培基质配制

请参照本节模式（一）春芹菜有机无土栽培的内容进行。

3. 品种选择

结合冬季栽培特点，选择耐热、耐寒、抗病、丰产的非转基因及未经化学药剂处理的上述优良品种，如'津南冬芹''津南实芹''玻璃脆芹菜''8401芹菜'等。

4. 栽培季节与茬口

9月下旬～10月下旬播种育苗。亩需种量500克。

5. 播种育苗

配制基质加入有机肥，配制方法参照本节模式（一）春芹菜有机无土栽培的内容进行。育苗可采用穴盘育苗。参照秋季有机无土栽培生产模式进行管理。

6. 定植前准备

参照本节模式（一）春芹菜有机无土栽培的内容进行。

7. 栽培管理

① 定植。参照本节模式（一）春芹菜有机无土栽培的内容进行。
② 定植后管理。加强以下几个方面的管理。
温湿度管理：前期设施栽培注意降温、增湿。后期注意保温。空气温度白天 18～22℃、夜间 10～16℃；空气相对湿度保持在 75%～80%。
肥水管理：根据基质的水分情况进行灌水。一般施足基肥不需追肥。若追肥，可将肥料均匀撒在基质表面，结合滴灌进行。
病虫害防治：请参照本节的有机芹菜无土栽培病虫害防治部分内容进行。

8. 采收

及时采收。可连根拔起，也可剪去根系。

（四）夏芹菜有机无土栽培技术要点

本模式适用于防雨遮阳棚和露地夏季有机无土栽培。一般采用槽式栽培。

下面以槽式栽培为例，进行技术要点阐述。

1. 建栽培槽，铺塑料膜

参照本节模式（一）春芹菜有机无土栽培的内容进行。

2. 栽培基质配制

参照本节模式（一）春芹菜有机无土栽培的内容进行。

3. 品种选择

夏芹菜的整个生育期都在最炎热的季节，此时病害较重，管理不当，可能影响芹菜的品质，如纤维过多、叶柄老化等。因此，应选用耐热、抗病、品质好的品种。此期仍以白绿、黄绿色的品种为宜，这类品种一般脆嫩，纤维少，外观就给人以鲜嫩的好感。多数的空心品种较耐热，生长旺盛，而且纤维少，因此夏栽芹菜以空心品种为宜。常用的品种有'新泰芹菜''玻璃脆芹菜'等。

4. 栽培季节与茬口

4月中旬至6月下旬均可播种。于7月下旬至10月上旬上市供应。

5. 播种育苗

配制基质加入有机肥，配制方法参照本节模式（一）春芹菜有机无土栽培的内容进行。育苗可采用穴盘育苗。参照秋季有机无土栽培生产模式进行管理。

6. 定植前准备

参照本节模式（一）春芹菜有机无土栽培的内容进行。

7. 栽培管理

① 定植。参照本节模式（一）春芹菜有机无土栽培的内容进行。
② 定植后管理。加强以下几个方面的管理。
温湿度管理：注意降温、增湿。
肥水管理：根据基质的水分情况进行灌水。一般施足基肥不需追肥。若追肥，可将肥料均匀撒在基质表面，结合滴灌进行。
病虫害防治：请参照本节的有机芹菜无土栽培病虫害防治部分内容进行。

8. 采收

及时采收。可连根拔起，也可剪去根系。

三、芹菜有机无土栽培病虫害综合防治

芹菜病虫害主要有芹菜斑枯病、芹菜早疫病、芹菜叶斑病、芹菜软腐病、芹菜烂心病、美洲斑潜蝇等。具体防治技术及注意事项如下。

1. 选用抗病品种

要因地制宜选用'黄苗芹菜''玻璃脆芹菜''津南实芹'等较抗病的品种。

2. 种子处理

在 48 ~ 49℃恒温水中浸种 30 分钟后，投入凉水冷却，然后催芽播种，可预防早疫病、斑枯病和叶斑病。

3. 基质消毒

请参照第一章第三节基质消毒处理进行。

4. 农业防治

培育壮苗，合理密植，合理浇灌。注意控制温、湿度，寒冷季节设施生产，温度白天温度控制在 15 ~ 20℃，高于 20℃要及时放风，夜间控制在 10 ~ 15℃，缩小昼夜温差，减少结露。

5. 生理病害防治

① 烧心。一般在植株长至 11 ~ 12 片叶时发生，烧心主要是由缺钙引起。夏季栽培的芹菜易发生烧心，防治时应从管理入手，做到温度、湿度适宜，对复合基质施入适量石灰可预防。

② 叶柄开裂。成因是由于缺硼或干旱条件下，植株生长受阻所致。防治时补充含硼有机肥，加强水分管理。

6. 药剂防治

发现病株立即拔除并用药剂控制，防止蔓延。

斑枯病用 3% 农抗 120 水剂 100 倍液；早疫病用 3% 农抗 120 水剂 100 倍液等防治。

斑潜蝇，可采用黄板诱杀，或喷施苦参碱或除虫菊素 1000 倍液，每 3 天一次，连续 2 ~ 3 次防治其成虫。

第二节 生菜有机无土栽培技术

生菜即叶用莴苣，因适宜生食而得名，其质地脆嫩，口感鲜嫩清香。

生菜中含有膳食纤维和维生素 C，有消除多余脂肪的作用，故又称减肥生菜；因其茎叶中含有莴苣素，故味微苦，具有镇痛催眠、降低胆固醇、辅助治疗神经衰弱等功效；生菜中含有甘露醇等有效成分，有利尿和促进血液循环的作用；生菜中含有一种"干扰素诱生剂"，可刺激人体正常细胞产生干扰素，从而产生一种"抗病毒蛋白"抑制病毒。

生菜有机无土栽培的茬口，东北、西北的高寒地区多为春播夏收，华北地区及长江流域春秋均可栽培，华南地区从 9 月至翌年 2 月都可以播种，11 月到翌年 4 月收获。近年来，随着设施栽培的发展，利用保护设施栽培生菜，已基本做到分期播种、周年生产供应。夏季炎热的地区，秋季栽培时要注意苗期采取降温措施，并注意先期抽薹的问题，应选用耐热、耐抽薹的品种（图 7-6）。

一、类型品种与品种选择

生产上栽培利用的生菜品种分为结球、半结球、散叶生菜三种类型。其中结球生菜顶生叶形成叶球，叶球呈圆球形或扁圆球形等。结球生菜按叶片质地又分为绵叶结球生菜和脆叶结球生菜两个类型。绵叶结球生菜叶片薄，色黄绿，质地绵软，叶球小，耐挤压，耐运输。脆叶结球生菜，叶片质地脆嫩，色绿，叶中肋肥大，包球不紧，易折断，不耐挤压运输。半结球生菜又分为脆叶、软叶（俗称奶油生菜）两种类型，散叶生菜又分为圆叶、尖叶（俗称油麦菜）两种类型。

生菜根系浅，叶面积大，须根发达，属半耐寒性蔬菜，喜冷凉湿润的气候条件，不耐炎热。几种类型的生菜中，以结球生菜对环境条件的要求最严格，种子发芽的适宜温度为 15～20℃，高于 25℃发芽率显著下降，超过 30℃时发芽困难；生长适温幼苗期为 16～20℃，莲座期 18～22℃，结球期白天 20～22℃、夜间 12～15℃。散叶类型较结球生菜对温度的适应性稍高。营养生长期对光照强度要求不严格，适于保护地栽培。

图7-6 有机生菜基质盆栽

我国栽培的生菜部分品种简介如下。

（1）登峰生菜 广东栽培普遍，属长叶生菜，叶直立，近圆形，叶片淡绿色，叶缘波状，株高30厘米，开展度36厘米，单株重330克左右。

（2）玻璃生菜 又叫软尾生菜、散叶生菜。是广州农家品种。不结球，叶簇生，株高25厘米。叶片近圆形，较薄，长18厘米、宽17厘米，黄绿色，有光泽，叶缘波状，叶面皱缩，心叶包合，叶柄扁宽，白色，单株重200～300克，质软滑，不耐热，耐寒。适于春秋栽培。

（3）红帆紫叶生菜 由美国引进。植株较大，散叶，叶片皱缩，叶片及叶脉为紫色，色泽美观，随着收获的临近，红色逐渐加深。喜光，较耐热，不易抽薹，成熟期较早，全生育期50天，适合春夏、秋季露地栽培及大棚栽培。

（4）花叶生菜 又名苦苣，叶簇半直立，株高25厘米，开展度26～30厘米。叶长卵圆形，叶缘缺刻深，并上下曲折呈鸡冠状，外叶绿色，心叶浅绿，渐直，黄白色；中肋浅绿，基部白色，单株重500克左右。品质较好，有苦味；适应性强，较耐热，病虫害少，全生育期70～80天。适合春、夏、秋季露地及大棚栽培。

（5）凯撒 从日本引进的结球生菜品种。极早熟，生育期80天。株形紧凑，生长整齐。肥沃土适宜密植。球内中心柱极短。球重约500克，品质好。抗病性强，抽薹晚，高温结球性比其他品种强。适合春、夏、秋季露地及大棚栽培。是生产者较喜爱栽培的品种。

（6）奥林匹亚　从日本引进的结球生菜品种。极早熟，生育期80天左右。叶片淡绿色，叶缘缺刻较多，外叶较小而少；叶球淡绿色稍带黄色，较紧密，单球重400～500克；品质佳，口感好，耐热性强，抽薹极晚，适合春、夏、秋季露地栽培，可以作为夏季生菜栽培的专用品种。

（7）萨林娜斯　从美国引进。中早熟，生长旺盛，整齐度好，外叶绿色，叶缘缺刻小，叶片内合，外叶较少，叶球为圆球形，绿色，结球紧实，单球重500克。品质优良，质地软脆，耐运输，成熟期一致，抗霜霉病和顶端灼烧病，适合春、秋露地和大棚栽培。

（8）皇后　从美国引进的结球生菜品种。中早熟，生育期85天，生长整齐，外叶较深绿，叶片中等大小，叶缘有缺刻；叶球中等大小，结球紧实，单株重500～600克。风味佳。抽薹晚，较抗生菜花叶病毒病和顶部灼伤。适合春、秋露地及大棚栽培。

（9）生菜王　株高20～30厘米，开展度30～40厘米，叶卵圆形，散生，嫩黄绿色，叶面较平滑，叶长、宽各约20厘米。单株重300～500克，口感脆嫩，生食、熟食品质均好。耐寒、抗病、不耐高温干旱。生长速度快、丰产、商品性好，适宜春秋露地及冬保护地栽培。

（10）大速生（生菜）　株高20～22厘米，开展度30～35厘米，叶卵圆形，散生，嫩绿色。叶面褶皱，叶缘波状，美观。单株重300～450克，口感脆嫩，品质好。耐寒、抗病、生长速度快，不耐高温干旱。适宜春秋露地及冬保护地栽培。

（11）耐抽薹生菜　株高19～26厘米，开展度30～40厘米，叶卵圆形，绿色，叶面较平滑，叶长、宽各约20厘米。半结球，单株重500克左右，株形紧凑美观、商品性好，口感爽脆、味香微甜，生食、熟食品质均佳。耐热、耐寒、耐抽薹、抗病性强，适于密植，持续采收期长，产量高，适于春秋露地及保护地栽培。

（12）嫩绿奶油生菜　株高17～20厘米，开展度35厘米左右，叶卵圆形，嫩绿色，半结球，单株重300～500克，株形美观，商品性好，适应性强，较耐寒，不耐持续高温，注意及时采收，适于春秋露地及保护地栽培。

（13）黛玉奶油生菜　株高16～20厘米，开展度30～35厘米，叶卵圆形，深绿色，叶面平滑，中下部横皱，叶长、宽各约 18 厘米。半结球，单株重 250～400 克，株形紧凑美观、商品性好，叶质软，口感油滑，味香微甜，生食、熟食品质均佳。适应性强、抗病、较耐抽薹，适于春秋露地及保护地栽培。

（14）**紫生菜**　株高 25～30 厘米，开展度 33～40 厘米。叶长卵圆形，长约 25 厘米，宽约 16 厘米，散生，叶缘波状，紫红色，色泽美观、商品性好，叶质柔嫩、水分中等，单株重 200～450 克。适于生食及作沙拉的配色蔬菜。适应性强、抗病，适于春秋露地及保护地栽培。

（15）**早玉结球生菜**　株高 18～22 厘米，开展度 39～44 厘米，叶卵圆形，叶缘波状，口感脆、稍甜，生食、熟食品质均佳。早熟，育苗移栽从定植到收获 45～50 天。适应性强，较抗霜霉病。适于露地及保护地栽培。

（16）**三元**　适合华南栽培品种，结球早，外叶数少，株形小而球大，结球紧实，球重约 1 千克，大的可达 1.3 千克，球色青绿，脆嫩多汁，品质优良。

（17）**大将**　型色和三元相仿，但结球较早，结球端正、整齐、紧实，抗叶枯病，相当耐热，在华南 5 月中仍可结球收获。

（18）**红翠**　皱叶莴苣，叶呈红色至暗红色，颇有观赏价值，可兼作盆栽，适于家庭园艺栽培，抽薹稍晚，收获期长，在花蕾发生前随时可以收获。温凉期间栽培，生育及品质最好。

二、有机无土栽培的栽培模式与技术要点

（一）生菜日光温室冬季有机无土栽培技术要点

本模式适用于生菜的温室、大棚等设施的有机无土栽培。一般采用槽式栽培。但要注意播种育苗时期，应因地区和栽培设施的差异，灵活掌握。

下面以槽式栽培为例，进行技术要点阐述。

1. 建栽培槽，铺塑料膜

以红砖、塑料泡沫板等建栽培槽，槽内径宽 0.8～1.0 米，槽间

距 30～50 厘米，槽高 20 厘米左右，建好槽以后，在栽培槽的内缘至底部铺一层 0.08～0.1 毫米厚的聚乙烯塑料薄膜。

2. 栽培基质配制

结合本地实际，采用前述的基质选用与配制方法配制复合基质。有机基质可供选用的有玉米秸秆、牛粪。无机基质有泥炭土、珍珠岩、煤渣等，有机基质经高温发酵后与无机基质按一定配比混合。复合基质按每立方米加入 8～10 千克膨化鸡粪，2 千克腐熟豆粕，80～100 千克有机肥料和 4 千克的草木灰、磷矿粉、钾矿粉等并充分拌匀装槽，基质以装满槽为宜。

基质的原材料和复合基质应注意经过处理和消毒。

3. 品种选择

结合栽培季节茬口，应选择耐低温、弱光照、早熟、丰产、抗病商品性好的非转基因及未经化学药剂处理的上述优良品种，目前较为适宜的品种有'生菜王''大速生'和'玻璃生菜'等。

4. 栽培季节与茬口

一般在 10 月下旬至 11 月上旬播种育苗，11 月下旬至 12 月上旬定植，1 月上旬到春节前后采收，下茬接早春茬茄果类、瓜类蔬菜为好。

5. 播种育苗

可以按草炭土∶珍珠岩为 7∶3 的比例配制基质，按基质总重量的 5% 投入经有机认证的商品有机肥充分拌匀。每亩播种量 30～50 克。采用穴盘育苗，播种前先浸种催芽，生菜发芽期的适温 15～20℃。种子出苗期间，基质温度应保持在白天 18～20℃、夜间 12～14℃为宜。幼苗长到 2～4 片真叶时定植。

6. 定植前准备

① 施入基肥。定植前 15 天，将配制好的复合栽培基质装槽。
② 安装滴灌管。把准备好的滴灌管摆放在填满基质的槽上，滴灌

有机蔬菜无土栽培技术大全（彩色图解＋视频升级版）

孔朝上，在滴管上再覆一层薄膜，防止水分蒸发，以增强滴灌效果。

7. 栽培管理

① 定植。每槽定植多行。行距 15 ～ 20 厘米，株距 15 厘米左右定植。定植后即浇足定根水。

② 定植后管理。加强以下方面管理。

温湿度管理：基质温度要求白天保持在 18 ～ 20℃，夜间 12 ～ 15℃；空气相对湿度保持在 80% 左右。

肥水管理：根据基质的水分情况进行灌水。一般施足基肥不需追肥。

病虫害防治：请参照本节的生菜病害及其防治内容进行。

8. 采收

生菜从定植到收获，散叶不结球生菜一般需要 40 ～ 50 天，结球生菜一般需要 50 ～ 60 天，在叶球紧实后采收为好，过早影响产量，过迟叶球内基伸长，叶球变松品质下降。散叶生菜的采收期比较灵活，采收规格无严格要求，可根据市场需要而定。

（二）露地生菜有机无土栽培技术要点

本模式适用于露地生菜的春季和秋季有机无土栽培。一般采用槽式栽培。

下面以槽式栽培为例，进行技术要点阐述。

1. 建栽培槽，铺塑料膜

请参照本节模式（一）生菜冬季有机无土栽培的内容进行。

2. 栽培基质配制

请参照本节模式（一）生菜冬季有机无土栽培的内容进行。

3. 栽培季节茬口与品种选择

结合栽培季节茬口，春季露地栽培，宜选择早熟，耐热，晚抽薹品种，如结球生菜选用'皇后''奥林匹亚''凯撒''大将'等品种。

不结球生菜选用'红帆紫叶生菜''东方凯旋生菜'等品种。秋季露地栽培，结球生菜选用'萨林纳斯'等；不结球生菜选用'玻璃生菜''广东登峰'等品种。

4. 播种育苗

请参照本节模式（一）生菜冬季有机无土栽培的播种育苗内容进行。采用穴盘育苗，播种前先浸种催芽。春季露地栽培，一般于3月上旬在日光温室、大棚等设施内播种育苗，苗龄40～50天，5月上旬定植于露地，6月中下旬采收供应。秋季露地栽培，播种期为7月中下旬育苗，播种早的需遮阴育苗，8月下旬至9月上旬定植，在10月中下旬收获。

5. 定植前准备

请参照本节模式（一）生菜冬季有机无土栽培的内容进行。

6. 栽培管理

请参照本节模式（一）生菜冬季有机无土栽培的内容进行。

7. 采收

请参照本节模式（一）生菜冬季有机无土栽培的内容进行。

（三）生菜有机立体无土栽培技术要点

本模式适用于生菜的温室、日光温室、大棚等设施的有机无土栽培（图7-7）。采用地面槽式基质栽培和空间悬挂塑料盆相结合的立体栽培方式，也可以采用壁式立体有机无土栽培或专用塑料架进行立体有机无土栽培。但要注意根据播种育苗时期、地区和栽培设施的差异，灵活掌握。

下面以采用地面槽式基质栽培和空间悬挂塑料盆相结合的立体栽培方式为例，进行阐述。

1. 建栽培槽，铺塑料膜；空间塑料盆准备

以红砖、塑料泡沫板等建栽培槽，槽内径宽0.8～1.0米、槽间

距 30 ～ 50 厘米、槽高 20 厘米左右，建好槽以后，在栽培槽的内缘至底部铺一层 0.08 ～ 0.1 毫米厚的聚乙烯塑料薄膜。空间塑料盆悬挂方式，可采用直径 33 厘米的塑料盆，底部打 3 ～ 4 个直径 1 厘米左右的排液孔，栽培盆用 8 号铁丝自底部悬挂在温室钢筋桁架上防止塑料盆倾斜，自悬挂的 8 号铁丝向塑料盆边缘拉两条 14 号铁丝固定。例如在日光温室，后排悬 8 ～ 10 盆为 1 串，中前部 5 ～ 8 盆为 1 串，盆间距 25 厘米，每个桁架挂 6 串为 1 行，行距 180 厘米，串间距 100 厘米。在盆内装入配制好的复合基质。

2. 栽培基质配制

结合本地实际，采用前述的基质选用与配制方法配制复合基质。有机基质可供选用的有玉米秸秆、牛粪。无机基质有泥炭土、珍珠岩、煤渣等，有机基质经高温发酵后与无机基质按一定配比混合。复合基质按每立方米加入 8 ～ 10 千克膨化鸡粪，2 千克腐熟豆粕，80 ～ 100 千克有机肥料和 4 千克的草木灰、磷矿粉、钾矿粉等并充分拌匀装槽，基质以装满槽为宜。

基质的原材料和复合基质应注意经过处理和消毒。

3. 品种选择

结合栽培季节茬口，进行品种选择。立体有机无土栽培一般选用散叶或半结球类型为主。如冬季栽培可选择耐低温、弱光照、早熟、丰产、抗病商品性好的非转基因及未经化学药剂处理的上述优良品种，目前较为适宜的品种有'生菜王''大速生'和'玻璃生菜'等。春季、秋季栽培可参照上述模式分别进行。

4. 栽培季节茬口与播种育苗

冬季栽培，一般在 10 月下旬至 11 月上旬播种育苗，11 月下旬至 12 月上旬定植，1 月上旬到春节前后采收。春季栽培，一般于 3 月上旬播种育苗，6 月中下旬采收供应。秋季栽培，播种期为 7 月中下旬育苗，播种早的需遮阴育苗，在 10 月中下旬收获。

穴盘育苗及管理，请参照本节模式（一）生菜冬季有机无土栽培的内容进行。

5. 定植前准备

① 施入基肥。定植前 15 天，将配制好的复合栽培基质装槽。

② 安装滴灌管。把准备好的滴灌管摆放在填满基质的槽上，滴灌孔朝上，在滴管上再覆一层薄膜，防止水分蒸发，以增强滴灌效果。吊好的成串的塑料盆，采用滴箭式滴灌。

6. 栽培管理

① 定植。每槽定植多行。行距 15 厘米左右，株距 15 厘米左右定植。定植后即浇足定根水。塑料盆的密度与槽内定植密度相同。

② 定植后管理。加强以下几方面的管理。

温湿度管理：基质温度要求白天保持在 18 ～ 20℃、夜间 12 ～ 15℃；空气相对湿度保持在 80％左右。

肥水管理：根据基质的水分情况进行灌水。一般施足基肥不需追肥。

病虫害防治：请参照本节生菜病害及其防治的内容进行。

7. 采收

生菜从定植到收获，一般定植后 30 ～ 50 天，当株间长满接近封行时，即可分批采收。

图 7-7 温室有机生菜立体无土栽培

三、生菜有机无土栽培病虫害综合防治

生菜设施有机无土栽培病虫害发生少，设施栽培有时因人为或棚

有机蔬菜无土栽培技术大全（彩色图解＋视频升级版）

室通风时而传入害虫、病原菌等，引起生菜发生病虫害。露地有机无土栽培，要及时发现和预防，采用多种措施进行综合防治。

1. 褐斑病

真菌病害。主要为害叶片，叶片上的病斑表现两种症状，一种是发病初期呈水渍状，后逐渐扩大为圆形至不规则形、褐色至暗灰色病斑，直径 2～10 毫米；另一种是深褐色病斑，边缘不规则，外围具水渍状晕圈。环境湿度大时，病斑上生暗灰色霉状物，严重时病斑相互融合，致叶片变褐干枯。

防治方法：清洁田园，及时清除病残体；健株栽培，增强抗病力。

2. 霜霉病

真菌病害。幼苗、成株均可发病，以成株受害重，主要为害叶片，病叶由植株下部向上蔓延，先在老叶上产生圆形或多角形病斑，环境湿度大时，病斑背面产生白色霉层即病菌的孢囊梗和孢子囊，后期病斑连片呈黄褐色，最后全叶变黄枯死。孢子囊萌发的适温为10℃，侵染适温为 15～17℃。该病在连续阴雨雪天气时发病重，栽植过密，定植后浇水过早、过多，潮湿，排水不良，通风透光条件差时易发病。

防治方法：选用抗病品种，凡是根、茎、叶带紫红或深绿色的品种都表现抗病，如'红帆紫叶生菜''萨利娜斯'等都较抗病；加强栽培管理，合理密植，适时适量进行通风，增强棚内的通透性，降低设施内的湿度；收获后要及时清洁田园。

3. 菌核病

真菌病害。主要为害植株的茎基部，开始时形成褐色水渍状病斑，并逐渐向茎部和根部扩展，病部组织腐烂，在潮湿条件下，表面长有繁茂的白絮状菌丝逐渐形成很多白色小颗粒，其上溢有水滴，后小颗粒逐渐变为黑色鼠粪状菌核，有时很多菌核连结成块状，病株上部很快萎蔫枯死。幼嫩生菜染病时，植株下部菌丝向上扩散，速度快，病株迅速软腐倒伏。当气温 20℃左右、相对湿度高于 80% 时，有利于病害的发生和蔓延。

防治方法：加强栽培管理；合理施用有机肥，复合基质氮、磷、钾配比合理；健株栽培，增强植株的抗病力。

4. 白粉病

真菌病害。主要为害叶片，初在叶两面生白色粉状霉斑，扩展后形成浅灰白色粉状霉层平铺在叶面上，环境条件适宜时，彼此连成一片，使整个叶面布满白色粉状物，像铺上一层薄薄的白粉。此病多从植株下部叶片开始发生，后向上部叶片蔓延，最后整个叶片呈现白粉状，致叶片黄化或枯萎，后期病部长出小黑点，即病原菌闭囊壳。在温度为16～24℃、相对湿度高时易发病，栽植过密、通风不良时，发病重。

防治方法：加强栽培管理；健株栽培，增强植株的抗病力。发病初期开始喷洒1：1：1的倍量式波尔多液，每10天左右喷一次，连续防治1～2次，采收前7天停止用药。

5. 灰霉病

真菌病害。病害多从距地面较近的叶开始，最初产生水渍状病斑，可迅速扩展成褐色大病斑，病叶基部常呈红褐色。茎基部受害，初亦为水渍状病斑，天气潮湿时迅速扩大，后茎基部腐烂，疮面上生出灰褐色霉层，即病原菌的分生孢子梗及分生孢子。霉层先白后灰，天气潮湿时，整株从基部向上溃烂，叶柄受侵染呈深褐色。病原菌生长发育的温度范围是4～32℃，适温15～25℃。在寄主衰弱或受低温侵袭、相对湿度高于94%、温度适宜时即可发病。

防治方法：清除病株残体，减少初侵染源；加强栽培管理，提高植株的抗病性。

6. 炭疽病

又称穿孔病、环斑病，真菌病害。主要为害老叶片，先在外层叶片的基部产生褐色较密集小点，多达百余个，扩展后形成圆形至椭圆形或不大规则形病斑，大小4～5毫米，有的融合成大斑，病斑中央浅灰褐色，四周深褐色，稍凸起，叶背病斑边缘较宽，向四周呈弥散性侵蚀，后期叶斑易发生环裂或脱落穿孔，有的为害叶脉和叶柄，病斑褐色梭形，略凹陷，后期病斑纵裂；发病早的外叶先枯死，后向内层叶片扩展，严重者整株叶片染病，致全株干枯而死亡，病斑边缘产生粉红色的病原菌子实体。夏季高温多雨易发病，早春受冻及阴雨多、气温低的年份发病重。

防治方法：收获后及时清除病株残体；加强栽培管理，健株栽培。

7. 软腐病

又称"水烂"，主要为害结球生菜的肉质茎或根茎部。肉质茎染病，初生水渍状斑，深绿色不规则，后变褐色，迅速软化腐败。根茎部染病，根茎基部变为浅褐色，渐软化腐败，病情严重时可深入根髓部或叶球内。在温度为 $27 \sim 30℃$、多雨条件下易发病，积水、闷热、湿度大时发病重。

防治方法：病害流行期要控制浇水；施用沤制的堆肥，精细管理。在贮运期要特别注意通风降温。

8. 黑腐病

又称腐败病、细菌性叶斑病，细菌病害。主要为害肉质茎，也危害叶片。肉质茎染病，受害处先变浅绿色，后转为蓝绿色至褐色，病部逐渐崩溃，从近地面处脱落，全株矮化或茎部中空；叶片染病，生不规则形水渍状褐色角斑，后变淡褐色干枯呈薄纸状，条件适宜时可扩展到大半个叶子，周围组织变褐枯死，但不软腐。高温高湿条件下易发病，地势低洼、重茬及害虫为害重的地块发病重。

防治方法：选用无病种子，雨后及时排水，注意防治地下害虫。

9. 黑斑病

又称为轮纹病、叶枯病，真菌病害。主要为害叶片，发病初期，叶片上形成圆形至近圆形褐色斑点，在不同的条件下病斑大小差异较大，一般为 $3 \sim 15$ 毫米，褐色至灰褐色，具有同心轮纹，在田间一般病斑表面看不到霉状物。高温高湿、连续阴雨雪天气或棚内结露持续时间长，病害易发生流行。植株生长势衰弱时发病重。

防治方法：加强栽培管理，采用配方施肥技术，增施含磷、钾丰富的有机肥，提高植株抗病力；及时摘除老叶、病叶及病残体。

10. 茎腐病

真菌病害。一般多在靠近地面的叶柄处先发病，病部初为褐色坏死斑，后扩展蔓延到整个叶柄，湿度大时，病部溢出深褐色汁液；天气干燥时，病部仅局限一处呈褐色的凹陷斑。条件适宜时为害叶球，导致整个叶球呈湿腐糜烂状。病部常产生网状菌丝体或褐色的菌核。设施内日均温在20℃以上，且湿度大时，该病易发生流行。

防治方法：加强栽培管理，合理密植，保持田间通风透光，避免环境湿度过大。

11. 病毒病

由莴苣花叶病毒等侵染引起，整个生育期内均可染病。苗期发病，出苗后半个月就显示症状。第一片真叶现出淡绿或黄白色不规则斑驳，叶缘不整齐，出现缺刻。二、三片真叶时染病，初现明脉，后逐渐现出黄绿相间的斑驳或不大明显的褐色坏死斑点及花叶。成株染病症状有的与苗期相似，有的细脉变褐，出现褐色坏死斑点，或叶片皱缩，叶缘下卷成筒状，植株矮化。采种株染病，病株抽薹后，新生叶呈花叶状或出现浓淡相间的绿色斑驳，叶片皱缩变小，叶脉变褐或产出褐色坏死斑，导致病株生长衰弱，花序减少，结实率下降。

该病主要靠蚜虫和种子进行传毒。

防治方法：选用抗病品种，种植无病种子，紫叶型品种种子的带毒率比绿叶型低；适期播种、定植；及早防蚜避蚜，减少传毒介体。

12. 叶焦病

细菌病害。主要为危害叶片，发病初期，外侧叶片或心叶边缘产生褐色区，有的坏死，有的波及到叶脉。组织坏死后，易被腐生菌寄生。叶片因失水过多表现叶色淡、脉焦或叶脉间坏死，叶片水分严重不足时，则出现叶焦或叶缘烧焦或干枯症状。生菜在叶片失水情况下，易被该菌侵染，从而引起健康组织的病变。尤其是遇有低湿高温时，会使叶片中水分耗尽，致叶片边缘细胞死亡，更易被该菌侵染。

防治方法：保持适宜的基质湿度，避免温度过高或过低，可防止该病的发生和蔓延；不要损害根系，保护根系功能正常，增加棚内的通透性，避免长时间处于高湿状态，尽量保持湿度正常；通风要适当，不能使叶片中水分大量散失。

13. 顶烧病

又称"干烧心"，该病发生较普遍，大多数栽培地均有不同程度的发生，一般以结球生菜发病重。发病初期，多在内层球叶的叶尖或叶缘出现水渍状斑，并迅速扩展，导致病部焦枯变褐，叶缘表现出类似"灼伤"现象。发病后，在高温高湿条件下病部易被细菌侵染，使病部迅速腐烂，严重时甚至整个叶球腐烂。

防治方法：选用抗顶烧病强的品种，如'皇后''萨林娜'等；注意合理灌溉，避免基质过干、过湿，或忽干、忽湿。顶烧病发生初期，及时补充含钙有机肥或喷施氯化钙。

14. 日烧病

在高温季节常有发生，影响产量和品质。该病主要为害结球生菜，多发生在结球期后，只是叶球发病而一般外围功能叶不发病。发病初期病部叶片褪绿，继而变白，最后导致叶片焦枯。日烧仅是叶球表面 1～2 层叶片，严重时外层焦枯、叶片崩裂，也可导致深层叶片受害。发生日烧病的叶球会由于软腐细菌的侵染，造成整个叶球腐烂，损失严重。结球生菜发生日烧病，是由于嫩的叶球直接暴露在阳光下，使叶球的向阳面温度过高而灼伤。高温、干旱，促使该病的发生。

防治方法：注意保持一定密度，阳光过强时可用植株外围叶片遮住叶球，也可用遮阳网等进行遮阴，避免阳光直射叶球；生菜结球后要注意适时浇水，特别是在气温高时，生菜散失水分较多，需及时浇水补充土壤水分，加强植株体内水分循环，降低植株本身的温度，避免或减轻日烧病的发生；增强植株的抗病力；叶球发生轻微日烧后应及时采收，摘去外层被害叶后仍可上市销售，以减少经济损失。

15. 心腐、裂茎病

在栽培过程中，该病发生，严重影响产量和品质。发病时，植株矮小，生长缓慢。叶片发黄，叶缘外卷，植株顶部心叶和生长点褐变、坏死。有时茎部产生龟裂。严重时，植株根系特别是侧根生长差，植株生长停滞，直至死亡。该病是由于硼素不足所致。生菜属于对硼素较敏感的蔬菜，植株分生组织需硼量大而且对硼敏感。缺硼症状首先表现在生长点和心叶上。石灰施用过多可引起硼素的缺乏。

防治方法：改良基质 pH 值至稍偏酸性时，提高硼的有效性；增施腐熟的有机肥，特别是施用厩肥效果更好，厩肥中含硼素较多，可以补充土壤中的硼素；注意不能过量施用钙素，钙过量时可引起缺硼；均匀灌溉，避免基质过干或过湿，影响对硼的吸收；田间出现因缺硼引起的心腐、裂茎症状时，应及时补充含硼丰富的有机肥。

16. 蚜虫

参照蚜虫防治相关内容进行。

17. 蓟马

成、若虫以锉吸式口器为害心叶、嫩芽。被害叶形成许多细密的长形灰白色斑纹，被害株生长点萎缩、变黑，出现丛生现象，心叶不能展开，严重时叶片扭曲枯萎。

防治方法：清除残株落叶，以减少虫源；用烟草石灰水液（比例为 1∶0.5∶50）喷雾有良好效果。

第三节　香菜有机无土栽培技术

芫荽又名香菜、胡菜（以下以香菜进行介绍），其具芳香健胃，祛风解毒，利尿和促进血液循环等功能，深受人们喜爱，各地均有栽培（图7-8）。

图7-8　香菜

　　香菜喜冷凉，具有一定的耐寒力，但不耐热，生长适温为15～18℃，不耐高温，30℃以上停止生长，高温季栽培，易抽薹，产量和品质都受影响，应以秋种为主。因此，夏秋季栽培必须采取保护性设施进行遮光降温，才能使其正常生长。

　　香菜叶质薄嫩，营养丰富，生食清香可口，且生长期短，一般不发生病虫害。

　　有机无土栽培主要以槽式基质栽培为主，可以利用大棚进行设施栽培。

一、类型品种与品种选择

　　香菜为伞形花序，每一小伞形花序有可孕花3～9朵，花白色，花瓣及雄蕊各5，子房下位。双悬果球形，果面有棱，内有种子2枚，千粒重2～3克。其按种子大小分为两个类型，大粒形的果实直径7～8毫米，小粒形的果实直径仅3毫米左右。我国栽培的属于小粒形。常见香菜有大叶和小叶两个类型。大叶品种植株较高，叶片大，产量较高；小叶品种植株较矮，叶片小，香味浓，耐寒，适应性强，但产量较低。

香菜部分品种简介如下。

（1）山东大叶　山东地方品种。株高 45 厘米，叶大，色浓，叶柄紫，纤维少，香味浓，品质好，但耐热性较差。

（2）北京香菜　北京市郊区地方品种，栽培历史悠久。嫩株 30 厘米左右，开展度 35 厘米。叶片绿色，遇低温绿色变深或有紫晕。叶柄细长，浅绿色，亩产 1500～2500 千克，较耐寒耐旱，全年均可栽培。

（3）原阳秋香菜　河南省原阳县地方品种。植株高大，嫩株高 42 厘米，开展度 30 厘米以上，单株重 28 克，嫩株质地柔嫩，香味浓，品质好，抗病、抗热、抗旱、喜肥。一般亩产为 1200 千克。

（4）白花香菜　又名青梗香菜，为上海市郊地方品种。香味浓，晚熟，耐寒、喜肥，病虫害少，但产量低，亩产量为 600～700 千克。

（5）紫花香菜　又名紫梗香菜。植株矮小，塌地生长。株高 7 厘米，开展度 14 厘米。早熟，播种后 30 天左右即可食用。耐寒，抗旱力强，病虫害少，一般亩产量为 1000 千克。

（6）农香一号　农友香菜品种，华南地区以 9 月至翌年 3 月播种，夏季栽培宜有遮阴。

（7）农香二号　中晚熟，适应性好，易栽培，株形紧凑，不易抽薹，茎浅绿色，叶片中等大小，香味较浓，单株重约 18 克，纤维中，品质优，产量高。

（8）农香三号　生育强健，生长快速，株形中等，浅绿叶，浅绿茎，叶片中大，香味中等，品质优，单株重约为 22 克，较耐热，丰产。遇低温有轻度的紫茎、紫叶现象。晚抽薹，播种后 30～35 天即可采收。

（9）超级春秋大叶香菜　株高 34 厘米左右，自然开展度 35 厘米，半直立、叶簇生、嫩绿色，呈长椭圆形。平均叶长 26 厘米，宽 13 厘米，叶肉厚 0.05 厘米，叶柄长 13 厘米，柄粗 0.8 厘米。收获期叶片为 10～15 片，单株重 200 克以上。叶片肥大，质嫩、无涩味、品质极好。适宜春秋露天栽培或晚秋大棚栽培。

（10）美洲大叶　生长势强，叶深绿色，叶柄细长，柄基近白色，质地柔嫩，香味浓，生长期 40～60 天，适应性广，耐寒、耐热、耐

有机蔬菜无土栽培技术大全（彩色图解＋视频升级版）

旱，抗病虫害。四季均可种植。春季于4月上旬播种，6月上旬收获，秋季8月上旬播种，10月上旬收获，越冬栽培的于10月播种，翌年3～4月上市。

（11）泰国耐热大粒香菜　极抗热，耐寒，香味浓，纤维少，品质优，四季均可栽培。由泰国进口的极抗热、耐寒品种。株高20～28厘米，开展度15～20厘米，叶色绿、叶缘波状浅裂，叶柄绿白色。单株重10～15克，香味浓郁，纤维少，品质特优，四季均可栽培。尤以高温季节栽培，其出芽齐，生长速度快之优势更为明显，是理想的反季节栽培品种。

（12）泰国翠绿香菜　香味浓、抗病力强、品质佳、产量高。由泰国引进的改良品种。该品种抗热性生长强，特耐抽薹。株高20～30厘米，开展度15～20厘米，单株重20克，叶片绿色、叶缘波状浅裂，叶柄浅绿色，生长速度快，纤维少，适应性广，是高温反季节栽培品种。

二、有机无土栽培的栽培模式与技术要点

香菜有机无土栽培主要有露地栽培、大棚栽培和夏秋季栽培几种形式。其技术要点分述如下。

（一）香菜露地有机无土栽培技术要点

本模式适用于香菜的春季和秋季露地有机无土栽培。一般采用槽式栽培。注意播种育苗时期因地区而异，应灵活掌握。

下面以槽式栽培为例，进行技术要点阐述。

1. 建栽培槽，铺塑料膜

以红砖、塑料泡沫板等建栽培槽，槽内径宽0.8～1.0米，槽间距40厘米左右，槽高15～20厘米，建好槽以后，在栽培槽的内缘至底部铺一层0.08～0.1毫米厚的聚乙烯塑料薄膜。

2. 栽培基质配制

结合本地实际，请参照第一章第三节基质的配制方法配制复合基

质。有机基质可供选用的有玉米秸秆、牛粪。无机基质有泥炭土、珍珠岩、煤渣等，有机基质经高温发酵后与无机基质按一定配比混合。复合基质按每立方米加入 8 千克膨化鸡粪，2 千克腐熟豆粕，80 千克左右有机肥料和 2～3 千克的草木灰、磷矿粉、钾矿粉等并充分拌匀装槽，基质以装满槽为宜。

基质的原材料和复合基质应注意经过处理和消毒。

3. 品种选择

结合栽培季节茬口，选择抗逆性强、香味浓的品种。'大粒香菜'香味稍差，但生长快，产量高，可用于春季露地无土栽培。'小叶香菜'耐寒性强，香味浓，生食、调味和腌渍均可，适宜秋季种植。注意其种子符合有机蔬菜的要求。

4. 栽培季节与茬口

春季栽培可于 3～4 月播种，秋季有机无土栽培适宜播种期为 8 月中旬以后。采用畦条播，亩用种量为 5 千克。

5. 种子处理及播种

香菜种子在高温下发芽困难。因香菜种果为圆球形，内包 2 粒种子，播种前须将果实搓开，以利出苗均匀。将种子用 1％高锰酸钾液处理 10 分钟后捞出洗净，再用干净冷水浸种 20 小时左右，在 20～25℃条件下催芽后播种，进行直播。按前述方法配制复合基质，并按基质总重量的 5％ 投入经有机认证的商品有机肥充分拌匀。秋季播种前宜进行低温处理，打破种子的热休眠，使香菜种子能较好地萌发。具体做法是：低温处理前，先把果实搓开，浸种 20 小时，捞出晾干。将种子用湿纱布包好，放在塑料袋中，稍加封闭，然后放在 10℃环境中，处理 4 天，然后再在 10℃条件下催芽，其发芽率明显高于其他温度处理。秋季生产前期可搭盖遮阳网和防虫网。

6. 栽培准备

① 施入基肥。定植前 15 天，将配制好的复合栽培基质装槽。

② 安装滴灌管。把准备好的滴灌管摆放在填满基质的槽上，滴灌孔朝上，在滴管上再覆一层薄膜，防止水分蒸发，以增强滴灌效果。

7. 栽培管理

幼苗长到 3 厘米左右时进行间苗定苗。香菜不耐旱，根据基质的实际情况进行滴灌，保持基质湿润。一般施足基肥不需追肥。

8. 采收

香菜秋季无土栽培在高温条件下播种后 30 天，春季无土栽培在播种后 40 ～ 60 天便可收获。一般在幼苗出土 30 ～ 50 天，苗高 15 ～ 20 厘米时即可间拔采收，可结合采收追施一次薄肥。

（二）香菜大棚有机无土栽培技术要点

一般采用槽式栽培。本模式利用大棚、中棚或小棚进行香菜的冬季有机无土栽培。也可以秋冬季或冬春季利用温室等设施内的边沿、空隙搭建槽进行有机无土栽培。播种时要依照市场需求及温室种植状况，宜在冷凉季随时播种。注意播种育苗时期因地区、设施而异，灵活掌握。

下面以槽式栽培为例，进行技术要点阐述。

1. 建栽培槽，铺塑料膜

请参照本节模式（一）香菜有机无土栽培的内容进行。

2. 栽培基质配制

请参照本节模式（一）香菜有机无土栽培的内容进行。

3. 品种选择

结合栽培季节茬口，选择抗逆性强、香味浓的小叶品种。

4. 栽培季节与茬口

可于 9 月播种，采用畦条播，亩用种量为 5 千克。

5. 种子处理及播种

请参照本节模式（一）香菜有机无土栽培内容进行。

6. 栽培准备

请参照本节模式（一）香菜有机无土栽培内容进行。

7. 栽培管理

幼苗长到 3 厘米左右时进行间苗定苗。前期注意水分管理，根据基质的实际情况进行滴灌，保持基质湿润。一般施足基肥不需追肥。

8. 采收

香菜播种后 40 ～ 60 天便可收获。一般在幼苗出土 30 ～ 50 天，苗高 15 ～ 20 厘米时即可间拔采收。

（三）香菜夏秋有机无土栽培技术要点

一般采用槽式栽培。本模式利用塑料棚的顶棚进行遮阳覆盖进行香菜生产。

下面以槽式栽培为例，进行技术要点阐述。

1. 建栽培槽，铺塑料膜

请参照本节模式（一）香菜有机无土栽培内容进行。

2. 栽培基质配制

请参照本节模式（一）香菜有机无土栽培内容进行。

3. 品种选择

结合栽培季节茬口，夏秋反季节栽培香菜，宜选用耐热性好、抗病抗逆性强的'泰国四季大粒香菜'品种。

4. 栽培季节与茬口

夏秋季播种以直播为好，亩用种量为 1.5 ～ 2.0 千克。5 月中旬～ 7

月上旬播种。播种一般以撒播为宜，若以速生小苗上市供应的应高度密植，每亩播种量可提高至 8 ～ 10 千克。应及时搭盖遮阳网和防虫网，并注意早晨盖、晚上揭，加强通风。

5. 种子处理及播种

请参照本节模式（一）香菜有机无土栽培的内容进行。

6. 栽培准备

施入基肥，安装滴灌管。请参照本节模式（一）香菜有机无土栽培的内容进行。

7. 栽培管理

幼苗长到 3 ～ 10 厘米时进行间苗定苗。前期注意水分管理，根据基质的实际情况进行滴灌，保持基质湿润。一般施足基肥不需追肥。

8. 采收

香菜播种后 30 天便可收获。一般苗高 15 ～ 20 厘米时即可间拔采收。

三、香菜有机无土栽培病虫害综合防治

香菜因本身具有特殊气味，病虫害相对较少。

1. 品种选择

选用优质、高产、抗病虫性强、抗逆性强、商品性好的香菜良种。种子质量符合有机蔬菜生产的要求。不得使用转基因香菜品种。

2. 种子处理

种子消毒处理。或用 10% 盐水选种，再用清水冲洗干净、晾干后播种。

3. 蚜虫防治

利用成虫的趋黄性，可在设施内设置黄板诱杀成虫。可使用浓度为 0.36% 或 0.5% 的苦参碱植物杀虫剂防治蚜虫。用 200～500 倍肥皂水防治蚜虫。鱼藤酮也可防治蚜虫。

第四节　甘蓝有机无土栽培技术

结球甘蓝别名洋白菜、卷心菜，为十字花科芸薹属甘蓝种中顶芽或腋芽能形成叶球的变种，为二年生草本植物，起源于地中海至北海沿岸，由不结球野生甘蓝演化而来。结球甘蓝适应性强，产量高，易栽培，耐贮运。其产品营养丰富，在世界各地均有栽培。

甘蓝有机无土栽培主要采用复合基质栽培。

一、类型品种与品种选择

甘蓝按叶球形状不同可分为尖头形、圆头形和平头形。尖头形品种，叶球小，呈牛心形。叶片长卵形，中肋粗，内茎长，适于春季栽培，一般不易发生先期抽薹，多为早熟小型品种，如'大牛心''鸡心甘蓝'等。圆头形品种，叶球顶部圆形，整个叶球呈圆球形或高桩圆球形。外叶少而结球紧实，冬性弱，春季栽培易先期抽薹，多为早熟或中早熟品种，如'中甘 11 号'等。平头形品种，叶球顶部扁平，整个叶球呈扁球形。抗病性较强，适应性广，耐贮运，为中晚熟或晚熟品种，如'黑叶小平头''京丰 1 号'等。

甘蓝的营养生长阶段一般分为发芽期、幼苗期、莲座期、结球期和休眠期。发芽期，从播种到第一片真叶出现，夏、秋季 6～10 天，冬春季 15 天。幼苗期，从第一片真叶出现到"团棵"，夏、秋季 25～30 天，冬春季 40～60 天。莲座期，从"团棵"到第二、三叶环（15～24 片叶）形成，达到开始结球时，早熟品种需 20～25

天，中晚熟品种需 30 ~ 40 天。结球期，从开始结球到收获，早熟品种需 20 ~ 25 天，中晚熟品种需 30 ~ 50 天。休眠期，甘蓝形成叶球后，一般可进行低温贮藏，从而进行强制休眠（图 7-9）。

图 7-9 甘蓝

另外，还有抱子甘蓝，又名芽甘蓝，是甘蓝的一个变种，以腋芽形成小叶球为食用部分。抱子甘蓝的茎直立生长，分高、矮两种类型。高生种茎高 100 厘米以上，叶球大，多晚熟；矮生种约 50 厘米，节间短，叶球小，多早熟。

部分甘蓝品种及其简介如下。

（1）**中甘 8** 植株开展度 60 ~ 70 厘米，外叶 16 ~ 18 片，叶色灰绿，叶面蜡粉较多，叶球紧实，扁圆形，单球重 2 千克左右。抗芜菁花叶病毒，耐热性较好，从定植到商品成熟 60 ~ 70 天，亩产可达 4000 千克。亩用种量 50 克左右。可在我国各地秋季种植。

（2）**中甘 9** 植株开展度 68 厘米，外叶 15 ~ 18 片，叶色深绿。蜡粉中等。叶球紧实，扁圆略鼓，单球重 2.5 ~ 3.0 千克，抗芜菁花叶病毒兼抗黑腐病。从定植到商品成熟 85 天，亩产可达 6000 千克左右。亩用种量 50 克左右。适于我国各地秋季种植。

（3）**中甘 10** 植株开展度 40 ~ 45 厘米，外叶 12 ~ 15 片。叶色绿，叶片倒卵圆形，叶面蜡粉中等。叶球紧实，近圆球形，叶质脆嫩，风味品质优良。冬性较强，抗寒性较强，不易未熟抽薹，抗干烧心病。从定植到商品成熟约 50 天，单球重 0.85 ～ 1.1 千克，产量可达 3400 千克左右。适于我国华北、东北、西北及西南等广大地区春季露地种植。

（4）**中甘 11 号**　早熟，植株开展度 46 ～ 52 厘米，外叶 14 ～ 17 片，叶色深绿，叶片倒卵圆形，叶面蜡粉中等。叶球紧实，近圆形，质地脆嫩，风味品质优良，不易裂球。冬性较强，不易未熟抽薹，抗干烧心。从定植到商品成熟 50 天，单球重 0.7 ～ 0.8 千克，亩产可达 3000 ～ 3500 千克。主要适于我国华北、东北、西北地区及西南部分地区作早熟春甘蓝种植。

（5）**中甘 15 号**　中早熟，近圆球形，品质佳。从定植到商品成熟 55 天左右，单球重 1.3 千克左右，亩产可达 4000 千克左右。适于我国北方地区春季种植，南北方部分地区亦可秋播。

（6）**中甘 16 号**　早熟秋甘蓝，近圆球形，品质优良，较抗病，较耐裂球。定植到收获约 65 天，单球重 1.5 ～ 2.0 千克，亩产可达 4000 千克左右。适于全国各地秋季种植。亩用种量 50 克。

（7）**中甘 17 号**　早熟春甘蓝。叶球紧实，近圆球形，品质优良，耐先期抽薹，耐裂球。整齐度高，可密植，抗逆性强，定植到收获约 50 天左右。单球重约 1 千克，亩产约 3400 千克。适于北方地区春季保护地和露地栽培，南方部分地区可秋季种植。

（8）**中甘 18 号**　早熟。圆球形，耐贮运。单球重 1 千克左右。较抗病毒病和黑腐病。主要适于华北、东北、西北及云南地区作春秋兼用早熟甘蓝种植，长江中下游及华北、华南部分地区可在早秋播种。

（9）**中甘 19 号**　中熟。定植到收获约 75 天，扁圆形，抗病性强，耐裂球，单球重 3 千克。丰产性好，亩产可达 6500 千克左右。适于全国各地秋季种植。

（10）**中甘 20 号**　最新育成中早熟秋甘蓝。扁圆形，抗病性强，丰产性好，耐裂球。定植到收获约 70 天，单球重 2.5 ～ 3.0 千克，亩产可达 6000 千克左右。适于全国各地秋季种植。

（11）**中甘 21 号**　最新育成早熟春甘蓝。叶质脆嫩，圆球形，外观美观，不易裂球，品质优良。冬性强，耐先期抽薹，抗干烧心病。单球重约 1 千克，定植到收获约 50 天，亩产可达 3500 千克左右。主要适于北方春季种植。长江中下游地区可作秋季种植。

（12）**中甘 22 号**　早熟。近圆形，定植到收获 60 天左右。耐热性和耐裂球性强，抗芜菁花叶病毒病及黑腐病。适于华北、东北、西北等地区作早熟露地秋甘蓝栽培。

（13）**精选 8398**　早熟，叶球紧实，圆球形，风味品质优良。从定植到收获约 50 天，单球重 0.8～1.0 千克，亩产可达 3500 千克左右。适于北方春季种植，南方部分地区亦可秋播。

（14）**春甘 45**　极早熟，叶球紧实，圆球形，单球重 0.8～1.0 千克。冬性较强，不易未熟抽薹，抗干烧心病。亩产可达 3500 千克左右。适合我国北方春季种植，南方部分地区亦可秋播。

（15）**京丰一号**　叶色深绿，蜡粉中等，叶球紧实，扁圆形，单球重 2.5～3.0 千克，冬性较强，不易未熟抽薹。从定植到商品成熟 80～90 天，丰产性突出，亩产可达 6000～6500 千克。长江流域可作秋甘蓝栽培，亩产可达 4000～5000 千克。

（16）**极早 40**　极早熟春甘蓝。外叶深绿色，叶面蜡粉中等。叶球近圆球形、紧实，叶质脆嫩，风味品质优良。冬性较强、不易未熟抽薹，抗干烧心病。从定植到商品成熟约 40 天，单球重 0.65 千克左右，亩产可达 3000 千克以上。适于我国北方地区春季露地及保护地种植。

（17）**牛心 1 号**　牛心形，早熟，定植后 55～60 天收获，整齐度好，叶色鲜绿，叶球紧实，尖球形，较耐裂，单球重 1.5 千克左右，品质好，口感脆嫩。适合我国大部分地区种植。

（18）**牛心 2 号**　牛心形，中早熟，定植后 65～70 天收获，整齐度好，叶色深绿，叶球紧实，尖球形，耐裂球，单球重 1.6～2.0 千克，品质优良，甘甜爽口。适合我国大部分地区种植。

（19）**春甘 1 号**　早熟，定植后 50 天左右收获，单球重 1.0～1.2 千克，圆球形，冬性强，耐未熟先期抽薹，适于北方春季种植。

（20）**春甘 2 号**　早熟，定植后 45～50 天收获，单球重约 1 千克，圆球形，冬性较强，不易未熟先期抽薹，适于北方春季种植。

（21）**春甘 3 号**　早熟，定植后 50～55 天收获，单球重 1.2 千克左右，圆球形，冬性强，耐未熟先期抽薹，适于北方春季种植。

（22）**秋甘 1 号**　中熟，定植到收获 75 天左右，耐热，抗病，叶球扁圆形，单球重 2.5 ～ 3.0 千克。

（23）秋甘2号　中熟，定植到收获 75 天左右，耐热，耐病，叶球扁圆形，单球重 3.0 千克左右。

（24）秋甘3号　中熟，从定植到收获 65 ～ 70 天，耐热，抗病，品质佳，叶球圆形，单球重 1.5 千克左右。

（25）北京四季　中早熟，叶球坚实，扁圆形，单球重 1.2 ～ 1.5 千克，耐病，品质佳，适于全国各地春秋季种植。

（26）京丰1号　植株开展度 70 ～ 80 厘米，外叶 12 ～ 14 片，叶色深绿，蜡粉中等，叶球紧实，扁圆形，单球重 2.5 ～ 3.0 千克，冬性较强，不易未熟抽薹。从定植到商品成熟 80 ～ 90 天，丰产性突出，亩产可达 6000 ～ 7500 千克。长江流域可作秋甘蓝栽培，亩产可达 4000 ～ 5000 千克。亩用种量 50 克左右。适应性广，适于我国各地春秋栽培。

（27）8398　早熟，植株开展度 40 ～ 50 厘米，外叶 12 ～ 16 片，叶色绿，叶片倒卵圆形，叶面蜡粉较少。叶球紧实，近圆球形，叶质脆嫩，风味品质优良。冬性较强、不易未熟抽薹，抗干烧心病。早熟性好，从定植到商品成熟约 50 天，单球重 0.8 ～ 1.0 千克，亩产量可达 3500 千克左右。亩用种量 50 克左右。主要适于我国华北、东北、西北及云南地区作早熟春甘蓝种植，长江中下游及华南部分地区可在早秋播种，秋末冬初收获上市。

（28）极早40　植株开展度约 40 厘米，适于密植。外叶 12 ～ 15 片，外叶深绿色，叶面蜡粉中等。叶球近圆球形、紧实，叶质脆嫩，风味品质优良。冬性较强、不易未熟抽薹，抗干烧心病。从定植到商品成熟约 40 天，单球重 0.65 千克左右，亩产可达 3000 千克以上。适于我国北方地区春季露地及保护地种植，亩用种量 50 克左右，每亩为 5000 ～ 5500 株。

（29）春甘45　植株开展度 38 ～ 45 厘米，外叶 12 ～ 15 片，外叶绿色，叶片倒卵圆形，叶面蜡粉较少。叶球浅绿色，圆球形、紧实，叶质脆嫩，风味品质优良。冬性较强、不易未熟抽薹，抗干烧心病。从定植到商品成熟约 45 天，单球重 0.8 ～ 1.0 千克，亩产可达 3500 千克左右。适于我国华北、东北、西北及云南作春甘蓝种植，华南部分地区可秋种冬收。

（30）**庆丰**　植株开展度 55～60 厘米，外叶 15～18 片，叶色深绿，蜡粉中等。叶球紧实，近圆形，单球重 2.5 千克左右，冬性较强，适于春季种植。丰产性好，亩产可达 6000 千克左右。从定植到商品成熟 70～80 天，比'京丰一号'早熟 7～10 天。亩用种量 50克左右。可在我国华北、西北、华东及西南部分地区种植。主要适于我国北方春季栽培。

（31）**晚丰**　植株开展度 65～75 厘米，外叶 15～17 片，叶色灰绿、蜡粉较多，叶球扁圆形，单球重 3.0～3.5 千克。抗病性较强，较耐贮藏。从定植到商品成熟 100～110 天，亩产可达 5000～7000千克。亩用种量 50 克左右。适于我国各地秋季种植。

（32）**绿峰**　早熟，牛心形，适合南方春播，生育强健，抗病，叶球径约 52 厘米，叶球厚约 14 厘米，重约 1 千克，叶球端正，质地脆嫩，不易裂球，丰产。外叶浓绿色，蜡质少。

（33）**碧春**　早熟，牛心形，生育强健，抗病，叶球径约 17 厘米，叶球厚约 18 厘米，球重 1.6 千克，叶球端正，质地脆嫩，丰产，定植后 60～65 天采收。

（34）**南峰**　中晚熟，生育强健，扁圆球形，叶球重约 1.8 千克，质地脆嫩，包球紧稍硬，较不易裂球，耐贮运。播种至采收约 85 天。球叶绿，适作脱水蔬菜用。

（35）**绿光**　小硬圆球，生长迅速，播种后约 80 天采收，球重约1.5 千克，质地细嫩好吃，耐贮运，栽培适温 15～30℃。

（36）**佳峰**　小硬厚扁圆球形，株形较小，叶色浓绿，蜡粉多，结球紧实，球色淡绿，球重约 1.5 千克，耐贮运，丰产。栽培适温18～30℃。

（37）**旭光**　在红色品种中比较早生，球较大，外叶 14～16 叶，紫绿色，叶缘稍有波状；叶球球形，球重约 1 千克，结球紧实不易裂球，耐贮运，叶球紫红色，中肋细，叶肉白色。

（38）**顶峰**　中大厚扁圆球形，球重约 2.5 千克。抗黑腐病、软腐病强，叶色浓绿，蜡粉多，球紧实，质地细嫩而甜，贮运性强。播种栽培适合温度 18～25℃，播种至采收约 80 天。

（39）绿秋　中大厚扁球形，株形中低开展，蜡粉多。球重 2 ～ 3 千克，叶球绿色，紧实，贮运性强，品质柔嫩。播种至采收约 85 天。播种栽培适合温度 18 ～ 28℃。

（40）皖甘一号　安徽淮南市农科所选育。冬性强，早熟丰产，商品性好，抗逆性强，株形紧凑，株高 27 厘米左右，开展度 50 厘米左右，中心柱长 6.3 厘米，外叶 9 ～ 10 片，叶色绿，蜡粉轻，叶球心脏形，结球紧实，单球重 1 千克，大的可达 2 千克，耐抽薹。亩产量 3500 ～ 4000 千克，高产可达 5000 千克以上。适于作春甘蓝或秋甘蓝栽培。

（41）早生子持　日本引进抱子甘蓝，耐暑性较强，极早熟，从定植至收获 90 天，在高温或低温下均能结球良好。植株为高生型，株高 1 米，生长旺盛，叶绿色，少蜡粉，顶芽能形成叶球。小叶球圆球形，横径约 2.5 厘米，绿色，整齐而紧实。每株约收芽球 90 个，且品质优良。

（42）长冈交配早生子持　日本引进抱子甘蓝，早熟种，从定植到收获约 100 天。植株矮生型，株高 42 厘米，植株开展，叶浅绿色。芽球圆球形，较小，直径 2.5 厘米左右。

（43）王子　美国引进抱子甘蓝。植株高生型，株形苗条，小叶球多而整齐，可鲜销或速冻。从定植至收获 96 天，栽培方法与晚熟种结球甘蓝基本一样，不耐高温，在高温的夏季小叶球易松散。

（44）科仑内　荷兰引进抱子甘蓝。植株中等高，叶灰绿色。芽球光滑，整齐，可机械采收。

（45）多拉米克　荷兰引进，中高型，生长茂盛苗壮。芽球光滑易采收，耐贮藏，耐热性较强，适于春、初夏栽培。从定植到收获需 120 ～ 130 天。

（46）京引 1 号　抱子甘蓝，中熟，从定植到收获需 120 天。矮生型，株高 38 厘米。叶片椭圆形，绿色，叶缘上抱。叶球圆球形，较小，紧实，品质好。

（47）卡普斯他　丹麦引进抱子甘蓝，早熟种。从定植至初收约 90 天。矮生型，株高约 40 厘米。叶片绿色，不向上卷。腋芽密，叶球圆球形，中等大小，绿色，质地细嫩，品质好，小叶球可分 2 ～ 3

次采收。

（48）**科伦内**　荷兰引进抱子甘蓝。中熟。植株中等高。叶片灰绿色，小叶球光滑、整齐，可机械采收。

（49）**斯马谢**　荷兰引进抱子甘蓝。晚熟种，生长期长，从定植至采收需130天。植株中高型。叶球中等大小、深绿色，紧实、整齐，品质好。耐贮藏，经速冻处理后，叶球颜色鲜艳美观。该品种耐寒能力极强，适宜冬季保护地栽培。

（50）**温安迪巴**　英国引进抱子甘蓝。中晚熟，从定植至收获130天左右。矮生型，株高约40厘米，植株生长整齐，叶片灰绿色。叶球圆球形，绿色，品质较好。

（51）**探险者**　荷兰引进抱子甘蓝，晚熟种。定植后需150天收获。植株中高至高型，生长粗壮。叶片绿色，有蜡粉，单株结球多，叶球圆球形，光滑紧实，绿色，品质极佳。该品种耐寒性很强，适宜早春、晚秋露地栽培或冬季保护地栽培。

（52）**摇篮者**　荷兰引进抱子甘蓝。中熟种，从定植到初收110天，高生型。茎叶灰绿色，小叶球圆球形，紧实，绿色，品质优良，单株结球较多。成熟期整齐一致，适于机械化一次性收获。

（53）**增田子持**　日本引进抱子甘蓝，中熟种。定植后120天左右开始采收。植株生长旺盛，节间稍长，高生种，株高100厘米左右。叶球中等大小，直径3厘米左右。不耐高温，可7月上旬播种，12月上旬开始采收。

（54）**佐伊思**　法国引进抱子甘蓝，中熟种。从定植至初收110多天。植株中生型，株高46厘米，生长整齐。叶扁圆形，绿色，平展。单株叶球较多，圆球形，紧实，绿色，品质好。

二、甘蓝有机无土栽培的栽培模式与技术要点

结球甘蓝适应性强，在北方除严冬季节进行设施栽培外都可进行露地有机无土栽培，华南除炎夏外的季节均可进行露地有机无土栽培模式，在长江流域一年四季均可进行有机无土栽培。日光温室等设施有机无土栽培春甘蓝因其品质鲜嫩，在露地春甘蓝上市前深受广大消费者的欢迎，栽培经济效益较高。

（一）甘蓝露地有机无土栽培技术要点

本模式适用于甘蓝的露地有机无土栽培。一般采用槽式栽培。注意播种育苗时期因地区而异，灵活掌握。

1. 建栽培槽，铺塑料膜

以红砖、塑料泡沫板等建栽培槽，槽内径宽 0.8 ～ 1.0 米，槽间距 40 厘米左右，槽高 15 ～ 20 厘米，建好槽以后，在栽培槽的内缘至底部铺一层 0.08 ～ 0.1 毫米厚的聚乙烯塑料薄膜。

2. 栽培基质配制

结合本地实际，参照第一章第三节基质的配制方法配制复合基质。有机基质可供选用的有玉米秸秆、牛粪。无机基质有泥炭土、珍珠岩、煤渣等，有机基质经高温发酵后与无机基质按一定配比混合。复合基质按每立方米加入 10 千克膨化鸡粪，4 千克腐熟豆粕，100 千克左右有机肥料和 4 千克的草木灰、磷矿粉、钾矿粉等并充分拌匀装槽，基质以装满槽为宜。

基质的原材料和复合基质应注意经过处理和消毒。

3. 品种选择

结合栽培季节茬口，春季甘蓝有机无土栽培要选择冬性强、结球期早的品种，主要是尖头和平头两个类型。夏季甘蓝有机无土栽培宜选耐热、中熟品种。秋甘蓝宜选中熟或中晚熟品种。注意其种子符合有机蔬菜的要求。具体品种参照上述甘蓝品种介绍。

4. 栽培季节与茬口

春季甘蓝有机无土栽培主要是尖头和平头品种。尖头品种一般采用露地基质穴盘育苗，平头则采用保护地育苗，尖头品种长江流域一般在 10 月上旬播种，平头品种在 11 月中下旬播种。夏季甘蓝有机无土栽培宜选耐热、中熟品种在春季育苗，夏季栽培，初秋收获，一般进行露地基质穴盘育苗，播种期为 5 月上旬至 6 月上旬。播种方法和管理同春甘蓝。秋甘蓝宜选中熟或中晚熟品种于夏季育苗，夏秋栽培，秋末采收。一般 7 月底至 8 月初播种育苗。秋冬甘蓝有机无土栽培则一般在 9 月中旬前后播种。注意其种子符合有机蔬菜的要求。

5. 播种育苗

春季甘蓝有机无土栽培育苗特别要注意防止植株发生先期抽薹，除要选择冬性强品种外，苗期管理也十分重要。结球甘蓝为绿体春化类型，通过春化阶段需要两个条件：一是当秧苗达 4～6 片叶，茎粗超过 0.5 厘米时才能感受春化；二是要有低于 10℃ 以下的较长时间，2～5℃ 时天数短些，才能通过春化。因此春甘蓝育苗期间要控制肥、水用量，抑制叶片旺长，保持一定的基质温度。一般白天 25℃ 左右，夜间 12℃ 左右。缓苗后白天 17～20℃，夜间不低于 10℃。移栽前一周，可降温锻炼，白天维持在 15～18℃，夜间不低于 8℃，使幼苗在苗床上难以达到春化所需的低温或时间。

夏甘蓝 4 月中、下旬育苗，苗龄 30～35 天。注意灌溉和遮阳降温。

秋甘蓝 6 月中下旬至 8 月上旬育苗，苗龄 40 天左右。正值炎热多雨季节，播种后覆盖遮阳网，搭设荫棚，防止暴雨冲刷。

6. 定植前准备

① 施入基肥。定植前 15 天，将配制好的复合栽培基质装槽。

② 安装滴灌管。把准备好的滴灌管摆放在填满基质的槽上，滴灌孔朝上，在滴管上再覆一层薄膜，防止水分蒸发，以增强滴灌效果。

7. 栽培管理

① 定植。每槽定植多行。株距 30～40 厘米、行距 40～50 厘米，单株定植。定植后即浇足定根水。春季定植时间以中午为好。夏秋季节以早晚为宜。

② 定植后管理。加强以下几方面的管理。

肥水管理：根据基质的水分情况进行灌水。一般施足基肥不需追肥。若追肥，可将肥料均匀撒在基质表面，结合滴灌进行。肥水管理以少量多次为原则进行。

病虫害防治：请参照本节的甘蓝无土栽培病虫害防治内容进行。

8. 采收

春季甘蓝有机无土栽培，尖头品种一般在4月中旬至5月中旬采收，平头品种一般在6月中旬至7月上旬采收。

夏甘蓝叶球包紧后，容易腐烂，应及时采收，方法同春甘蓝。

秋冬甘蓝一般从10月中下旬开始采收，方法同春甘蓝。

采收时用菜刀去根、适当去外叶，净菜上市。

（二）甘蓝设施有机无土栽培技术要点

本模式适用于甘蓝的温室、日光温室和大棚的有机无土栽培。一般采用槽式栽培。以春季提早和冬季栽培为主。

1. 建栽培槽，铺塑料膜

请参照本节模式（一）甘蓝有机无土栽培的内容进行。

2. 栽培基质配制

请参照本节模式（一）甘蓝有机无土栽培的内容进行。

3. 品种选择

春季设施早熟甘蓝有机无土栽培要选择冬性强、结球期早的品种。注意其种子符合有机蔬菜的要求。具体品种参照上述甘蓝品种介绍。

4. 栽培季节与茬口

分别参照上述春季和秋冬季甘蓝有机无土栽培模式。注意其种子符合有机蔬菜的要求。

5. 播种育苗

请参照上述春季和秋冬季甘蓝有机无土栽培模式。

6. 定植前准备

参照上述春季和秋冬季甘蓝有机无土栽培模式。

7. 栽培管理

① 定植。参照上述春季和秋冬季甘蓝有机无土栽培模式。

② 定植后管理。定植后加强以下几方面的管理。

温度管理：一般当设施内夜温不低于8℃时，甘蓝春季提早有机无土栽培即可选冷尾、暖头的无风晴天进行定植。定植后注意保温，设施内温度达25℃时，适当通风。设施内白天气温20℃左右为宜，夜间10℃左右，不能低于8℃以下。结球期定时浇水，保持基质湿润。当外界气温稳定在15℃以上，应控制外叶生长，促进叶球包心。秋冬季节，苗期注意遮阳降温和水分管理，寒冷期，注意保温。

肥水管理：根据基质的水分情况进行灌水。一般施足基肥不需追肥。肥水管理宜少量多次。追肥可将肥料均匀撒在基质表面，结合滴灌进行。

病虫害防治：请参照本节甘蓝无土栽培病虫害防治内容进行。

8. 采收

参照上述春季和秋冬季甘蓝有机无土栽培模式。

（三）抱子甘蓝有机无土栽培技术要点

本模式适用于抱子甘蓝的温室、日光温室和大棚的设施有机无土栽培。也可以采用露地有机无土栽培。一般采用槽式栽培。以春季提早和冬季栽培为主。参照甘蓝有机无土栽培模式进行。

1. 建栽培槽，铺塑料膜

请参照本节模式（一）甘蓝有机无土栽培的内容进行。

2. 栽培基质配制

请参照本节模式（一）甘蓝有机无土栽培的内容进行。

3. 品种选择

根据本地区的气候条件、设施和市场需要，选择适宜的品种。例如北京地区春季栽培宜选定植后 90 ～ 100 天能成熟的早熟品种，如美国的'王子'，荷兰的'科仑内''多拉米克'，日本的'早生子持''长冈交配早生子持'等。注意其种子需符合有机蔬菜的要求。具体品种参照上述品种介绍。

4. 栽培季节与茬口

参照上述甘蓝有机无土栽培模式。例如北京地区春季露地栽培要用早熟品种，2 月上旬保护地育苗，3 月下旬至 4 月初定植于露地，6 月下旬收获完毕。秋季于 6 月中上旬育苗，早熟矮生种于 7 月下旬定植，10 ～ 11 月收获；高生早熟种则于 8 月上旬定植露地，10 月下旬始收至 11 月上旬，于严冬前带土坨挖起，移栽于保护地，继续收获至第二年 3 月。

5. 播种育苗

参照上述甘蓝有机无土栽培模式进行。抱子甘蓝种子千粒重 4 克左右，亩用种量为 10 ～ 15 克，每亩定植 2000 株。根据栽培季节而定，一般苗龄 40 天左右，幼苗 5 ～ 6 片真叶时定植。早春气温低时苗龄会延长。采用穴盘育苗，一次成苗。春季用 72 孔穴盘，夏秋季可用 128 孔穴盘。用温汤浸种法浸泡处理种子后播种。每穴放种子 1 ～ 2 粒，早春育苗要注意保温，控制在 20 ～ 25℃ 的温度下，齐苗后注意放风。夏季育苗要防高温，保持相对湿度 60% ～ 65%。

6. 定植前准备

参照上述甘蓝有机无土栽培模式进行。

7. 栽培管理

① 定植。参照上述甘蓝有机无土栽培模式进行。早熟品种可做

1.2 米宽的畦种双行，株距 50 厘米，亩植 2000 株。高生种每畦种 1 行，亩栽 1200 株。

②定植后管理。加强以下几方面的管理。

温度管理：参照上述甘蓝有机无土栽培模式进行。

肥水管理：参照上述甘蓝有机无土栽培模式进行。

整枝：当抱子甘蓝的植株茎秆中部形成小叶球时，即要将下部老叶、黄叶摘去，以利于通风透光，促进小叶球发育，也便于将来小叶球的采收。随着下部芽球的逐渐膨大，还需将芽球旁边的叶片从叶柄基部摘掉，因叶柄会挤压芽球，使之变形变扁。在气温较高时，植株下部的腋芽不能形成小叶球，或已变成松散的叶球，也应及早摘除，以免消耗养分或成为蚜虫藏身之处。要根据具体情况到一定时候摘去顶芽，以减少养分的消耗，使下部芽球生长充实。一般矮生品种不需摘顶芽。摘芽时间看需要而定。如北京地区秋栽抱子甘蓝，10 月中下旬始收后，气温已逐渐下降，冬前需移植保护地假植，使之继续生长，陆续收获，可不在露地打顶，以便抱子甘蓝多生叶，结更多的小叶球，增加产量。

假植：北京郊区露地有机无土栽培的秋栽抱子甘蓝，大多数品种刚开始采收气温便逐渐下降，为延续采收，需将植株假植于大棚或日光温室，应在立冬前完成。要带基质假植，株行距 30 厘米×50 厘米，亩植 4000 株。大棚内假植，冬季要用双层膜覆盖，从 11 月收获至第二年 2 月底。在日光温室假植要注意放风，白天温度控制在 15℃左右，夜间在 5℃左右。

病虫害防治：请参照本节甘蓝无土栽培病虫害防治内容进行。

8. 采收

抱子甘蓝各叶腋所生的小叶球，是由下而上逐渐形成，成熟的小叶球包裹紧实，外观发亮。早熟种定植后 90～110 天开始收获，晚熟品种需 120～150 天始收。每株可收 40～100 个，亩产量 1000～1200 千克。

三、甘蓝有机无土栽培病虫害综合防治

甘蓝主要病害有霜霉病、黑斑病、病毒病、黑腐病、白粉病、软腐病等。主要虫害有蚜虫、菜青虫、小菜蛾、甜菜夜蛾、斜纹夜蛾等。采用"预防为主，综合防治"的植保原则，以农业防治为重点，生物防治与物理化学防治相结合的综合防治措施。

1. 农业防治

① 选用高产优质抗病品种，如'庆丰''中甘 11 号''8398'等。
② 配制复合基质与基质消毒。参照相关章节内容进行。

2. 物理防治

① 种子消毒。用 45℃热水搅拌浸种 10 分钟，然后用温水淘洗干净后播种。
② 黄板诱杀。在田间设置涂机油黄板诱杀蚜虫。
③ 采用黑光灯诱杀菜青虫、小菜蛾等。
④ 有条件的情况下，使用防虫网，全程覆盖。

3. 生物防治

亩用 4000 国际单位的 Bt 制剂 250 毫升，兑水 50 千克，在卵孵盛期叶面喷洒，防治菜青虫、小菜蛾等。

4. 药剂防治

请参照芹菜和生菜有机无土栽培模式进行。

第五节　荠菜有机无土栽培技术

荠菜（图 7-10）又名护生草、菱角菜，以嫩叶供食，原产于中国，我国自古就采集野生荠菜食用，现遍布世界。

图7-10　荠菜

荠菜具有很好的营养与保健价值。其食用方法多样，风味特殊。具有降血压、抗癌作用，可防治高血压、冠心病、肥胖症、糖尿病、肠癌及痔疮等。荠菜全株入药，具有明目、清凉、解热、利尿、治痢等药效。

由于荠菜生产过程中对养分和水分要求较高，有机无土栽培模式生产出来的荠菜，其叶片肥嫩、产量高、品质好。

荠菜有机无土栽培主要采用复合基质进行栽培。

一、类型品种与品种选择

荠菜主根较发达，须根生长较弱，白色，不适于移栽。营养生长期内茎短缩，叶着生在短缩茎上。叶丛塌地，绿色或浅色，叶被茸毛，羽状深裂或全裂。种子小，卵圆形，金黄色，种子成熟后有较长的休眠期。荠菜耐寒，在冷凉气候条件下生长良好。种子发芽适温为 20 ~ 25℃，营养生长适温为 12 ~ 20℃，气温 15℃左右，生长速度快，播后 30 天左右即可收获；气温低于 10℃，生长较慢，播后 45 天左右才能收获；气温在 22℃以上，不但生长慢，而且品质差。荠菜可忍受 -7.5℃的短期低温，在 -5℃以下植株不受冻害。荠菜萌动的种子或幼苗在 2 ~ 5℃的低温条件下，经 10 ~ 20 天可通过春化阶段，在 12 小时的光照和气温 12℃左右可抽薹开花。

荠菜主要品种简介如下。

（1）大叶种　又称板叶荠菜或大叶荠菜。叶片大而肥厚，塌地生长，成株有叶片 18 枚左右，叶淡绿色，叶缘羽状缺刻，叶面稍带茸毛；感受低温后叶色可转深。抗寒性及耐热性均较强，生长较快，早熟，生长期 40 天左右。由于叶片宽大，外观较好，深受市场欢迎；但冬性较弱，春季抽薹开花较早，供应上受到一定限制。

（2）**小叶种**　又名花叶荠菜或碎叶荠菜。叶片窄而短小，塌地生长，成株有叶 20 片左右。叶绿色，叶缘羽状深裂，叶面茸毛较多，感受低温后，叶色加深并带有紫色，抗寒性较'大叶种'稍弱，而耐热性及抗旱性较强，冬性也较强，春季栽培抽薹迟，生长期 40 天左右，适于春季栽培；叶片柔嫩，纤维少，香味较浓。荠菜以春、秋栽培为主。春季栽培，因前期温度低，以选择耐寒性强的'小叶种'为好。秋季栽培要求品种有一定耐热性，选择'大叶种''小叶种'均可。

（3）**金丝荠菜**　植株倒锤形，茎基部呈扁平状，叶形散似鸡冠，叶片淡绿色带浅黄色，叶缘小锯齿状，叶柄扁圆形。耐热、耐寒、耐病毒。该品种既可炒食，又可腌渍，味道鲜美可口，每亩产量可达 2500～3000 千克。

（4）**阔叶型荠菜**　野生荠菜品种。形如小波菜，叶片塌地生长，植株开展度可达 18～20 厘米，叶片基部有深裂缺刻，叶面平滑，叶色较绿，鲜菜产量较高。

（5）**麻叶型荠菜**　野生荠菜品种。叶片塌地生长，植株开展度可达15～18厘米，叶片羽状全裂，缺刻深，细碎，绿色，食用香味较好。

（6）**紫红叶荠菜**　野生荠菜品种。叶片塌地生长，植株开展度 15～18 厘米，叶片形状介于上述两者之间，不论肥水条件好坏，长在阴坡或阳坡，高地或凹地，叶片叶柄均呈紫红色，叶片上稍有茸毛，适应性强，味佳。

二、有机无土栽培的栽培模式与技术要点

荠菜有机无土栽培主要有露地栽培、大棚等设施栽培形式。其技术要点分述如下。

（一）荠菜露地有机无土栽培技术要点

本模式适用于荠菜的春季和秋季露地有机无土栽培。一般采用槽式栽培。注意播种育苗时期因地区而异，灵活掌握。

下面以槽式栽培为例，进行技术要点阐述。

1. 建栽培槽，铺塑料膜

以红砖、塑料泡沫板等建栽培槽，槽内径宽 0.5～1.0 米，槽间距 30 厘米左右，槽高 15～20 厘米，建好槽以后，在栽培槽的内缘至底部铺一层 0.08～0.1 毫米厚的聚乙烯塑料薄膜。

2. 栽培基质配制

结合本地实际，采用第一章第三节基质的配制方法配制复合基质。有机基质可供选用的有玉米秸秆、牛粪。无机基质有泥炭土、珍珠岩、煤渣等，有机基质经高温发酵后与无机基质按一定配比混合。复合基质按每立方米加入 7～8 千克膨化鸡粪，2～3 千克腐熟豆粕，80～100 千克有机肥料和 3 千克的草木灰、磷矿粉、钾矿粉等并充分拌匀装槽，基质以装满槽为宜。

基质的原材料和复合基质应注意经过处理和消毒。

3. 品种选择

荠菜可春、秋两季露地有机无土栽培。春季栽培选用抽薹较晚的花叶型品种，秋季栽培选用板叶型品种。注意其种子需符合有机蔬菜的要求。

4. 栽培季节与茬口

长江流域荠菜可行春、夏、秋三季栽培。春季栽培在 2 月下旬至 4 月下旬播种；夏季栽培在 7 月上旬至 8 月下旬播种；秋季栽培在 9 月上旬至 10 月上旬播种。华北地区可行二季栽培，春季栽培在 3 月上旬至 4 月下旬播种；秋季栽培从 7 月上旬至 9 月中旬。春季栽培在 2 月下旬至 4 月下旬排开播种，早春气温低时可覆盖地膜，出苗后揭膜，或覆盖小拱棚保温，4～6 月采收；秋季栽培在 7 月上旬至 8 月下旬播种，9～10 月采收。

5. 种子处理及播种

荠菜种子细小，要拌细沙等无机基质撒播或条播，播种前 1～2 天浇湿畦面，播种时可均匀地拌 2～3 倍无机基质，撒播时要尽量播得均匀，播种后用木板轻轻地拍一遍，使种子与复合基质紧密接触，以利种子吸水，提早出苗。条播时，每畦开 5 道顺畦向等距离宽播种沟，先浇 1 次透水，待水渗后播种，播幅 5～6 厘米，然后盖复合基质约 1 厘米厚，再整平畦面，稍加压保墒。播后畦面上要覆盖薄膜保温保湿，夏秋播种覆盖稻草、麦秆、遮阳网等降低基质温度。亩播种量，春播需种子 0.75～1 千克，秋播需种子 1～1.5 千克。

6. 栽培准备

① 施入基肥。定植前 15 天，将配制好的复合栽培基质装槽。

② 安装滴灌管。把准备好的滴灌管摆放在填满基质的槽上，滴灌孔朝上，在滴管上再覆一层薄膜，防止水分蒸发，以增强滴灌效果。

7. 栽培管理

根据基质的实际情况进行滴灌，保持基质湿润。一般施足基肥不需追肥。病虫害防治参照本节相关内容进行。

8. 采收

露地有机无土栽培的荠菜，在出苗后 40 天左右，长出 10～16 片叶时，可结合疏苗陆续采收。春播的荠菜可采收 1～2 次，亩产量约 1500 千克。秋播的荠菜，从播种至采收为 30～35 天，每15～20 天采收 1 次，可采收 4～5 次。选择具有 10～13 片真叶的大株采收，留下中、小苗继续生长，采后及时浇水，促进幼苗生长。

9. 留种

播种期在 9 月中下旬，用种 1～1.5 千克，齐苗后间苗 2～3 次，翌春出苗后，追施腐熟淡粪水 1 次，促使种株发棵，根深叶茂，营养生长健壮。株选时将细弱、劣株和不具本品种特征、特性的植株全部拔掉，保持株行距 12 厘米×12 厘米定苗。定苗后追肥一次，亩施腐熟的人粪尿等有机肥 1000 千克，促进多结荚和籽粒饱满。6月底 7 月初，当种株花已谢，茎微黄，从果荚中搓下的种子已发黄时，为八、九成熟。一般在晴天的早晨采收，割下的种株就地晾晒 1 小时，并随时搓下种子。一般亩产籽量达 25 ~ 30 千克。好的种子呈橘红色，色泽艳丽，老熟过头的种子呈深褐色。可使用 2 ~ 3 年。

野生荠菜有板叶型荠菜、花叶型荠菜。在冬季或早春到田野里采挖种苗，将种苗定植，田间管理与采收同上。

（二）荠菜大棚有机无土栽培技术要点

一般采用槽式栽培。本模式适用于大棚、中棚或小棚，以及用温室、日光温室等设施进行香菜的早春或冬季有机无土栽培。也可以秋冬季或冬春季利用温室等设施内的边沿、空隙搭建槽子进行有机无土栽培。播种时要依照市场需求及温室种植状况，注意播种育苗时期因地区、设施而异，灵活掌握。

下面以槽式栽培为例，进行技术要点阐述。

1. 建栽培槽，铺塑料膜

参照本节模式（一）荠菜露地有机无土栽培内容进行。

2. 栽培基质配制

参照本节模式（一）荠菜露地有机无土栽培内容进行。

3. 品种选择

结合栽培季节茬口，参照本节模式（一）荠菜露地有机无土栽培内容进行。

4. 栽培季节与茬口

荠菜棚室有机无土栽培，可于 10 月上旬至翌年 2 月上旬随时播种。在棚室内人工栽培，由于密度大而呈直立生长。

5. 种子处理及播种

参照本节模式（一）荠菜露地有机无土栽培内容进行。

6.栽培准备

① 施入基肥。定植前 15 天，将配制好的复合栽培基质装槽。

② 安装滴灌管。把准备好的滴灌管摆放在填满基质的槽上，滴灌孔朝上，在滴管上再覆一层薄膜，防止水分蒸发，以增强滴灌效果。

7.栽培管理

温度管理：荠菜喜冷凉湿润的气候，早春温室栽培荠菜，播后出苗前保持白天 20 ～ 25℃、夜间 10 ～ 12℃，5 ～ 6 天即可出苗，出苗 70% 左右时揭去地膜，出苗后温室内温度可降至白天 15 ～ 20℃，高于 22℃应及时放风降温，夜间 8 ～ 10℃，防止幼苗徒长。若中午光照强烈，可适当用草苫遮光。因荠菜在每天 12 小时的光照条件下，气温降到 12℃时仍能抽薹开花，随着气温的逐渐降低，除晚上要少量通风外，白天草苫应晚揭早盖。冬季栽培注意保温。

肥水管理：根据基质的实际情况进行滴灌，保持基质湿润。一般施足基肥不需追肥。

8.采收

参照本节模式（一）荠菜露地有机无土栽培的内容进行。

三、荠菜有机无土栽培病虫害综合防治

荠菜的病虫害发生较少，主要有霜霉病和蚜虫。

1.霜霉病

防治方法：选用抗病品种；加强栽培管理，合理密植，适时适量进行通风，增强设施内的通透性，降低设施内的湿度；收获后要及时清洁田园。

2.蚜虫

参照第三章第三节蚜虫防治相关内容进行。

第六节　落葵有机无土栽培技术

落葵，或称木耳菜、胭脂菜、胭脂豆、藤菜、滑腹菜、御菜、紫角叶等。落葵为落葵科落葵属中以嫩茎叶供食用的一年生缠绕性草本植物。全株肉质，光滑无毛。茎缠绕，叶肉质，近圆形。喜温暖湿润和半阴环境，不耐寒，怕霜冻，耐高温多湿，宜生长于肥沃疏松和排水良好的条件。幼苗或肥大的叶片和嫩梢作蔬菜食用。落葵鲜嫩软滑，其味清香，清脆爽口，如木耳一般，别有风味，其营养丰富，有清热解毒、利尿通便、健脑、降低胆固醇等作用。

落葵一般产于海拔 2000 米以下地区，在我国长江流域以南各地均有栽培，为夏季淡季主要叶菜之一，北方随着生活水平的提高，栽培面积也在不断增加。

落葵根系发达，分布深而广，吸收力很强。茎在潮湿的地上易生不定根，可行扦插繁殖。

落葵有机无土栽培，以露地基质栽培为主。可以利用温室、大棚设施进行生产（图 7-11）。

图 7-11　落葵

一、类型品种与品种选择

落葵蔓生，茎光滑，肉质，无毛，分枝力强，长达数米。青梗落葵茎绿白色，红梗落葵茎紫红色。叶为单叶互生，全缘，无托叶。红梗落葵，叶绿色或紫红色；青梗落葵叶绿色。叶心脏形或近圆形或卵圆披针形，顶端急钝尖，或渐尖。一般有侧脉4～5对，叶柄长1～3厘米，少数可达3.5厘米。穗状花序腋生，长5～20厘米。花无花瓣，萼片5枚，淡紫色至淡红色，下部白色，或全萼白色。雄蕊5枚，花柱3枚，基部合生。花期6～10个月。果实为浆果，卵圆形，直径5～10毫米。果肉紫色多汁。种子球形，紫红色，直径4～6毫米，千粒重25克左右。

落葵为高温短日照作物，喜温暖，不耐寒。生长发育适温为25～30℃。发芽出苗始温为15℃，在35℃以上的高温，只要不缺水，仍能正常生长发育。其耐热、耐湿性均较强，高温多雨季仍生长良好。故在中国各地均可安全越夏。多数地区在高温多雨季节生长更旺盛。

根据花的颜色，落葵可分为红花落葵、白花落葵、黑花落葵。作为蔬菜用栽培的主要为前两种。红花落葵茎淡紫色至粉红色或绿色，叶长与宽近乎相等，侧枝基部的几片叶较窄长，叶基部心脏形。

常用的栽培品种如下。

（1）赤色落葵 又叫红叶落葵、红梗落葵，简称红落葵。茎淡紫色至粉红色，叶片深绿色，叶脉附近为紫红色。叶片卵圆形至近圆形，顶端钝或微有凹缺。叶形较小，长宽均6厘米左右。穗状花序，花梗长3～4.5厘米。

（2）青梗落葵 为赤色落葵的一个变种。除茎为绿色外，其他特征特性、经济性状与赤色落葵基本相同。

（3）广叶落葵 又叫大叶落葵。茎绿色，老茎局部或全部带粉红色至淡紫色。叶深绿色，顶端急尖，有较明显的凹缺。叶片心脏形，基部急凹入，下延至叶柄，叶柄有深而明显的凹槽。叶形较宽大，叶片长10～15厘米、宽8～12厘米。穗状花序，花梗长8～14厘米。原产于亚洲热带及中国海南、广东等地。品种较多，如贵阳大叶落葵、江口大叶落葵等。

（4）白花落葵　又叫白落葵、细叶落葵。茎淡绿色，叶绿色，叶片卵圆形至长卵圆披针形，基部圆或渐尖，顶端尖或微钝尖，边缘稍作波状。其叶最小，长 2.5 ～ 3 厘米、宽 1.5 ～ 2 厘米。穗状花序有较长的花梗，花疏生。原产于亚洲热带地区。

二、有机无土栽培的栽培模式与技术要点

（一）落葵大棚有机无土栽培技术要点

本模式适用于落葵的温室、日光温室等设施的有机无土栽培。一般采用槽式栽培。但要注意播种育苗时期，应因地区和栽培设施的差异，灵活掌握。

下面以槽式栽培为例，进行技术要点阐述。

1. 建栽培槽，铺塑料膜

参照甘蓝有机无土栽培模式进行。

2. 栽培基质配制

参照甘蓝有机无土栽培模式进行。

3. 品种选择

根据当地消费习惯，可选用'青梗落葵''广叶落葵'。

4. 栽培季节与茬口

落葵的春早熟栽培一般在 1 ～ 2 月育苗，2 ～ 3 月定植在日光温室或塑料大、中、小棚中。越冬栽培在 10 ～ 12 月播种，在日光温室中栽培。例如华北地区利用塑料大棚进行春早熟有机无土栽培时，一般于 2 月中下旬在温室中育苗，3 月中下旬定植，4 月下旬至 5 月上旬即可开始采收。利用日光温室栽培时，可于 1 月中下旬播种育苗，2 月中下旬定植，3 月中下旬即可开始采收。进行秋延迟栽培，可以将春播落葵一直延迟采收到 11 月底至 12 月初。这种方式在初冬寒冷季节，缺少绿叶蔬菜时仍然可供应鲜嫩的落葵，经济效益、社会效益

均高。例如在华北地区在 10 月中下旬，早霜来临前 10 ～ 15 天，把衰老的主蔓剪去，保留 1 ～ 2 条健旺的茎部发出的侧蔓，白天保持设施内 25 ～ 30℃、夜间不低于 15℃，防止低温造成霜冻。进入 11 月中下旬注意保温，只要棚内温度在 5℃ 以上，尽量延迟采收期，以求最大的经济效益。

5. 种子处理及播种育苗

落葵种皮坚硬，发芽困难，播种前必须进行催芽处理。先用 35℃ 的温水浸种 1 ～ 2 天后，捞出放在 30℃ 的恒温箱中催芽。4 天左右，种子即"露白"。夏秋播种，种子只需浸种，无须催芽。春早熟栽培中育苗期注意保温，保持白天 30℃ 左右，夜间 15 ～ 20℃。出苗后经常浇水。苗龄 30 ～ 35 天，6 ～ 7 片真叶时即可定植。

6. 定植前准备

① 施入基肥。定植前 15 天，将配制好的复合栽培基质装槽。

② 安装滴灌管。把准备好的滴灌管摆放在填满基质的槽上，滴灌孔朝上，在滴管上再覆一层薄膜，防止水分蒸发，以增强滴灌效果。

7. 栽培管理

① 定植。每槽定植多行。早春栽培定植应选晴暖天气上午进行，定植的株距为 20 厘米，行距为 30 厘米，定植后立即浇水，扣严塑料薄膜，提高棚温。

② 定植后管理。加强以下几方面的管理。

温湿度管理：生长期间利用闭棚和通风降温来调节，棚内白天温度为 25 ～ 30℃，夜间 15 ～ 20℃。白天超过 33℃，即通风降温。当进入初夏，外界气温升高时，加大通风量，夜温在 15℃ 以上时，可撤除塑料薄膜，转入露地栽培。基质温度要求白天保持 18 ～ 20℃，夜间 12 ～ 15℃；空气相对湿度保持 80% 左右。

肥水管理：根据基质的水分情况进行灌水。一般施足基肥，结合灌水进行追肥。

搭架与植株调整：以采食叶片为主的搭架栽培时，在植株高

20 ～ 30 厘米时，应搭架引蔓上架。以改善通风通光条件，使植株在空间得到均匀、合理地分布。搭架一般用 1.5 ～ 2 米的竹竿，每穴一竿扎成"人"字架或篱壁架。开始应引蔓上架，后植株自动攀缘上架。

生长期应进行整枝。以采收嫩梢为目的的栽培整枝方法是：苗高 30 ～ 35 厘米时，留 3 ～ 4 叶收割头梢。后选留 2 个强壮的旺盛侧芽成梢，其余抹去。收割 2 道梢后，再留 2 ～ 4 个强壮侧芽成梢，其余抹去。在生长旺盛期可选留 5 ～ 8 个强壮侧芽成梢，中后期应随时抹去花蕾，到了收割末期，植株生长势减弱，可留 1 ～ 2 个强壮侧芽成梢。有利于叶片肥大、梢肥茎壮、品质提高，且能缩短收获期的间隔时间，提高产量。

以采收嫩叶为目的的整枝方法是：选留一条主蔓为骨干蔓，当骨干蔓长到架顶时摘心。再从骨干蔓基部选留强壮侧芽形成的侧蔓。原骨干蔓采收结束后要在紧贴新蔓处剪去。收获后期，可根据植株的生长势，减少骨干蔓数。同时要尽早抹去花茎幼蕾。这种管理方法植株单叶数少，但单叶重量大，叶片肥厚柔嫩，品质好，总产量高，商品价值高。

落葵整枝的关键是摘除花茎和过多的腋芽，防止生长中心的过快转移，减少过多的生长中心，保证稳产和高产。

病虫害防治：请参照本章第三部分内容进行。

8. 采收

根据市场需要，采食嫩叶，前期每 15 ～ 20 天采收一次，生长中期 10 ～ 15 天采收一次，后期 10 ～ 17 天一次。主食嫩梢时，可用刀割或剪刀剪。梢长 10 ～ 15 厘米时剪割，每 7 ～ 10 天一次。也可用前后期割嫩梢，中期采嫩叶的方法。一般亩产 3000 ～ 5000 千克。

9. 留种与采种

落葵为自花授粉作物，留种栽培，可不隔离。一般应以春播植株留种。采种栽培管理与生产田大致相同。应选择生长势强、植株健壮无病、叶片大而肥厚柔嫩、软滑细腻、符合本品种特征特性的植株。6 月份蔓伸长时，摘去蔓心，促发新梢，多生分枝。并适当控制肥水，避免营养生长过旺，促其抽生花茎，同时停止采摘梢、叶，使开花、结实后呈深紫色并自行脱落。要注意及时采收，防止脱落。脱出种子，晾干选净，储于布口袋中。成熟种子的发芽年限可达 5 年。

（二）落葵露地有机无土栽培技术要点

本模式适用于露地有机无土栽培。一般采用槽式栽培。

下面以槽式栽培为例，进行技术要点阐述。

1. 建栽培槽，铺塑料膜

参照甘蓝有机无土栽培模式进行。

2. 栽培基质配制

参照甘蓝有机无土栽培模式进行。

3. 品种选择

根据当地消费习惯，可选用'青梗落葵''广叶落葵'等品种。

4. 栽培季节与茬口

落葵从播种至开始采收时间很短，在长江流域和华北地区自 4 月晚霜过后至 8 月可陆续播种。华北地区以春播为主，一般在 4 月中下旬栽培。设施育苗，可在 3 月上中旬育苗，4 月中下旬定植在露地。

5. 播种育苗

设施内育苗，参照本节模式（一）落葵大棚有机无土栽培的内容进行。苗龄 30 天，4 ～ 5 叶时即定植。

露地有机无土栽培可采用直播方式。播种量因采收方式不同而异。以采收嫩梢或幼苗的不搭架栽培，用撒播或条播法。撒播亩用种量 7.5 千克左右；条播法亩用种量 5 ～ 6 千克。每亩保苗 3 万株。以采收嫩叶为主的架式栽培采用条播或穴播法，每亩用种量 5 千克左右，株距为 25 ～ 30 厘米、行距为 40 ～ 60 厘米，每穴 2 株。晚春或夏、秋季播种，外界气温高，蒸发量大，保持适宜的基质湿度。

6. 定植前准备

参照本节模式（一）落葵大棚有机无土栽培内容进行。

7. 栽培管理

肥水管理、搭架和植株调整。参照本节模式（一）落葵大棚有机无土栽培内容进行。

8. 采收与留种

参照本节模式（一）落葵大棚有机无土栽培内容进行。

三、落葵有机无土栽培病虫害综合防治

落葵的病虫害较少。病害主要有褐斑病，虫害主要有蚜虫。

防治方法主要有基质消毒、种子处理、健株栽培与药剂防治等。

（1）褐斑病 又称鱼眼病、红点病、蛇眼病等。主要为害叶片。叶病斑近圆形，直径 2～6 毫米不等，边缘紫褐色，斑中央黄白色至黄褐色，稍下陷，质薄，有的易穿孔。防治方法：适当密植，改善通风透光条件，避免浇水过多和有机肥氮素过多。在高温多湿的生长盛期用 1:3:（200～300）的波尔多液喷雾保护。

（2）蚜虫 参照第三章第三节蚜虫防治的相关内容进行防治。

第八章
其他蔬菜有机无土栽培技术

蔬菜种类多，芽苗菜作为一类有特色的重要蔬菜，日益受到人们重视。芽苗菜可利用植物的种子或其他营养器官，在黑暗或光照条件下直接生长出可供食用的嫩芽、芽苗、芽球、幼梢或幼茎，多在棚室等设施条件下生产，受外界影响小。

芽苗菜营养丰富，风味独特，品质柔嫩，口感佳，具有人体不可缺少的多种氨基酸和矿物质。芽苗菜具有一定的医疗保健作用，具有降血压、血脂，防治糖尿病，防止便秘，提高人体免疫力，预防坏血病等功效。

芽苗菜生长周期短，很少发生病虫害，是营养卫生、安全的高档蔬菜，已成为一类很有发展前途的新兴蔬菜产业。

目前，芽苗菜主要有豌豆芽、香椿芽、萝卜芽、花生芽、绿豆芽、黄豆芽等。

本章以香椿芽（图8-1）和豌豆苗为例，进行有机无土栽培技术介绍。

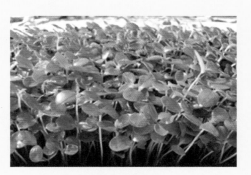

图 8-1 香椿芽

第一节　香椿芽有机无土栽培技术

　　香椿是原产于中国的特有树种，属楝科多年生木本蔬菜，也是珍贵的木材和药用物种。香椿嫩芽（叶）鲜嫩可口，芳香馥郁。有机无土栽培的形式，包括露地基质培和利用温室、日光温室和塑料棚等设施进行矮化密植基质培，香椿种芽菜的立体有机基质栽培。

一、类型与品种

　　香椿主要分为两大类，即红油香椿和油椿等。优良品种简介如下。

　　（1）黑油椿　幼树长势强壮，萌芽力强，采芽 15 年后长势渐弱。芽初放时紫红色，光泽油亮，后由下至上逐渐变为墨绿色，尖端暗紫红色，芽粗壮肥嫩，油脂厚，香味浓，无苦涩味，嫩叶有皱纹。椿薹和叶轴紫红色，背面绿色。食之无渣，品质上等。

　　（2）红油椿　树冠紧凑，生长旺盛，枝粗壮。芽初放时鲜红色，展叶初期变鲜紫色，光泽油亮，嫩叶有皱纹，肥厚，香味浓，有苦涩味，生食时需用开水速烫。椿薹及叶轴粗壮肥嫩，色微红，食之无渣。

　　（3）红香椿　芽初放时为棕红色，随芽生长，除顶部保留红色外，其余部分转为绿色，嫩叶皱缩，多汁少渣，无苦涩味，品质茇，生长迅速，产量高。成材红褐色。芽较耐低温，早熟，在高水肥条件下生长很快，是适合日光温室及保护地栽培的好品种。

（4）**水椿** 芽浅紫色，极易抽薹，薹粗壮肥嫩，含纤维少，多汁，香味较淡，无苦涩味，鲜食清脆可口。

（5）**青油椿** 树冠紧凑，树势强健，抽枝力强，生长快。幼芽初为紫绿色，后变为青绿色，尖端微红色。梗和椿薹肥嫩无渣，多汁，椿芽不易老化，香味较浓，无苦涩味。

（6）**薹椿** 芽薹不易木质化。芽初放时淡褐红色，展叶后正面黄绿色，背面微红，叶稍有皱缩。嫩芽叶甜，多汁，香味浓，品质好，产量高。为温室栽培的优良品种。

（7）**红芽绿椿** 芽初放时棕红色，很快转为绿色，但顶部为棕色。展叶后叶、叶柄、叶轴及一年生茎杆均为绿色，芽香味淡，木质化慢，芽薹粗壮宜鲜食，发芽早，产量高，可用于温室早熟栽培。

（8）**褐香椿** 芽初生时，芽薹及嫩叶为褐红色。芽粗壮，小时叶片较大，肥厚，皱缩，有白色茸毛，8～12天可长成商品芽。芽、茎基部及复叶下部的小叶微带绿色。5月上旬除芽薹前端为褐红色外，其他小叶及芽薹下部均为绿色。展叶后，小叶有8～10对，呈椭圆形，前端尖，基部呈心脏形，并稍向一侧斜，叶缘呈锯齿形。褐香椿嫩芽脆嫩，多汁，无渣，香味极浓，微有苦涩味。

二、有机无土栽培模式及技术要点

（一）香椿有机无土栽培技术要点

有机无土栽培的形式，包括露地基质培和利用温室、日光温室和塑料棚等设施进行矮化密植基质培。可采用槽式栽培、基质盆栽等多种形式。但要注意播种育苗时期，应因地区和栽培设施的差异，灵活掌握。

下面以香椿芽槽式基质栽培为例，进行技术要点介绍。

1. 建栽培槽，铺塑料膜

参照甘蓝有机无土栽培模式建槽，槽高30厘米左右，建好槽以后，在栽培槽的内缘至底部铺一层0.08～0.1毫米厚的聚乙烯塑料薄膜。

2.栽培基质配制

参照第一章第三节基质的配制方法配制复合基质。有机基质经高温发酵后与无机基质混合。复合基质每立方米加入 5 千克膨化鸡粪、80 千克左右有机肥料，基质以装满槽为宜。

基质的原材料和复合基质应注意经过处理和消毒。

3.品种选择

结合栽培季节茬口，注意种子必须来源于有机生产方式。选择未经化学药剂处理的上述优良品种，如'红香椿'等。

4.栽培季节与茬口

露地条件下，香椿一年中有 2 次生长高峰，第 1 次在 4 ～ 5 月，第 2 次在 7 ～ 8 月。10 月中下旬落叶后，有 4 ～ 5 个月的休眠期。在大棚等设施中只要温度适宜，经 50 天左右即可打破休眠，开始萌发。因此，冬香椿的上市期可提早至春季前后。

4 月上旬露地有机无土栽培直播育苗。

大棚播种香椿芽有机无土栽培可提前至 3 月上旬。

春节前后上市，可将香椿苗 11 月中下旬移栽至棚室内。

5.播种及育苗

香椿有机无土栽培，可进行种子繁殖育苗和扦插无性繁殖。具体做法如下。

种子繁殖，香椿果实在 10 ～ 11 月份由绿色变为黄色时，种子成熟。种子千粒重 10 ～ 15 克。新采集的种子中，饱满种子占 50% 左右。采种时可将整个果穗摘下，摊初晾干。等到果实裂开后，抖动果柄，种子即可脱出。香椿种子的贮藏寿命很短。常温下贮藏半年，发芽率只有 40% ～ 50%。利用当年采集的种子育苗，以保证苗齐、苗壮。播种前进行种子处理，用手搓掉种子上的翅膜。清水洗净后，用 25 ～ 30℃温水浸种 12 小时。捞出沥干水分，装入纱布袋，置于 20 ～ 25℃下催芽。每天用温水淘洗 1 次，经 3 ～ 4 天，种子有 30%

露白后即可播种。苗床亩播种量 3 ～ 4 千克。

研究表明，种子生产香椿芽，有条件可以按以下程序进行：浸种时间为 24 小时，采用二段式催芽（即浸种后经 28℃恒温催芽，再装盘进行叠盘催芽），香椿芽基质选用珍珠岩最好，育芽温度控制在 22 ～ 30℃以内，湿度保持在 80% ～ 95% 以内，绿化时光照强度要求 1 ～ 5 千勒克斯，香椿芽产量高、商品性状好、生长周期短。

扦插法，多采用枝扦插法。6 月下旬～ 7 月上旬，采集 70 ～ 80 天枝龄的半木质化枝条作扦插枝条，截成 10 ～ 15 厘米长小段，基部由叶柄下部修剪成马蹄形的斜面。将插穗下部的羽状复叶除去，保留上部 1 ～ 2 复叶。每片复叶基部留 2 对小叶，其余全部剪除。插入基质中，25 ～ 35 天开始发芽生根。注意插穗的选择，插穗过嫩，插后易腐烂；木质化程度过高，生根较难。采用母株茎部或树干上部的枝条扦插容易生根。

6. 定植前准备

① 施入基肥。定植前 15 天，将配制好的复合栽培基质装槽。

② 安装滴灌管。把准备好的滴灌管摆放在填满基质的槽上，滴灌孔朝上，在滴管上再覆一层薄膜，防止水分蒸发，以增强滴灌效果。

7. 栽培管理

① 定植。可利用扦插或播种育成的香椿苗，按照行距 20 厘米、株距 4 ～ 5 厘米，每平方米栽植当年生苗 100 ～ 150 株，多年生苗 80 ～ 100 株的密度定植。

温室、大棚设施栽培，可以利用人工多次摘心，抑制顶芽，促进侧芽发生，可培育成 1 ～ 1.5 米高度的灌木状株形。

利用香椿种子，经过种子处理、催芽后，保持于 25 ～ 30℃环境条件，芽长 15 厘米，即可上市。一般冬季在适温下，7 ～ 9 天收 1 茬，1 千克香椿种子可生产 9.2 千克香椿芽。在适宜的温光等条件下，保证水分供应，香椿芽产品形成周期短，且不易发生病虫害，一年四季均可生产。

② 定植后管理。加强以下几方面的管理。

温湿度管理：棚室内气温白天控制在 16 ~ 26℃（不超过 28℃），夜间 12 ~ 14℃（不低于 8℃）。空气相对湿度保持在 60% ~ 70%。有条件可安装自动化微喷装置。

采收期管理：在适温下，设施内有机无土栽培，大棚扣棚后 40 ~ 50 天顶芽即可萌发。芽长 25 厘米左右即可采摘。自春节至 3 月下旬，可连续采芽 3 ~ 4 次。每次采收前后 2 ~ 3 天，根据情况可追施稀薄有机肥。

采后管理：清明、谷雨前后，椿芽基本采完，香椿苗平茬移至设施外的苗圃，行距 30 厘米，株距 20 厘米。在根上部 15 厘米处平茬（即剪去地上部分），一般 1 次育苗可进行 3 ~ 5 年生产。

病虫害防治：请参照本节病虫害防治内容进行。

8. 采收

设施有机无土基质培，香椿芽可长至 20 厘米左右，此时即可采收。采收时应用剪刀剪，每次采收均应保留芽基部 2 ~ 3 片叶及部分侧芽，以利制造养分供应嫩芽生长。采收顶芽后，上部 4 ~ 6 个侧芽迅速萌发，15 ~ 20 天即可采收第 2 茬。

利用香椿种子直接于设施内进行香椿芽生产，芽长 15 厘米，即可上市。

采收的香椿芽应及时上市。亦可扎成小把后将基部平齐放在清水中 1 天作短期保存，或用保鲜袋密封保存。

（二）香椿种芽菜立体有机无土栽培技术要点

本模式可利用温室、日光温室和塑料棚等设施，也可以利用其他平房等进行基质培。一般利用栽培架配合栽培盘进行立体栽培。技术要点阐述如下。

1. 搭建栽培架，选择基质

栽培架，可用角铁、钢筋、竹木等材料制成。栽培架高度不超过 1.6 米，设 3 ~ 5 层，每层间距 30 ~ 40 厘米，其宽度以栽培盘的长度而定。栽培盘，可用塑料盘，如长 60 厘米、宽 25 厘米、高 5 厘米的塑料棚，其底部有网眼。栽培基质，以珍珠岩等无机基质组成为主。

2. 基质、栽培盘的消毒处理

参照前述方法进行。重复播种前应进行基质和栽培盘的消毒。常见的方法如用 0.1% 高锰酸钾溶液浸泡 5～10 分钟后用清水清洗；或用 70℃ 以上的水浸泡 5～10 分钟。

3. 品种选择

选择适宜品种如'红油香椿'和'绿香椿'。

4. 栽培季节与茬口

香椿种芽菜立体有机无土栽培，适宜温度 15～18℃。外界温度高于 18℃ 时，可进行露地生产；在早春、晚秋和冬季，可在大棚、温室中进行立体栽培。

5. 种子处理及播种

种子处理及播种、催芽，参照本节模式（一）香椿无土栽培播种内容进行。当种芽长到 0.2～0.5 厘米时即可播种。播种前将基质装入栽培盘，浸透水。播种量为 500 克种子播种 8～10 盘，播后覆盖一薄层基质，最后再喷一次水，使之完全浸透。香椿种子平均单粒重0.011 克，播后 12～15 天形成的种芽菜重 0.1～0.12 克，一般生物产量为种子重的 10 倍。

6. 管理

① 种子贮存。香椿种子油脂含量较高，在高温下极易丧失发芽力。因而，在香椿芽菜栽培中，应选择发芽率、纯度和净度均较高，籽粒饱满的当年新种子。若进行周年芽菜生产，种子最好存放在1～5℃ 的温度条件下，以保持较高的发芽率。

② 叠盘。将播好的栽培盘叠放在一起，15～20 盘为一叠，叠放时要相互交错，每盘之间留有一定空隙，以利于通气，保证芽苗正常呼吸。视盘基质湿度适量喷水。蛭石保水性能较好，一般可以等到出

苗后再喷水。若基质为珍珠岩，可每天喷水 1 次。

③ 温湿度环境管理。播后 2～3 天芽苗就可以出齐，适时将栽培盘放在栽培架上。栽培室内的温度保持在 25℃左右，湿度 85% 以上。每天喷水 2～3 次，阴雨天时适当减少喷水次数。喷水同时进行苗盘位置的倒换，使芽苗受光均匀，颜色一致，提高芽苗的外观品质。芽苗生长期间需中等光照，光照过强，维生素形成早，影响品质；光照过弱，芽苗生长细弱，容易倒伏腐烂。栽培室内每天须视温湿度状况进行适当通风。

7. 采收

播后 20～25 天，苗高 10 厘米左右时，尚未木质化，子叶平展，单株重 0.10～0.12 克，应及时采收。采收时将芽苗连根拔起，冲洗基质和种壳，捆成小把，包装后及时销售。

若不能及时采收，应注意：降温至 20℃以下，降低光照强度，减少喷水和适量通风，保持芽苗正常生长。不能及时销售的芽菜可以制成芽菜汁冷冻保存，或制成相应的深加工产品冷藏保存销售。

三、病害防治

香椿芽菜整个生长期很短，只要管理得当，一般很少发生病害。但如果种子消毒不彻底或栽培管理不当，易引发猝倒病、枯萎病和生理性烂苗，这些病害一旦发生，就很容易造成全盘腐烂，损失严重。因而，对于芽苗病害要防重于治，从浸种到采收的各个环节要严格控制，做好消毒和卫生管理，避免病害发生。

第二节　豌豆苗有机无土栽培技术

豌豆芽菜，又称为龙须豆苗、龙须菜，通常是豌豆种子由胚芽生长形成的肥嫩茎与真叶，其中钙、铁、胡萝卜素、维生素 C 等含量较高，营养价值丰富。其品质柔嫩、脆香、鲜亮碧绿、营养丰富，食用方式多样，可凉拌、热炒、做汤、涮锅等，备受消费者青睐。

豌豆苗有机无土栽培，主要有两种形式，一种是进行基质培，还有一种就是进行豌豆芽菜的生产，常见以立体无土栽培形式进行。

采用塑料苗盘进行豌豆苗有机无土栽培，生产豌豆苗，生产简便，生长周期短，1 千克豌豆种可产 2 ～ 3 千克豌豆苗，具有很高的生物转化效率和经济效益（图 8-2）。

图 8-2　有机豌豆苗

一、类型与品种

豌豆依用途分为两大类：即粮用豌豆和菜用豌豆。前者花紫、红或灰蓝色，托叶、叶腋间、豆秆及叶柄上均带紫红色，种子暗灰色或有斑纹所以又称"麻豌豆"，以粮食与淀粉加工为主。菜用豌豆，花常为白色，托叶、叶腋间无紫红色，种子为白色、黄色、绿色、粉红色或其他淡的颜色。果荚有软荚及硬荚两种，软荚种的果实幼嫩时可食用，硬荚种的果皮坚韧，以幼嫩种子供食用，而嫩荚不供食用。

作为蔬菜用的品种有'小青荚''上海白花豆'等品种。

（1）麻豌豆、小灰豌豆　因种皮较厚，种植时不易腐烂而常被用于育苗盘式无土栽培。

（2）青豌豆　小叶长圆形至卵圆形，长 3～5 厘米、宽 1～2 厘米，全缘；托叶叶状，卵形，基部耳状包围叶柄。花单生或 1～3 朵排列成总状而腋生；花冠白色或紫红色；花柱扁，内侧有须毛。荚果长椭圆形，长 5～10 厘米，内有坚纸质衬皮；种子圆形，2～10 颗，青绿色，干后变为黄色。花果期 4～5 月。全国各地普遍栽培。

（3）台湾黑目　植株蔓性，分枝多，叶较大，肉厚，质柔嫩。花白色，种子白色，种脐黑色，故称"黑目"。该品种抗病性强，极早熟，从早熟到初收需 35～50 天，可于春、秋两季栽培。

（4）上海豌豆苗　植株蔓性，分枝力强，匍匐生长。叶大，质柔软，味甜清香，品质优。亩产量 750～2000 千克。

（5）无须豆尖 1 号　四川省农业科学院育成的品种。植株蔓性，茎粗叶大，复叶，无卷须，花白色，种子白色，扁圆形。极早熟。品质好。抗白粉病的能力较差。

二、有机无土栽培模式及技术要点

豌豆苗的基质培，可以进行露地有机基质培，也可以利用温室大棚等设施进行生产。下面介绍豌豆苗的有机无土栽培和豌豆芽菜立体无土栽培技术要点。

（一）豌豆苗有机无土栽培技术要点

有机无土栽培的形式，包括露地基质培和利用温室、日光温室和塑料棚等设施进行基质培。可采用槽式栽培、架式盆栽或盆栽。

下面以豌豆苗大棚基质培为例，进行技术要点阐述。

1. 建栽培槽，铺塑料膜

参照甘蓝有机无土栽培模式建槽，槽高 30 厘米左右，建好槽以后，在栽培槽的内缘至底部铺一层 0.08～0.1 毫米厚的聚乙烯塑料薄膜。

2. 栽培基质配制

参照第一章第三节基质的配制方法配制复合基质。有机基质经高温发酵后与无机基质混合。复合基质按每立方米加入 10 千克膨化鸡粪、80 千克左右有机肥料，基质以装满槽为宜。

基质的原材料和复合基质应注意经过处理和消毒。

3. 品种选择

结合栽培季节茬口，注意种子必须来源于有机生产方式（图 8-3）。选择未经化学药剂处理的上述优良品种，如'上海豌豆苗'。

图 8-3 豌豆苗有机基质盆栽

4. 栽培季节与茬口

露地基质栽培，采摘绿色嫩梢叶供食用，有春豌豆苗和秋豌豆苗两种。春豌豆苗在秋季 10 月中旬播种，第二年春季苗高 16～20 厘米时收获，秋豌豆苗 8 月上旬播种，9 月下旬至 10 月初收获。利用大棚等设施进行基质有机无土栽培，可以春季提早采收和秋季延后采收，还可以利用防虫网等。

5. 播种

豌豆苗宜进行有机复合基质密植栽培，春豌豆苗按行距 30 厘米条播，播幅 10 厘米，用种量以每亩 15 千克为宜。秋豌苗行距 15 厘米，每亩用种量为 30～40 千克。

6. 栽培准备

① 施入基肥。定植前 15 天，将配制好的复合栽培基质装槽。

② 安装滴灌管。把准备好的滴灌管摆放在填满基质的槽上，滴灌孔朝上，在滴管上再覆一层薄膜，防止水分蒸发，以增强滴灌效果。

7. 栽培管理

① 肥水管理。采用配制好的复合基质，适当追施富含钾的有机肥以增强抗病力。保持基质湿润，干旱时及时滴灌。

② 设施环境管理。采用设施栽培，春季前期和秋季后期注意保温。

③ 病虫害防治。遵循预防为主、综合防治的原则。豌豆苗病虫害较轻，一般以农业防治和预防为主。虫害注意蚜虫、潜叶蝇的防治，主要病害有花叶病、白粉病和少量褐斑病。请参照相关有机无土栽培防治措施。

8. 采收

采摘上部复叶嫩梢（连带 1 ~ 2 片未展开的嫩叶）。宜用小刀割收。春季播后 40 多天，秋季播后 20 ~ 30 天，在豌豆苗二叶一心时，进行第一次采收。

采收时主要采摘上部的嫩梢。以春季栽培为例，当托叶（叶柄和茎相连处有两片包被的叶）未张开时，采收上部复叶嫩梢，连带 1 ~ 2 片未展开的嫩叶，在开春前，每隔 20 多天采收一次，产量 500 千克左右，开春后每隔 15 天左右采收 1 次，产量 600 千克，一直采收到 4 月底为止。这样全生育期一共可采收 5 ~ 6 次，每亩可达到 2000 ~ 3000 千克的产量。第一次采收后，每隔 7 ~ 15 天采收一次，可采收 5 ~ 6 次，如生长期长，还可多采收几次，收后放在筐中，切勿堆厚，以防发热。一般每亩可产嫩头 750 ~ 1000 千克。

（二）豌豆芽苗菜立体有机无土栽培技术要点

本模式可利用温室、日光温室和塑料棚等设施，也可以利用其他平房等进行基质培。一般利用栽培架配合栽培盘进行立体栽培。技术要点阐述如下。

1. 搭建栽培架，选择基质

栽培架，可用角铁、钢筋、竹木等材料制成。栽培架高度不超过

1.6 米，设 3 ~ 5 层，每层间距 30 ~ 40 厘米，其宽度以栽培盘的长度而定。栽培盘可用塑料盘，如长 60 厘米、宽 25 厘米、高 5 厘米的塑料盘，其底部有网眼。栽培基质，以珍珠岩等无机基质组成为主（图 8-4）。

图 8-4　豌豆苗架式盆栽（立体栽培）

2. 基质、栽培盘的消毒处理

重复播种前应进行基质和栽培盘的消毒。常见的方法如用 0.1% 高锰酸钾溶液浸泡 5 ~ 10 分钟后用清水清洗；或用 70℃ 以上的水浸泡 5 ~ 10 分钟。

3. 品种选择

适宜品种如'麻豌豆''小灰豌豆'等。来源于有机生产方式的种子。

4. 栽培季节与茬口

除寒冷和炎热季节，一年四季均可进行。因其豌豆芽菜生长适温为 18 ~ 23℃，当室外平均温度高于 18℃ 时，可不需任何保护设施栽培。湿度在 80% 左右，有弱光照即可。冬季采用温室等设施，夏季采用大棚进行遮阳网覆盖进行本模式生产。

5. 种子处理及播种

① 精选种子。培育豌豆芽菜可选用青豌豆、麻豌豆等品种，播前对种子进行精选，确保种子有较高的纯度、净度和发芽率，籽粒饱满，而且要求种子新鲜。

② 温汤浸种，浸泡催芽。用 55℃ 水温烫 2 分钟，既能杀死种子表面的细菌又能促进种子充分吸水和后期出芽。温烫后的种子在室温下纯净水中需浸泡 24 小时使豆种充分吸收水分。用清水洗净，并用多层干净的湿纱布包裹，置于 18 ～ 23℃ 恒温处催芽，约经 48 小时种子露芽时即可播种。

③ 定量播种。一般每盘播种 200 ～ 250 粒，播种前将基质消毒，播后覆盖一层厚约 1 厘米的基质，用清水喷雾将基质浇透。

④ 叠盘催芽。播种完毕后将盘子 6 ～ 10 个平稳叠放（切不可一头高，一头低），置于暗光条件下催芽。催芽期间要注意每天上、下午两次倒盘，同时适量补充水分，保持垫纸湿润，种子湿度以不积水为宜。在倒盘时还要注意观察种子的发芽情况，及时捡出不发芽的种子和烂种子。当盘中 70% 以上种子刚长出胚芽时，可移入温室或大棚中进行见光生长，注意切不可等胚芽过长后再移。

6. 芽苗管理

生长期间主要抓好光照和水分的管理，应将芽苗安排在中光区或弱光区，如果室内光线过强，可用黑布或遮阴物适当遮挡窗户。为使芽苗鲜嫩多汁，每天需喷淋或喷雾 2 ～ 3 次，喷水量以掌握苗盘内基质湿润为宜，同时浇湿地面，保持室内相对湿度 85% 左右，湿度过高，易发生病害，过低则影响品质和产量。播种后 3 ～ 4 天、苗高 1 ～ 2 厘米时，取出不发芽的种子，以免腐烂变臭而影响正常苗的生长和质量。

7. 采收

当苗高 10 ～ 12 厘米、顶部复叶开始展开时即可采收。采收方法是距基部 2 ～ 3 厘米处剪断，第一、二次采收应在基部留一个腋芽或分枝，一般第一次采收的产量占总产量 40% ～ 50%，第二、三次产量相近。豌豆芽苗嫩、水分含量高，采收后装入保鲜袋，封口即上市。

若不能及时采收，应注意：降温至 20℃ 以下，降低光照强度，减少喷水和适量通风，保持芽苗正常生长。不能及时销售的芽菜可以制成芽菜汁冷冻保存，或制成相应的深加工产品冷藏保存、销售。

附录

中国有机产品标准与欧盟、美国有机产品标准的比较

一、认证的基本要求

认证的基本要求见附表1。

附表1 中国、欧盟和美国有机产品认证要求比较

内容	GB/T 19630	欧盟 EEC2092	美国 NOP
免于认证	无相关规定	不存在这项特例	相关年度总销售额低于5000美元的生产者和加工者可以免于认证，但必须遵守法规
科学研究	无相关规定	允许为了研究而采取某些有机生产不允许的措施	允许为了研究而采取某些有机生产不允许的措施
记录	至少保存5年	没有时间规定	被保存至少5年以上
禁用物质的残留限值	只有种植生产有，即有机产品的农药残留不能超过国家食品卫生标准相应产品限值的5%，重金属含量也不能超过国家食品卫生标准相应产品的限值	被怀疑施用禁用材料的地区，必须进行取样检验，但没有设定有机产品专有的残留水平限值	有机产品（包括种植、养殖和加工产品）均有，为国家环保局5%的限量

内容	GB/T 19630	欧盟 EEC2092	美国 NOP
投入物的评估准则	农产品生产、加工	农产品生产	农产品生产、加工

二、种植生产的基本要求

种植生产的基本要求见附表 2。

附表 2　中国、欧盟和美国有机产品种植生产的基本要求的比较

内容		GB/T 19630	欧盟 EEC2092	美国 NOP
转换期	时间	从提交认证申请之日算起。一年生作物的转换期一般不少于 24 个月，多年生作物的转换期一般不少于 36 个月	在播种前至少两年的转换期内，或对于牧草在有机农场作为饲料开发前至少两年的转换期内，以及对于多年生作物在第一次收获产品前至少三年的转换期内	从当季作物收获前推算 3 年没有施用 §205.600 条所列的任何禁用物质
	特例	新开荒、长期撂荒的、长期按传统农业方式耕种的或有充分证据证明多年未使用禁用物质的农田，也应经过至少 12 个月的转换期	经检查机构或部门提供了满意的证明，并且在至少 3 年内的自然田块或没有经过肥料、调节剂、农药时可以缩短转换期	无
	要求	转换期内必须完全按照有机农业的要求进行管理	在主管机构就某一或某些特定地区的作物进行了强制性规定时可以使用禁用物质的处理以控制病虫害；经过处理的收获产品，不能作为有机产品出售	在根据政府法令的要求使用了禁用物质的情况下，都允许缩短转换期
	有机转换产品标志的获得	在有机产品转换期内生产的产品或以转换期内生产的产品为原料的加工产品，有机产品认证证书应当注明"转换"字样和转换期限	收获前至少已进行了 12 个月的转换	无有机转换产品证书或标志。转换期内通过认证后，只颁发"转换期土地"的证明，用于给第三方的支持性文件，但不允许该产品进入有机市场

内容		GB/T 19630	欧盟 EEC2092	美国 NOP
平行生产		若存在平行生产，需具有独立和完整的记录体系，能明确区分有机产品与常规产品	禁止在同一生产区域内同时种植同一品种的有机和常规生产；有机与常规的生产场所和贮藏区应分开	要求采取管理措施和物理隔离措施，防止有机与常规产品混合或被常规产品污染
缓冲带		若受临近常规生产区域污染影响，应设置缓冲带或物理障碍物，保证有机生产不受污染或禁用物质的漂移	未明确规定但要求：有机与常规的生产场所和贮藏区应分开；禁止在同一生产区域内同时种植同一品种的有机和常规作物	具有清楚、明确的边界和缓冲区，例如水土流失隔离，以防止禁用物质或没有经有机管理的地块的作物与有机作物接触
种子/种苗		应选择有机种子或种苗。当从市场上无法获得有机种子或种苗时，可以选用未经禁用物质处理过的常规种子或种苗，但应制订获得有机种子和种苗的计划	应选择有机种子或种苗。当从市场上无法获得有机种子或种苗时，可以选用未经禁用物质处理过的常规种子或种苗	应选择有机种子或种苗。当从市场上无法获得有机种子或种苗时，可以选用未经禁用物质处理过的常规种子或种苗，但芽菜的生产必须使用有机种子；允许使用植物病害控制法规定的禁用物质处理繁殖材料
土肥管理	来源	有机肥应主要来源于本农场或有机农场；遇特殊情况或处于有机转换期或证实有特殊的养分需求时，经认证机构许可可以购入一部分农场外的肥料。外购的商品有机肥，应通过有机认证或经认证机构许可	肥料应来源于有机生产单位并限定来自常规养殖的肥源需要经过检查机构的认可；禁止来源于"集约化养殖"或"工厂养殖场"的肥料	除用了要求养分管理体系不能有多余的养分、病原体、重金属或禁用物质对作物、土壤或水源产生污染之外，并未规定肥料来源
	用量	无具体规定	不应超过每年每公顷农用地 170 千克的氮	无具体规定
	施用间隔期	无具体规定	无具体规定	未经堆制的肥料施入土壤与作物收获的时间间隔：作物可直接食用部分如果直接接触土壤时为120天；未直接接触至少为90天

内容		GB/T 19630	欧盟 EEC2092	美国 NOP
土肥管理	贮藏设施	无具体规定	必须具备防治直接排放、地表径流、土壤渗漏污染水的能力; 畜粪贮藏设施的容量必须超过每年最长贮藏时期要求的容量	无具体规定
	堆肥	无具体规定	无具体规定	动物粪便必须经过堆制,除非作物产品不用于人类消费;符合堆肥要求
	人粪尿	限制使用,必须使用时,应当按照相关要求进行充分腐熟和无害化处理,并不得与作物食用部分接触。禁止在叶菜类、块茎类和块根类作物上施用	禁止	禁止
	化肥和城市污水污泥	禁止	禁止	禁止
植保产品		参见投入物使用		
覆盖物		在使用保护性的建筑覆盖物、塑料薄膜、防虫网时,只允许选择聚乙烯、聚丙烯或聚碳酸酯类产品,并且使用后应从土壤中清除。禁止焚烧,禁止使用聚氯类产品	对塑料作为覆盖物没有规定	可以用聚氯乙烯(PVC)除外的塑料薄膜或其他合成材料覆盖,但这些覆盖材料在作物收获后需从地里移走
作物秸秆焚烧处理		禁止	禁止	禁止,但可用于控制疾病传播或催芽

内容	GB/T 19630	欧盟 EEC2092	美国 NOP
残留限值	只有种植生产有，即有机产品的农药残留不能超过国家食品卫生标准相应产品限值的5%，重金属含量也不能超过国家食品卫生标准相应产品的限值	无，但当被怀疑施用禁用材料的地区，必须进行取样检验，但没有设定有机产品专有的残留水平限值	如残留测试证明残留超过国家环保局5%的限量，则产品不能按照有机产品进行标识销售

三、有机产品生产、加工中允许使用的投入物比较

（一）有机作物种植允许使用的培肥与改良物质

植物和动物来源培肥与改良物质见附表3。

附表3　植物和动物来源（有机农业体系以外）

内容	GB/T 19630	欧盟 EEC2092	美国 NOP
秸秆	允许 与动物粪便堆制并充分腐熟后	不允许	允许
畜禽粪便及其堆肥	允许 满足堆肥的要求	允许 包含动物粪便和植物混合物的产品，来自散养型养殖方式，需要经过认证机构的许可	允许
干的农家肥和脱水的家畜粪便	允许 满足堆肥的要求	允许 包含动物粪便和植物混合物的产品，来自散养型养殖方式，需要经过认证机构的许可	允许
海草或物理方法生产的海草产品	允许 未经化学加工处理	允许	允许
来自未经化学处理木材的木料、树皮、锯屑、刨花、木灰、木炭	允许 地面覆盖或堆制后作为有机肥源	允许	允许

内容	GB/T 19630	欧盟 EEC2092	美国 NOP
腐殖酸物质	允许	不允许	允许 自然沉淀，水和碱液提取物
未掺杂防腐剂的肉、骨头和毛皮制品	允许 经过堆制或发酵处理后	允许 需要经过认证机构的许可	允许
蘑菇培养废料和蚯蚓培养基质的堆肥	允许 满足堆肥的要求	允许 其中蘑菇培养废料基质的初始成分受限	允许
不含合成添加剂的食品工业副产品（如饼粕）	允许 经过堆制或发酵处理后；不能使用经化学方法加工的	允许 限于用作肥料的植物原料产品和副产品	允许
草木灰	允许	允许 来自砍伐后未经化学处理的树木	不允许
泥炭	允许 不含合成添加剂，禁止用于土壤改良；只允许作为盆栽基质使用	允许 仅在园艺范围内使用	允许 仅限于育苗基质
鱼粉	允许 未添加化学合成的物质	不允许	不允许

矿物来源培肥与改良物质见附表 4。

附表 4　矿物来源

内容	GB/T 19630	欧盟 EEC2092	美国 NOP
磷矿石	允许 镉含量不大于 90 毫克／千克	允许 镉含量不大于 90 毫克／千克，限于碱性土壤上使用	允许
钾矿粉	允许 氯的含量少于 60%	允许 需经认证机构许可	允许
硼酸岩	允许	不允许	允许

内容	GB/T 19630	欧盟 EEC2092	美国 NOP
微量元素	允许 天然物质或来自未经化学处理、未添加化学合成物质	允许 符合相关要求，需经认证机构许可	允许 可以是人工合成物，不许用作脱叶剂、除草剂或干燥剂，不许使用硝酸盐或氯制品
镁矿粉	允许 天然物质或来自未经化学处理、未添加化学合成物质	允许 仅为天然原料，需经认证机构许可	允许
天然硫黄	允许	允许 需经认证机构许可	不允许
石灰石、石膏和白垩	允许 天然物质或来自未经化学处理、未添加化学合成物质	允许 仅为天然原料，需经认证机构许可	允许
黏土（如珍珠岩、蛭石等）	允许 天然物质或来自未经化学处理、未添加化学合成物质	不允许	允许
氯化钙	允许	允许 缺钙时使用，需经认证机构许可	允许 仅用于钙生理障碍且叶面喷施
氯化钠	允许	允许 限于矿井盐且需经认证机构许可	不允许
硫酸钾、硫酸钾镁	不允许	不允许	不允许
硫酸镁	不允许	不允许	允许 证明缺素时允许使用
碱性矿渣	不允许	允许 需经认证机构许可	不允许
矿渣、硅酸肥料、溶性磷肥	不允许	不允许	不允许

有机蔬菜无土栽培技术大全（彩色图解＋视频升级版）

内容	GB/T 19630	欧盟 EEC2092	美国 NOP
窑灰	允许 未经化学处理、未添加化学合成物质	不允许	允许 未经化学处理、未添加化学合成物质
石粉	不允许	允许 需经认证机构许可	允许 需经认证机构许可
钙镁改良剂	允许	不允许	不允许
泄盐类（含水硫酸岩）	允许	允许	不允许

合成物质见附表 5。

附表 5 合成物质

内容	GB/T 19630	欧盟 EEC2092	美国 NOP
水生植物提取物	不允许	不允许	允许 提取过程中限量使用氢氧化钠和氢氧化钾
木质素磺酸	不允许	不允许	允许 配合剂、除尘剂、浮选剂
硫酸镁	不允许	不允许	允许 证明缺素时允许使用
维生素 B_1、维生素 C、维生素 E	不允许	不允许	允许

（二）植保产品

植物、动物和矿物来源植保产品见附表 6。

附表 6 植物、动物和矿物来源

内容	GB/T 19630	欧盟 EEC2092	美国 NOP
印楝树提取物及其制剂	允许	允许 经认证机构许可	允许
天然除虫菊	允许	允许	允许
苦楝碱	允许	允许 经认证机构许可	允许

内容	GB/T 19630	欧盟 EEC2092	美国 NOP
鱼藤酮类	允许	允许	允许
苦参及其制剂	允许	不允许	允许
植物油及其乳剂	允许	允许	允许
植物制剂或提取液	允许	不允许	允许
天然诱集和杀线虫剂	允许	不允许	允许
天然酸	允许	不允许	允许
蘑菇的提取物	允许	不允许	允许
淀粉可湿性粉剂	不允许	不允许	不允许
脂肪酸甘油酯	不允许	不允许	不允许
牛奶及其奶制品	允许	不允许	允许
蜂蜡	允许	允许	允许
蜂胶	允许	不允许	允许
明胶	允许	允许	不允许
卵磷脂	允许	允许	不允许
铜盐	允许 不得对土壤造成污染	允许 有具体限量要求且需经认证机构许可	允许 减少在土壤中积累，不得作除草剂
石灰硫黄（多硫化钙，石硫合剂）	允许	允许	允许
波尔多液	允许	允许	允许
石灰	允许	允许	允许
硫黄	允许	允许	允许
高锰酸钾	允许	允许 只在果树上	允许
碳酸氢钾	允许	不允许	不允许
碳酸氢钠（小苏打）	允许	不允许	不允许
轻矿物油（石蜡油）	允许	允许	允许
氯化钙	允许	不允许	不允许
石蜡	不允许	允许	不允许
硅藻土	允许	不允许	不允许
黏土（如：斑脱土、珍珠岩、蛭石、沸石等）	允许	不允许	不允许
硅酸盐	允许	允许	不允许

有机蔬菜无土栽培技术大全（彩色图解+视频升级版）

微生物及其他植保产品比较见附表 7。

附表 7　微生物及其他植保产品比较

内容	GB/T 19630	欧盟 EEC2092	美国 NOP
微生物来源			
真菌及真菌制剂如白僵菌、轮枝菌	允许	允许	不允许
细菌及细菌制剂（如苏云金杆菌，即 Bt）	允许	允许	不允许
病毒及病毒制剂（如颗粒体病毒等）	允许	允许	不允许
其他			
氢氧化钙	允许	不允许	不允许
二氧化碳	允许	不允许	不允许
乙醇	允许	不允许	允许　消毒剂、清洁剂和除藻剂
海盐和盐水	允许	不允许	不允许
软皂（钾肥皂）	允许	允许	允许
二氧化硫	允许	允许	地下鼠类
氯化物	不允许	不允许	允许　消毒清洁剂，不超过限量
硫酸铜	允许	允许	允许
过氧化氢	不允许	不允许	允许　清洁消毒剂、病虫害防治
臭氧	不允许	不允许	允许　清洁消毒剂
过乙酸	不允许	不允许	允许　控制火疫病
重碳酸钾	不允许	不允许	允许
链霉素	不允许	不允许	允许　控制火疫病
四环素	不允许	不允许	允许　控制火疫病

内容	GB/T 19630	欧盟 EEC2092	美国 NOP
诱捕器、屏障、驱避剂			
物理措施	允许	允许	允许
覆盖物（网）	允许	允许	允许
昆虫性外激素（仅用于诱捕器和散发皿内）	允许	允许	允许
磷酸氢二铵	不允许	引诱剂	不允许
碳酸铵	不允许	不允许	只用于昆虫驱避
氨	不允许	不允许	只用于驱避
四聚乙醛制剂	允许	不允许	不允许
乙烯	不允许	允许 香蕉催熟	允许 调整香蕉开花

参考文献

REFERENCES

[1] 科学技术部中国农村技术开发中心组.有机农业在中国 [M].北京：中国农业科技出版社，2006.

[2] 李式军，郭世荣.设施园艺学 [M].2 版.北京：中国农业出版社，2011.

[3] 张福墁.设施园艺学 [M].2 版.北京：中国农业大学出版社，2010.

[4] 高丽红.设施园艺学 [M].3 版.北京：中国农业大学出版社，2021.

[5] 郭世荣.无土栽培学 [M].2 版.北京：中国农业出版社，2011.

[6] 高丽红，别之龙.无土栽培学 [M].北京：中国农业大学出版社，2018.

[7] 王绍辉.无土栽培学 [M].北京：中国农业出版社，2021.

[8] 裴孝伯.有机蔬菜无土栽培技术大全 [M].北京：化学工业出版社，2010.

[9] 郭世荣，李式军，马娜娜.有机基质培在蔬菜无土栽培上的应用研究 [J].沈阳农业大学学报，2000，31(1)：89-92.

[10] 饶立兵，杨凯业，王婕琳.设施蔬菜有机生态型无土栽培技术 [J].上海蔬菜，2002，6：38-39.

[11] 蒋卫杰，刘伟，郑光华.我国有机生态型无土栽培技术研究 [J].生态农业研究，2000，3：17-21.

[12] 赵相增，温双媛.日光温室樱桃番茄有机生态型无土栽培技术 [J].山东蔬菜，2000，2：18-19.